21世纪高等学校计算机
专业实用系列教材

C++程序设计基础教程

丁卫平　程学云　陈文兰　主　编
任红建　沈晓红　文万志　副主编

清华大学出版社
北京

内容简介

C++既可以进行过程化程序设计，又可以进行以抽象数据类型为特点的基于对象的程序设计，还可以进行以继承和多态为特点的面向对象的程序设计，是编程人员广泛使用的工具。

本书从信息在计算机中的表示、C++基本语法、结构化程序设计方法、面向对象程序设计方法等方面进行讲解，知识点自成一体，语言简洁，用例经典，排版清晰，可阅读性强。

本书借助图示化的分析方法，对变量在内存中的存储情况和动态变化过程进行了清晰的说明，给出了一套对程序进行有效分析的方法。

本书可以作为高等院校计算机及相关专业"程序设计"课程的入门教材，也可以作为编程爱好者自学C++语言的参考用书。

图书在版编目(CIP)数据

C++程序设计基础教程/丁卫平，程学云，陈文兰主编. —北京：清华大学出版社，2023.9
21世纪高等学校计算机专业实用系列教材
ISBN 978-7-302-64635-8

Ⅰ. ①C… Ⅱ. ①丁… ②程… ③陈… Ⅲ. ①C++语言－程序设计－高等学校－教材 Ⅳ. ①TP312.8

中国国家版本馆CIP数据核字(2023)第168809号

责任编辑：贾　斌
封面设计：刘　建
责任校对：徐俊伟
责任印制：宋　林

出版发行：清华大学出版社
网　　址：http://www.tup.com.cn，http://www.wqbook.com
地　　址：北京清华大学学研大厦A座　　**邮　　编**：100084
社 总 机：010-83470000　　**邮　　购**：010-62786544
投稿与读者服务：010-62776969，c-service@tup.tsinghua.edu.cn
质量反馈：010-62772015，zhiliang@tup.tsinghua.edu.cn
课件下载：http://www.tup.com.cn，010-83470236
印 装 者：三河市人民印务有限公司
经　　销：全国新华书店
开　　本：185mm×260mm　　**印　　张**：21.5　　**字　　数**：539千字
版　　次：2023年9月第1版　　**印　　次**：2023年9月第1次印刷
印　　数：1～2000
定　　价：69.00元

产品编号：099696-01

前　言

C++语言是在C语言基础上扩充了面向对象机制而形成的一种面向对象程序设计语言。一方面，C++语言全面兼容C语言，强调结构化的编程思想；另一方面，C++语言支持面向对象的方法，实现了类的封装、数据隐藏、继承及多态性等，其代码具有易维护且可重用等特征。

没有编程基础的学生学习C++语言时，大都感到难学、难入门，甚至半途而废。编者根据多年C++语言的教学经验，借鉴部分中外经典的C++语言教材，编写了这本易于学生理解、便于学生建立编程思维的教材。本书的主要特色如下：

(1) 知识结构完整。本书包括与C++语言编程相关的信息技术部分知识，可以自成一体；不仅包括C++语言面向过程部分的基本语法和基本算法，强调结构化的编程思想，还包括面向对象部分的编程，建立了一套面向对象的编程思想。

(2) 问题分析清楚。本书对于一些重要且难以理解的知识点结合图示进行了分析，可使学生有一个形象直观的认识，从本质上理解问题；给出了一套有效的C++语言程序分析方法，方便学生更清晰地分析问题和解决问题。

(3) 内容循序渐进。本书对各语法点仅做基本介绍，不深究其细节，能解决一些小的问题。首先把学生引进门，培养学生的编程兴趣；然后在课后习题中逐步提升求解问题的难度，培养学生解决复杂问题的能力。

(4) 范例易于理解。本书对C++语言中的基本语法配合实例进行阐述，作者精挑细选了一些范例程序，力求讲解清晰，深入浅出，突破难点，激发学生的编程兴趣。

全书共分为15章。

第1章：C++语言概述，介绍C++语言的发展历史、结构化编程和面向对象程序设计的概念，以及C++语言程序的开发过程。

第2章：信息表示和算法简介，介绍数值和字符信息在计算机中表示的方法、算法的定义和特性，以及3种编程结构的流程图表示方法。

第3章：基本数据类型和表达式，介绍C++语言的基本数据类型、运算符与表达式、数据类型转换，以及常用库函数。

第4章：简单程序设计，介绍数据的输入/输出，以及简单的顺序结构程序设计等。

第5章：流程控制结构，介绍选择结构、循环结构和其他流程控制语句，以及典型程序示例。

第6章：函数，介绍函数的定义与调用、内联函数、函数重载及函数的作用域和存储类型等。

第7章：编译预处理，介绍编译预处理的知识及3种预处理指令——宏、文件包含和条件编译。

第 8 章：数组，介绍一维数组和二维数组的定义与引用、数组名作为函数参数的应用，以及字符数组与字符串的应用。

第 9 章：指针，介绍指针与指针变量的概念、指针运算、指针数组、函数指针、指向函数的指针等。

第 10 章：结构体、共用体和枚举类型，介绍 C++语言的构造数据类型，包括结构体、共用体和枚举，对单向链表的各种操作也做了详细的说明。

第 11 章：类和对象，介绍类和对象的定义方法、对象的初始化、this 指针、构造函数、析构函数、复制构造函数、友元函数和友元类、静态成员，以及常成员和常对象等。

第 12 章：运算符重载，介绍单目与双目运算符的重载，包括重载为成员函数或友元函数在定义格式及应用中的区别。

第 13 章：继承和派生，介绍基类和派生类、单继承、多继承和虚基类、继承中冲突的解决和支配规则、虚函数与运行时的多态性的概念等。

第 14 章：输入/输出流，介绍 I/O 标准流类、键盘输入和屏幕输出、磁盘文件的输入/输出等。

第 15 章：模板和异常处理，介绍模板的概念和异常处理方法。

本书所列举的例题、习题均已在 Visual Studio 2010 下调试通过，书中标有“*”的章节为选讲内容。

在编写本书的过程中，编者参阅了大量 C++语言的参考书和有关资料，在此向这些参考文献的作者表示诚挚的谢意！

本书由丁卫平、程学云、陈文兰任主编，任红建、沈晓红、文万志任副主编，徐敏、顾颀、卢春红、刘云、徐剑、张洁、袁佳祺、赵理莉、何海棠等参编。

本书的编写得到了国家一流专业建设点（南通大学计算机科学与技术专业）给予的资助，在出版过程中得到了清华大学出版社的支持和帮助，在此表示衷心的感谢，同时感谢研究生李铭和朱明强等同学在本书排版和校对时给予的帮助！

由于编者水平有限，书中难免有疏漏与不妥之处，恳请同行和读者批评指正。

编　者

2023 年 6 月

目　　录

第1章 C++语言概述

本章首先介绍了C++语言的发展及其特性；然后通过具体实例，讲解了C++语言程序的基本结构，以及面向过程和面向对象的程序设计思想和方法；最后介绍了C++语言程序的开发步骤和上机调试流程，以及使用Visual Studio 2010集成开发环境调试C++语言程序的详细过程。

1.1 从C语言到C++语言

随着计算机科学技术的迅速发展，计算机语言也历经了3个阶段：机器语言、汇编语言及高级语言。在计算机科学技术发展前期，人们使用机器语言或汇编语言编写程序。由于这些语言更贴近计算机，因此其存在复杂难记、难理解、难使用等特性。这些特性导致计算机仅能被少数专业人员使用。为了更接近于人类使用习惯，计算机语言进化为"面向人类"的高级语言。高级语言的出现是计算机科学技术发展过程中的里程碑事件，使人类广泛接受计算机成为可能。随着计算机语言进入高级语言阶段，先后出现了多种计算机高级语言，如FORTRAN、BASIC、ALGOL、LISP、COBOL、C等，其中使用最广泛和最受欢迎的是C语言。

早在20世纪60年代，Martin Richards为便于软件人员开发系统软件，就设计出了BCPL(Basic Combined Programming Language)。1970年，Ken Thompson在吸收BCPL优点的基础上设计了B语言，但B语言功能有限。1972年，贝尔实验室的Dennis Ritchie和Brian Kernighan在B语言的基础上设计出了C语言。当时，设计C语言是为了编写UNIX操作系统，随着UNIX的成功和流行，C语言赢得了人们的青睐。到20世纪80年代，C语言已成为非常流行的结构化程序设计语言，应用领域从系统软件延伸到应用软件。

C语言是一种普适性最强的结构化和模块化计算机语言，其具有以下主要特点：

(1) 语言简洁，规模小，数据类型和运算符丰富，具有结构化的控制语句，使用灵活方便。C语言不仅可以应用于系统软件编程和设计，还适用于编写小型应用软件。

(2) 既具有高级语言的优点，又具有低级语言的许多特点，故在系统软件编程领域有着广泛的应用。

(3) 具有较好的可移植性，是面向过程的编程语言。针对不同的硬件环境，在用C语言实现相同功能时的代码基本一致。

(4) 与其他高级语言相比，C语言可以生成高质量和高效率的目标代码。

随着软件规模的增大和C语言的不断推广及应用，C语言的局限性也日益凸显。C语言是基于过程的结构化和模块化语言，在处理较小规模的程序时，C语言还没有明显的不足之处；但是当面临的问题比较复杂、程序的规模庞大等情况时，面向过程的结构化和模块化程序设计就突显出它的局限性。

1980年贝尔实验室的Bjarne Stroustrup博士及其同事对C语言进行了改进和扩充,并把Simula 67中类的概念引入C语言中。1983年贝尔实验室将其正式命名为C++(C Plus Plus),其含义是C语言的扩充;后来又把运算符的重载、引用、虚函数、模板等功能加入C++语言中,使C++语言的功能日趋完善。目前,C++语言已成为面向过程和面向对象的主流通用程序设计语言。

C++语言支持面向对象的程序设计(Object-Oriented Programming,OOP),支持MFC(Microsoft Foundation Class,微软基础类库)类库编程,可用来开发各种类型、不同规模和复杂程度的应用程序,开发效率很高,生成的应用软件代码品质优良。

随着C++语言的快速发展,它的开发环境也随之不断推出。目前,常用的C++语言集成开发环境(Integrated Development Environment,IDE)为Microsoft Visual Studio(VS)、Visual C++、C++Builder、Dev C++、Qt C++等。Microsoft Visual Studio是微软公司推出的开发工具包系列产品,是一个完整的开发工具集,包括了整个软件生命周期中所需要的大部分工具,如UML工具、代码管控工具、集成开发环境等,是目前最流行的Windows平台应用程序的集成开发环境。Visual Studio中就包含了Visual C++。

1.2 C++语言特性

C++语言除继承了C语言的优点外,还具有自己独到的特性,主要如下:

(1) C++语言是由C语言发展而来的,全面兼容C语言。这就使C++语言可以继续使用C语言开发的众多的库函数和丰富的软件资源,也保护了原有的C语言开发和设计的人力资源。

(2) 支持面向对象的程序设计。与面向过程的程序设计不同,类与对象的定义和使用使得编写的程序和软件具备更好的可读性、可理解性、可重用性、可扩展性、可测试性和可维护性等,具有更合理的代码结构。

(3) 既支持面向对象的程序设计,又可用于基于过程的结构化和模块化程序设计,是一个功能强大且全面的混合型计算机高级语言。

1.3 C++语言程序实例

本节主要介绍C++语言及其程序实例,程序运行和调试的集成开发环境为Visual Studio 2010。为了使读者能了解C++语言程序的基本特性和结构,下面介绍几个简单的程序,分别使用面向过程和面向对象的程序设计方法来比较两个数的大小。

【例1.1】 面向过程的程序设计。输入两个整数num1和num2,求两数中的最大数。

程序如下:

```
#include <iostream>                        //预处理指令
using namespace std;
int main()                                 //主函数
{    int num1, num2, max;                  //变量声明
```

```
    cout << "输入第一个数:";                //提示用户输入第一个变量
    cin >> num1;                          //输入第一个变量的值
    cout << "输入第二个数:";                //提示用户输入第二个变量
    cin >> num2;                          //输入第二个变量的值
    if (num1 > num2) max = num1;          //if 双选择结构,将大数放到 max
    else max = num2;
    cout << "最大数为" << max <<'\n';      //输出 max 的值
    return 0;
}
```

程序运行结果如下：

```
输入第一个数: 25 ↙
输入第二个数: 36 ↙
最大数为 36
```

程序分析：

程序第 1～2 行是 C++ 语言中的预处理指令,用来导入库文件和其他目标文件。"＃include <iostream>"是将文件 iostream 的内容导入该命令所在的程序文件中,其中 iostream 代表"输入/输出流"。由于这类文件都放在程序的开头,因此其也称为头文件(header file)。"using namespace std;"表示"使用命名空间 std"。C++语言标准库中的类和函数是在命名空间 std 中声明的,因此在使用前需要先通过"using namespace std;"预处理指令导入命名空间 std 中的内容。

在程序第 3 行中,main 代表主函数的名字。由于它是整个程序执行的入口,因此每一个 C++语言程序都只能有一个 main()函数,而且这个命名不能修改。main 前面的 int 声明函数返回值类型为整型,如果函数没有返回值,则在函数名前加 void 修饰。main()函数在程序中的位置不限,但为了增强可读性,其通常位于程序的尾部。一个 C++语言程序中除了 main()函数外,其余为库函数和自定义函数。

main()函数中的内容由一对大括号({})括起来,这部分称为函数体,即程序第 4～13 行。函数体中可以有零条或若干条语句,每一条语句均以分号(;)结束。

在主函数内,首先声明 3 个整数型变量 num1、num2 和 max,用于存放输入的两个数值及求得的最大值。接下来的语句以 cout 开头,cout 由 c 和 out 两个单词组成,它是 C++语言用于输出的语句。该语句主要起到显示提示信息的作用,方便用户输入数据,这对程序调试非常有帮助。在 cout 语句中,cout 后面的"<<"为插入运算符,与 cout 一起使用,用于将其后的数据插入 cout 对象的输出结果中。cin 语句的作用是用户输入数据至输入流 cin 中,cin 由 c 和 in 两个单词组成。在 cin 语句中,cin 后面的">>"表示提取运算符,与 cin 配合使用。通过 cin 语句提取的数据类型由其后的变量类型确定,如第 6 行和第 8 行中的变量 num1 和 num2 为整数型,则提取出一个整数送入对应的变量。

为了增加程度的可读性,在程序中加入适当的注释是必要的。在 C++语言中,注释的方式有以下两种：

(1) 单行注释：在注释内容的开头加上"//"。

(2) 多行注释、块注释：在注释内容的开头和末尾分别加上"/ * "和" * /"(也可用作单行注释)。

此外,在C++语言程序编写过程中还需要注意以下内容:

(1) 严格区分字母大小写,如A和a表示两个不同的标识符。

(2) 书写自由,一条语句可以写成若干行,也可以一行写若干条语句。但是,每一条语句均要以分号结尾。

【例1.2】 面向过程的模块化程序设计。输入两个整数num1和num2,求两数中的最大数。

程序如下:

```
#include <iostream>                          //预处理指令
using namespace std;
int max(int a, int b)                        //定义max函数,返回值类型为int,含有两个形参a和b
{    int c;                                  //定义本函数中使用的变量c,类型为int
     if (a > b) c = a;                       //if判断语句,如果a>b,则将a的值赋给c
     else c = b;                             //否则,将b的值赋给c
     return c;                               //返回c的值
}
int main()                                   //主函数
{    int num1, num2, max_num;                //变量声明
     cout << "输入第一个数:";                 //提示用户输入第一个变量
     cin >> num1;                            //输入第一个变量的值
     cout << "输入第二个数:";                 //提示用户输入第二个变量
     cin >> num2;                            //输入第二个变量的值
     max_num = max(num1, num2);              //调用max函数,返回值赋给max_num变量
     cout << "最大数为" << max_num <<'\n';//输出最大数max_num的值
     return 0;                               //如程序正常结束,则向操作系统返回一个零值
}
```

程序分析:

模块化程序设计是指在程序设计过程中将程序的功能划分成多个小程序模块,每一个小程序模块完成一个功能,每一个功能可以使用一个函数来封装实现。按照这样的思路,一个庞大而复杂的问题就可以被划分成若干个子问题,通过所有解决子问题的函数之间的互相协作完成原始问题的程序设计。

例1.2中的程序包括两个函数:主函数main()和自定义函数max()。程序的第3~8行是max()函数的定义,它的作用是比较输入的两个数之间的大小,返回两者中的最大数。max()函数的返回值赋值给调用函数的自定义变量,如程序的第15行所示。主函数main()将要解决的问题划分成3个简单问题,即输入两个数、比较两个数之间的大小、输出最大值,然后通过cin语句实现数据输入,通过cout语句实现数据输出,通过调用自定义函数max()实现两个数之间的大小比较,最终解决整个问题。

【例1.3】 面向对象的程序设计。输入两个整数num1和num2,求两数中的最大数。

程序如下:

```
#include <iostream>                          //预处理指令
using namespace std;
class Max{                                   //定义一个计算最大数的类Max
private:                                     //声明私有部分
```

```
    int num1, num2, max_num;                    //定义成员变量,存放输入的两个数和最大数
public:                                         //声明公用部分
    Max(int a, int b)                           //定义构造函数,创建和初始化函数
    {   num1 = a; num2 = b; }
    void SetNums(int a, int b)                  //定义成员函数,设置输入的两个数
    {   num1 = a; num2 = b; }
    int GetNum1()                               //定义成员函数,获取第一个数的值
    {   return num1; }
    int GetNum2()                               //定义成员函数,获取第二个数的值
    {   return num2; }
    int Compare()                               //定义成员函数,计算两个数中的最大数
    {   if (num1 > num2) max_num = num1;
        else max_num = num2;
        return max_num;
    }
};
int main()                                      //主函数
{   int num1, num2;                             //变量声明
    cout << "输入第一个数:";                     //提示用户输入第一个变量
    cin >> num1;                                //输入第一个变量的值
    cout << "输入第二个数:";                     //提示用户输入第二个变量
    cin >> num2;                                //输入第二个变量的值
    Max m(num1, num2);                          //定义 Max 类的对象 m
    cout << "最大数为" << m.Compare() <<'\n';   //输出最大数的值
    return 0;                                   //如程序正常结束,则向操作系统返回一个零值
}
```

程序分析:

面向对象程序设计不同于面向过程程序设计,它不再单单是程序功能的分解,而是通过类的定义和使用及生成对象实例来实现程序功能。对象是实际生活中客观存在的事物,是人们认识世界的基本单元。对象既可以很简单,也可以很复杂,复杂的对象可以由若干个简单的对象组成。类似于面向过程的模块化程序设计,面向对象的模块化程序设计可以将一个复杂对象划分成一系列简单对象的类来实现。

类是对一组具有共同的状态和行为的对象的抽象,类和对象之间的关系是抽象和具体的关系。类是对多个对象进行综合抽象的结果,对象又是类的个体实物,一个对象是类的一个实例。在定义类时,通过定义对象的数据属性和函数属性来分别反映对象的状态和行为。数据属性通常定义为私有的,只能被本类中的成员函数所调用,而不能被类以外的语句调用,这样可以实现数据保护。函数属性定义为公用的,它是按照对象的行为进行分解的函数,通常包括建立和初始化对象的构造函数、设置和获取数据属性的成员函数及解决实际问题的成员函数。

在例 1.3 程序中定义了一个计算两个数之间的最大值的类 Max,其包括 3 个成员数据变量和 5 个成员函数。程序第 4 行的 private 将成员数据 num1、num2 和 max_num 设置为私有的,避免类外语句的误调用并保护私有成员数据的安全性。程序第 7 行的 public 将 5

个成员函数设置为公用的，公用的成员函数 GetNum1()和 GetNum2()为类外语句间接获取输入的两个数提供途径。

例 1.3 程序中的主函数 main()将原始问题划分成 3 个简单对象，即调用输入对象 cin 输入两个数、创建 Max 类的对象实例 m 调用类中 Compare 函数计算两个数之间的最大值、调用输出对象 cout 输出最大值，最终解决整个问题。

从例 1.1～例 1.3 可以看出，C++语言不仅适用于面向过程的模块化程序设计，而且可以实现面向对象的程序设计。此外，C++语言还兼容 C 语言程序设计，可以利用现有的丰富的 C 语言资源。这表明 C++语言可以有效地应对不同的实际问题。

1.4 C++语言程序的编写与实现

前面介绍了用 C++语言编写的程序，但是编写好程序并不等于问题被解决，因为还没有上机运行得到最终结果。由于 C++语言是编译性语言，因此编写好一个解决实际问题的 C++语言源程序后，需要上机运行检验最终结果。一个 C++语言源程序从开始编写到最后得到运行结果要经历以下步骤：

(1) 分析问题，确定编程思路。根据实际问题，分析需求，确定编程思路，构建适当的数学模型。

(2) 根据编程思路编写 C++语言源程序，利用代码编辑器将源程序保存至扩展名为.cpp(c plus plus)的文件中。

(3) 编译源程序，并产生目标程序。为了使计算机能够理解和执行人们编写的源程序，必须通过编译器软件(complier)把源程序转换成二进制形式的目标程序(object program)。对于多个源程序文件，系统就会分别把它们编译成多个目标程序(在 Windows 操作系统中，目标程序以.obj 作为扩展名；在 UNIX 操作系统中，目标程序以.o 作为扩展名)。在编译源程序过程的同时，编译器也会检查源程序的词法错误和语法错误。编译器一般输出的错误信息有两种，一种是错误(error)，另一种是警告(warning)。对于输出错误的源程序，编译器不会生成目标程序，必须重新改正和编译。

(4) 连接目标文件。对于通过编译的一个或多个目标程序，需要使用系统提供的连接程序(linker)将所有的目标程序和库文件及其他目标程序连接起来，最终形成一个可执行的二进制文件。在 Windows 操作系统中，最终形成的是一个可执行的.exe 文件。

(5) 运行程序。运行可执行的二进制文件(.exe 文件)，得到运行结果。

(6) 分析运行结果。若运行结果不正确，则需要修改程序，并重复以上过程，直到得到正确的运行结果为止。

以上过程如图 1-1 所示。其中，实线表示操作流程，虚线表示文件的输入/输出。例如，编辑后得到一个源程序.cpp，在进行编译时再将源程序.cpp 输入，经过编译得到目标程序.obj，再将目标程序.obj 输入内存，与系统提供的库函数等文件连接，得到可执行程序.exe，最后把可执行程序.exe 调入内存并使之运行。

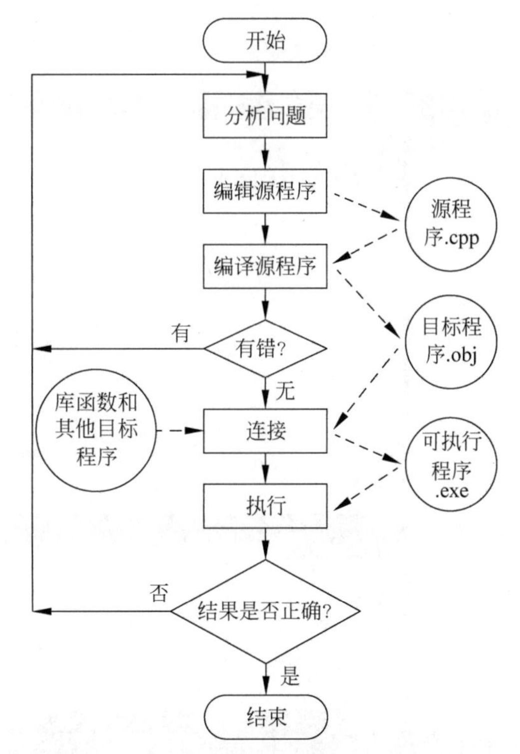

图 1-1　C++语言程序的编写与实现过程

1.5　Visual Studio 2010 的上机调试过程

Visual Studio 2010(以下简称 VS 2010)是一个集成开发环境,为开发人员提供源程序的编写、保存、编译、连接、运行、调试和自动管理等功能,也为程序的开发提供工具、联机帮助等功能。VS 2010 不是一个单独的 C++语言编译器,其不能单独编译一个.cpp 的源程序,而只能在某一个项目下进行编译,因此必须新建一个项目进行源程序的编译、连接和运行。在 Windows 操作系统下启动 VS 2010 的集成开发环境,则出现如图 1-2 所示的界面。

在打开 VS 2010 后,接下来就是新建项目。新建项目有 3 种方式,可以使用菜单栏中的命令,也可以使用工具栏中的快捷方式,还可以在起始页窗口中单击"新建项目"。

新建 Win32 控制台应用程序项目的操作如下:在菜单栏中选择"文件"→"新建"命令,弹出"新建项目"对话框,如图 1-3 所示。

在"新建项目"对话框的左边一栏选择"Visual C++"类型,中间一栏选择"Win32 控制台应用程序",在下方的"名称"文本框中输入新项目的名称 Test,在"位置"文本框中选择项目存储的路径,"解决方案名称"文本框则默认与项目名称一致。单击"确定"按钮,弹出"Win32 应用程序向导-Test"对话框,如图 1-4 所示。

单击"下一步"按钮,进入第二步,如图 1-5 所示。应用程序类型选择"控制台应用程序",附加选项选择"空项目",单击"完成"按钮,完成项目 Test 的新建,如图 1-6 所示。

由于新建的 Test 项目里没有源文件,因此接下来向 Test 项目中添加 C++源文件。右击"解决方案资源管理器"窗口中的"源文件"文件夹,在弹出的快捷菜单中选择"添加"→"新

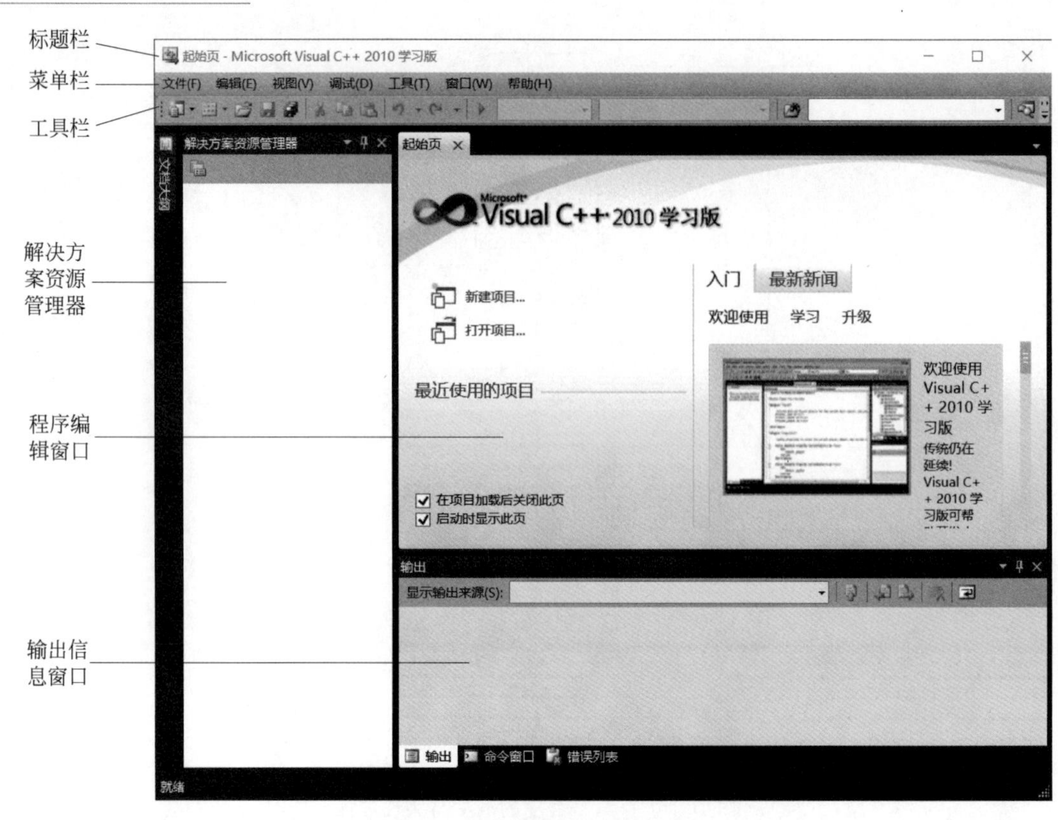

图 1-2 VS 2010 的起始界面

图 1-3 “新建项目”对话框

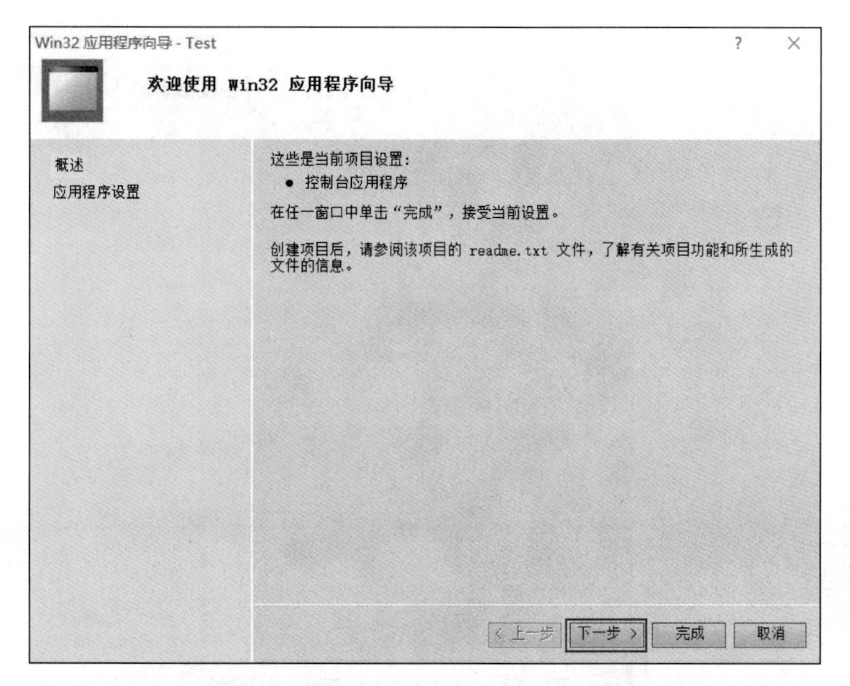

图 1-4 “Win32 应用程序向导-Test”对话框 1

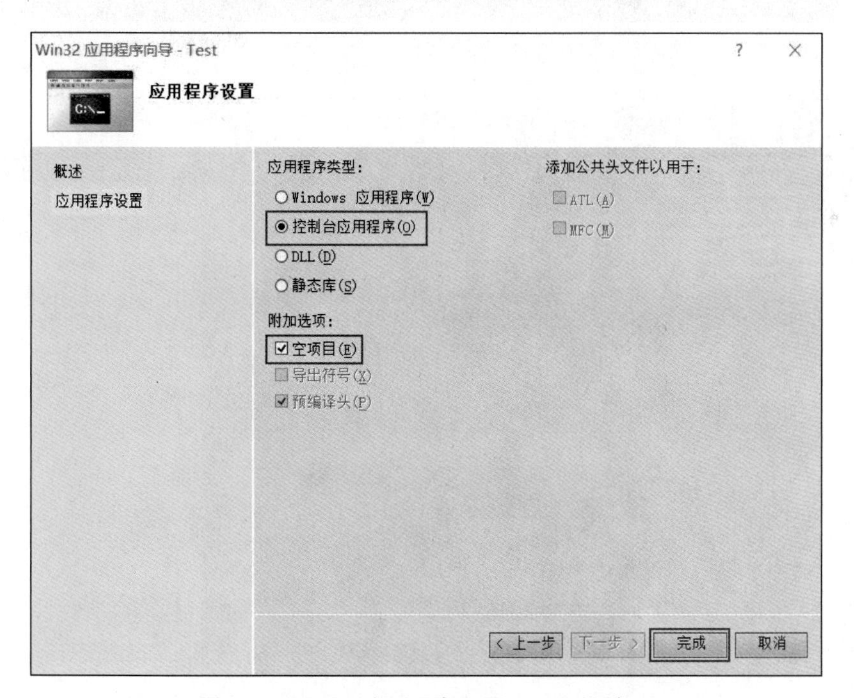

图 1-5 “Win32 应用程序向导-Test”对话框 2

建项”命令，或单击工具栏中新建项的快捷方式，如图 1-7 所示。弹出“添加新项-Test”对话框，如图 1-8 所示。

在“添加新项-Test”对话框的左边一栏选择“代码”，中间一栏选择“C++文件(.cpp)”，在下方的“名称”文本框中输入 C++源文件的名称 example.cpp，“位置”文本框则为默认路

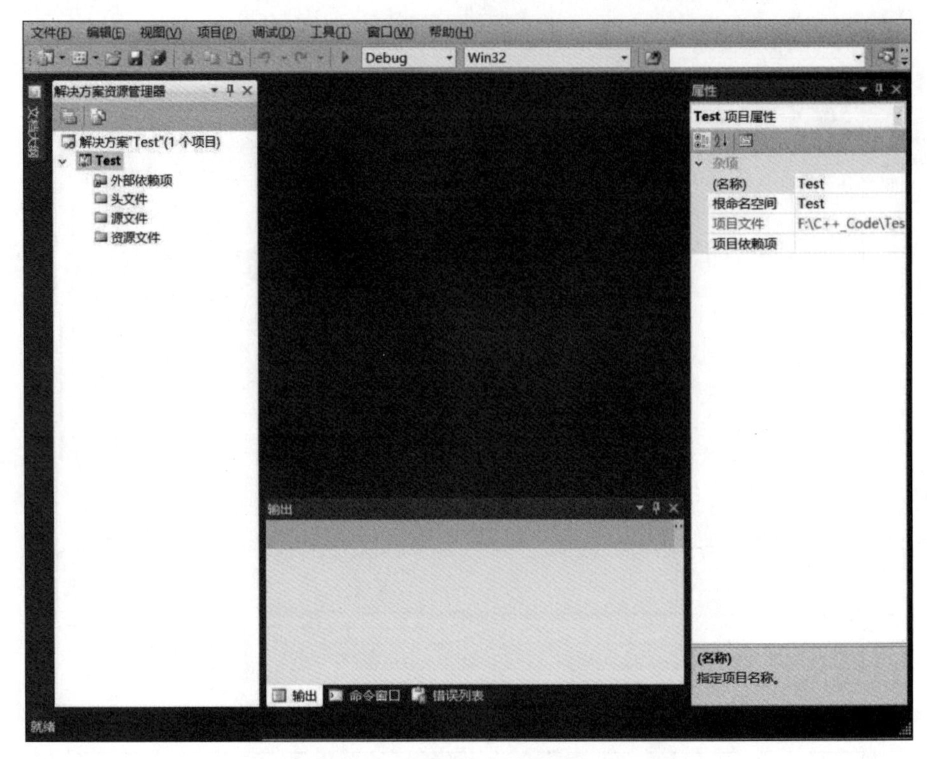

图 1-6　新建完成的项目 Test

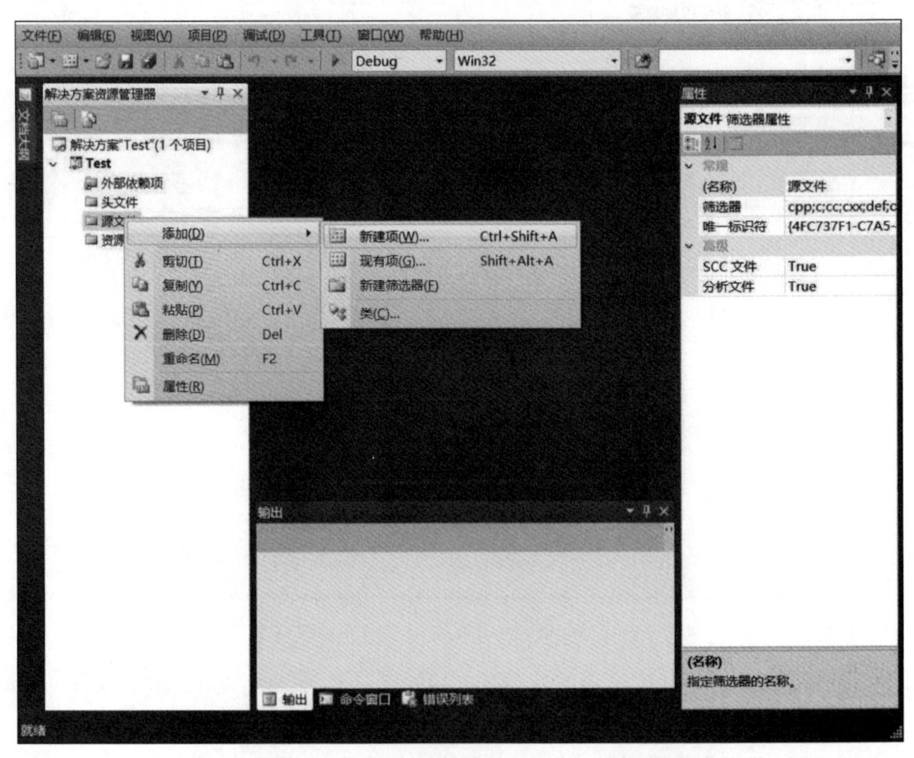

图 1-7　向 Test 项目中添加 C++源文件

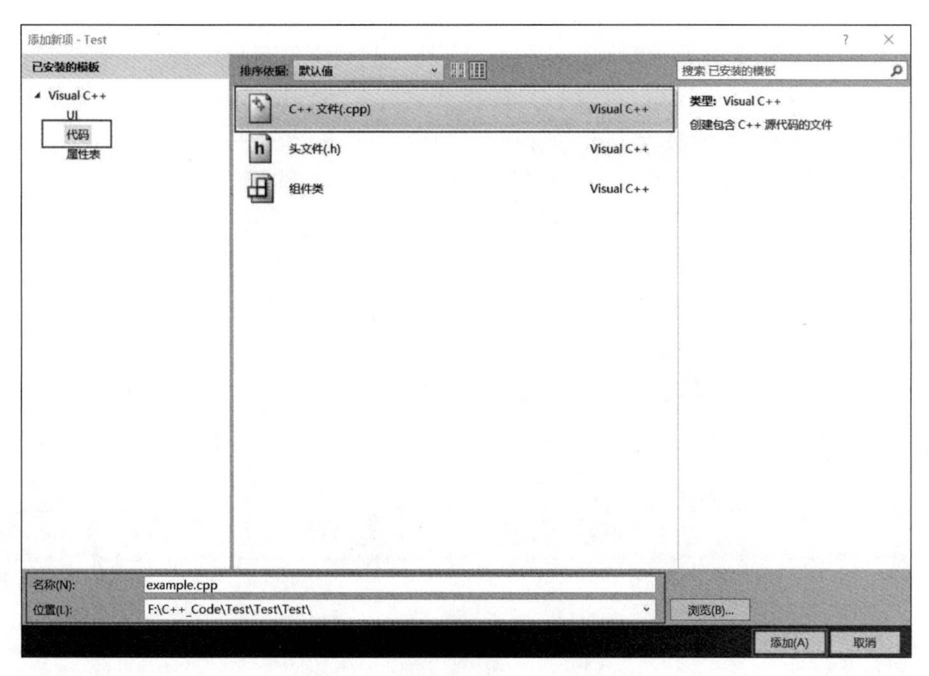

图 1-8 “添加新项-Test”对话框

径。单击“添加”按钮，完成向 Test 项目中添加 example. cpp 文件。在 example. cpp 源程序的编辑页面中输入代码，如图 1-9 所示。

图 1-9 编写 C++源程序 example. cpp 源文件

一个 C++源程序编写完成后，还需要进行源程序编译得到目标文件，再将多个目标文件连接形成可执行文件，最后运行可执行文件得到运行结果。在 VS 2010 中编译、链接和运行有 3 种方式：①右击“解决方案资源管理器”窗口中的 Test 文件夹，在弹出的快捷菜单中选择“仅用于项目”→“仅生成 Test”命令，实现编译功能；选择“仅用于项目”→“仅链接 Test”命令，实现链接功能；选择“调试”→“启动新实例”命令，实现运行功能，如图 1-10 所示。②单击工具栏中的编译和运行快捷方式。③通过快捷键实现编译(Ctrl＋F7)和运行(Ctrl＋F5)功能。当 example. cpp 源程序经过编译、链接和运行过程后，从键盘输入两个数 25 和 36，得到运行结果，如图 1-11 所示。

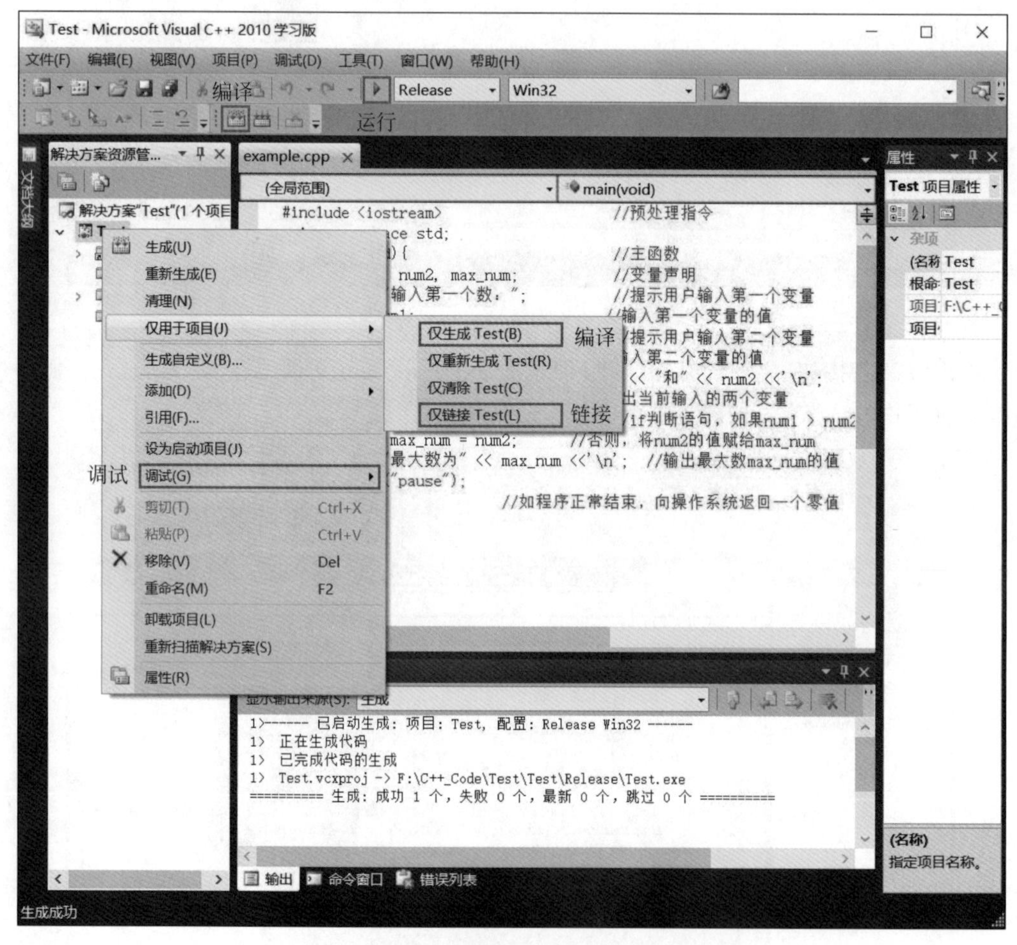

图 1-10　C++源文件的编译、链接和运行方式

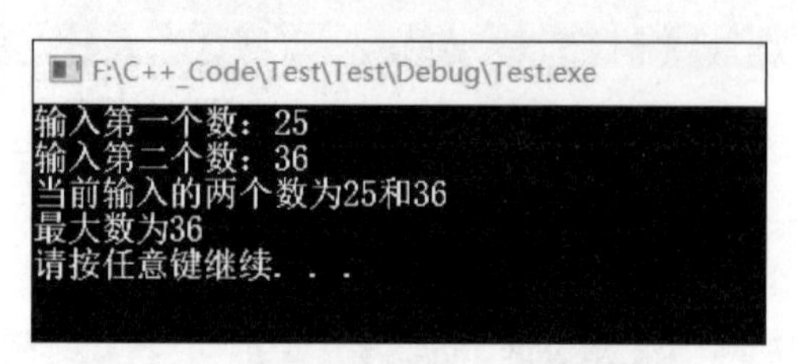

图 1-11　example 源程序的运行结果

VS 2010 生成的可执行文件(.exe 文件)在项目路径下的 Debug 文件夹内。以上面的项目为例,路径为"F:\C++_Code\Test\Test",打开看到有一个 Debug 文件夹,进入可以看到 Test.exe。

习　　题

一、选择题

1. C++语言属于________。
   A. 自然语言　B. 机器语言　C. 面向对象语言　D. 汇编语言
2. 下列关于 C++语言程序的书写规则,不正确的是________。
   A. 一行可以书写若干条语句　B. 一条语句可以写成若干行
   C. 可以在程序中插入注释信息　D. C++语言程序不区分字母大小写
3. C++语言规定,在一个源程序中,main()函数的位置________。
   A. 必须在最开始　B. 必须在系统调用的库函数的后面
   C. 可以任意　D. 必须在最后
4. 一个完整的 C++语言的源程序中,________。
   A. 必须且只能有一个 main()函数　B. 可以有多个 main()函数
   C. 必须有 main()函数和其他函数　D. 可以没有 main()函数
5. 下列可用于标识 C++语言源程序注释的符号为________。
   A. #　B. //　C. ;　D. {}
6. 在 VS 2010 集成环境下,系统默认的源程序扩展名为________。
   A. .cpp　B. .txt　C. .exe　D. .obj

二、填空题

1. ________和________是头文件 iostream 中预定义的输入流对象和输出流对象,可用于 C++语言程序的输入/输出。
2. C++语言源程序编辑好后,还必须经过________和________才能得到可执行文件。
3. C++语言程序的注释方法有两种:一种用________表示,另一种用________表示。
4. 每一条 C++语句均以________结束。
5. C++语言源程序经编译后生成的目标文件扩展名为________。

三、编程题

1. 编写一个 C++语言程序,运行时输出"Hello World!"。
2. 编写一个 C++语言程序,运行时输入两个整数 a 和 b,输出两数之和 sum。
3. 仿照例 1.3,编写一个面向对象的程序,给定三角形的 3 条边,求解三角形的周长和面积。

第2章　信息表示和算法简介

人类用文字、图像、声音、视频这些形式来表达和记录世界上各种各样的信息。这些信息都可以输入计算机中,由计算机来存储和处理。人们在日常生活和工作中做任何事情时,都必须遵从一定的章法才能顺利完成。计算机在解决问题时同样需要一定的方法和步骤,这就是本章所要介绍的算法。

2.1　信息在计算机中的表示

目前使用的计算机为冯·诺依曼型计算机,由于使用的数字逻辑器件的物理条件的限制,其只能识别高、低这两种状态的电位,因此计算机处理的所有信息都是以二进制的形式表示和存储的。本章主要讨论信息的二进制表示方式,信息的表示是利用计算机进行信息处理的前提。

2.1.1　进位计数制

1. 进制

进位计数制是一种记数方式,也称进位记数法或位值计数法,可以用有限的数字符号代表所有的数值。使用数字符号的个数称为基数(Radix)或底数,基数为R则称其为R进制数。

对于任何一个数,可以用不同的进位制来表示。例如,十进制数$(47)_{10}$可以表示成二进制数$(101111)_2$,也可以表示成八进制数$(57)_8$,还可以表示成十六进制数$(2F)_{16}$。

数制也称计数制,是用一组固定的数字符号和统一的规则来计数的方法。十进制数或二进制数都属于进位计数制。在日常生活中,人们使用的是十进制数,而计算机只能处理二进制数,程序员通常用八进制数或十六进制数表示二进制数。所以,掌握多种数制的转换是必要的。

每种进位计数制都包含一组数码符号和3个基本因素(基数、数位、权值)。

(1) 数码符号:一组用来表示某种数制的符号。例如,十进制的数码是0～9,二进制的数码是0和1。

(2) 基数:某数制可以使用的数码个数。例如,十进制的基数是10,二进制的基数是2。

(3) 数位:数码在一个数中所处的位置。

(4) 权值:基数的幂次,表示数码在不同位置上的数值。

十进制是日常生活中广泛使用的进制数,下面以十进制为例,阐述数的进位制。

以十进制数123.45为例,它由数字1,2,3,4,5和小数点构成。其中,1代表1个10^2,2

代表 2 个 10^1，3 代表 3 个 10^0，4 代表 4 个 10^{-1}，5 代表 5 个 10^{-2}，所以 123.45 所表示的值的大小为

$$123.45=1\times10^2+2\times10^1+3\times10^0+4\times10^{-1}+5\times10^{-2}$$

十进制的具体特点如下：

(1) 十进制有 10 个数码，分别是 0,1,2,3,4,5,6,7,8,9。

(2) 以小数点为界，数位号向左依次是 0,1,2,…，向右依次是 −1,−2,−3,…。

(3) 十进制的基数是 10。

(4) 数值的每个数位都有权值，权值是其基数的数位次幂。

(5) 十进制的数值是所有数位上的数码乘以其权值的累加和。

(6) 每个数位上的数码遵从“逢十进一”的进位规则。

推广到一般的 R 进制进位计数制数据，其具体特点如下：

(1) R 进制有 R 个数码，分别是 0,1,2,…,R−1。例如，十六进制数有 16 个数码，除了 0,1,2,…,9 这 10 个数码之外，还有 A,B,C,D,E,F 或 a,b,c,d,e,f 6 个数码，分别代表 10,11,12,13,14,15；八进制由 0,1,2,…,7 这 8 个数码组成。

(2) 以小数点为界，数位号向左依次是 0,1,2,…，向右依次是 −1,−2,−3,…。

(3) R 进制的基数是 R。

(4) 数值的每个数位都有权值，权值是其基数的数位次幂。

(5) R 进制的数值是所有数位上的数码乘以其权值的累加和：

$$N=\pm\sum_{i=-m}^{n-1}k_i\times R^i$$

式中，i 为数位号；k_i 为第 i 位上的数码；m 为小数位数；n 为整数位数。

(6) 每个数位上的数码遵从“逢 R 进一”的进位规则。

2. 进位计数制之间的转换

1) R 进制数转换成十进制数

由于人们所做的运算是按照十进制数的规则，因此经常需要将 R 进制数转换成十进制数。将 R 进制数按数码与权值乘积和的形式展开后，即“按权展开，依次相加”，运算的结果就是其对应的十进制数。

例如，二进制数 111.001 对应的十进制数为

$$\begin{aligned}(111.001)_2&=(1\times2^2+1\times2^1+1\times2^0+0\times2^{-1}+0\times2^{-2}+1\times2^{-3})_{10}\\&=(7.125)_{10}\end{aligned}$$

十六进制数和八进制数转换成十进制数的方法与此相同。例如：

$$(13.4)_8=1\times8^1+3\times8^0+4\times8^{-1}=(11.5)_{10}$$

$$(1CA.8)_{16}=1\times16^2+12\times16^1+10\times16^0+8\times16^{-1}=(458.5)_{10}$$

2) 十进制数转换成 R 进制数

由于整数部分和小数部分的转换规则不同，因此十进制数的整数和小数部分应先分别转换，然后组合起来。

整数部分的转换原则是“除 R 逆序取余数”，小数部分转换的原则是“乘 R 顺序取整

数”。例如，把十进制数转换成二进制数，整数部分“除以 2 逆序取余”，而小数部分“乘以 2 顺序取整”，即先将给定的十进制小数不断乘以 2，取乘积的整数部分作为二进制小数的最高位；然后把小数部分再乘以 2，取乘积的整数部分，得到二进制小数的第二位。不断重复上述过程，就可以得到指定位数的二进制小数。

例如，将十进制数 61.875 转换成二进制数。

十进制整数部分的转换如图 2-1 所示，小数部分的转换如图 2-2 所示，这样$(61.875)_{10}=(111101.111)_2$。

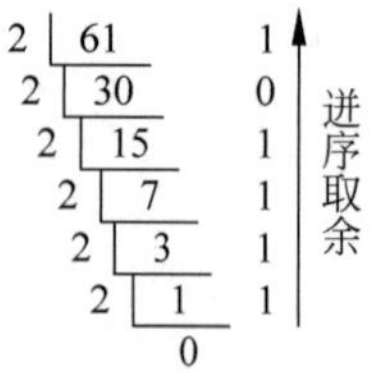

```
2 |61     1 ↑
 2 |30    0 |
  2 |15   1 | 逆
   2 |7   1 | 序
    2 |3  1 | 取
     2 |1 1 | 余
        0
```

图 2-1　十进制整数部分转换成二进制数

```
  |      0.875
顺|    ×     2
序| 1     1.75
取|    ×     2
整| 1      1.5
  |    ×     2
  ↓ 1      1.0
```

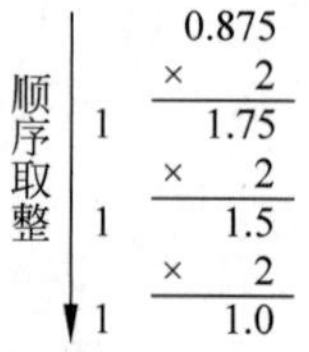

图 2-2　十进制小数转换成二进制数

注意：当十进制小数转换成二进制数时，有可能乘法的结果永远不为 0，即运算可能会无限循环，如$(0.63)_{10}=(0.1010\cdots)_2$，此时一般根据转换要求的精度截取适当的位数。

十进制数转换成八进制数、十六进制数的方法同上。十进制数转换成八(十六)进制数：整数部分除以 8(16)逆序取余数，小数部分乘以 8(16)顺序取整数。

例如，将十进制数 61.875 转换成八进制数和十六进制整数。

十进制数转换成八进制数如图 2-3 所示，十进制数转换成十六进制数如图 2-4 所示，所以$(61.875)_{10}=(75.7)_8$，$(61.875)_{10}=(3D.E)_{16}$。

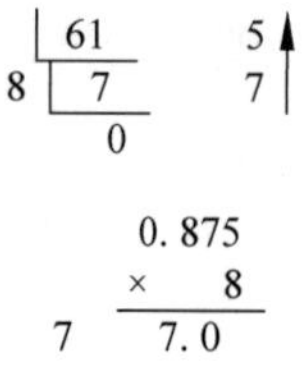

```
  |61    5 ↑
8 |7     7 |
   0

     0.875
   ×     8
7    7.0
```

图 2-3　十进制数转换成八进制数

```
16|61    D ↑
16|3     3 |
   0

     0.875
   ×    16
E    E.0
```

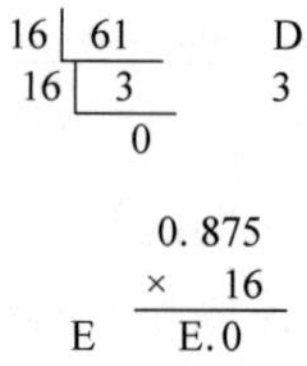

图 2-4　十进制数转换成十六进制数

3. 二进制数和八进制数、十六进制数之间的转换

二进制数具有运算简单、电路简便可靠等多项优点，但由于二进制数基数太小，导致数据数位太长，不利于书写和阅读。虽然在计算机硬件中只使用二进制数，但是为了方便编写程序、阅读机器内部代码，人们经常使用八进制数或十六进制数来代替二进制数，这是因为八进制数或十六进制数与二进制数的转换不需要计算，非常方便。

在程序中，二进制数常常表示为在数字后加后缀 B(Binary)，八进制数加后缀 Q(Octal)，十六进制数加后缀 H(Hexadecimal)。默认数字形式是十进制数，也可用后缀 D(Decimal)来表示。

1) 八进制数

八进制数由 0,1,2,…,7 这 8 个数码组成，每个数码用等值的 3 位二进制数来表示，依次为 000,001,010,…,111，如表 2-1 所示。可见，一位八进制数的数码和三位二进制数所表示的数据是一一对应的。因此，八进制数与二进制数之间的相互转换就十分简单。

表 2-1　八进制数与二进制数的关系

八 进 制 数	二 进 制 数	八 进 制 数	二 进 制 数
0	000	4	100
1	001	5	101
2	010	6	110
3	011	7	111

(1) 二进制数转换成八进制数。

以小数点为界，整数部分从低位向高位方向，每 3 位用一个等值的八进制数来代替，最后不足 3 位时在高位补 0 凑满 3 位；小数部分从高位向低位方向，每 3 位用一个等值的八进制数来代替，最后不足 3 位时在低位补 0。例如，将二进制数 1100111.10111 转换成八进制数：

001 100 111. 101 110 B=147.56 Q

(2) 八进制数转换成二进制数。

把每个八进制数改成等值的 3 位二进制数即可，高低位的顺序保持不变。例如：

3456.72 Q=011 100 101 110.111 010 B

转换结束后可去除前后的整数部分高位和小数部分低位的 0，即

$$(3456.72)_8=(11100101110.11101)_2$$

2) 十六进制数

十六进制数有 16 个数码，除了 0,1,2,…,9 这 10 个数码之外，还有 A,B,C,D,E,F 或 a,b,c,d,e,f 这 6 个数码，一般情况下不区分字母大小写。

十六进制数的每个数码均可以用等值的 4 位二进制数来表示，依次为 0000 0001 0010 … 1111，如表 2-2 所示。由此可见，一位十六进制数的数码和 4 位二进制数所表示的数据是一一对应的。因此，十六进制数与二进制数的转换与八进制数相似。

表 2-2　十六进制数与二进制数的关系

十六进制数	二 进 制 数	十六进制数	二 进 制 数
0	0000	8	1000
1	0001	9	1001
2	0010	A	1010
3	0011	B	1011
4	0100	C	1100
5	0101	D	1101
6	0110	E	1110
7	0111	F	1111

(1) 二进制数转换成十六进制数。

以小数点为界，整数部分从低位向高位方向，每 4 位用一个等值的十六进制数来代替，最后不足 4 位时在高位补 0 凑满 4 位；小数部分从高位向低位方向，每 4 位用一个等值的十六进制数来代替，最后不足 4 位时在低位补 0。例如，将二进制数 1110011001111.10111 转换成十六进制数：

0001 1100 1100 1111. 1011 1000 B=1CCF.B8 H

(2) 十六进制数转换成二进制数。

把每个十六进制数改成等值的4位二进制数即可,高低位的顺序保持不变。例如:

3AC.E4 H=0111 1010 1100.1110 0100 B

转换结束后可去除前后的整数部分高位和小数部分低位的0,即

$$(3AC.E4)_{16}=(11110101100.111001)_2$$

2.1.2 信息在计算机中的表示方法

计算机可以处理的信息有数值、文字、声音、图像等,而这些信息在计算机中都是以二进制的方式存储的。

1. 数值信息在计算机中的表示

数值就是计算机中的数,有正负大小之分。数值信息分为整数和实数。其中,整数又分为带符号整数(signed integer),可以表示正数和负数;无符号整数(unsigned integer),即正整数。

1) 带符号整数在计算机中的表示

带符号整数有正负之分,在计算机中表示时,用一个二进制位作为其符号位,一般都是最高位。最高位为0表示"+",即正数;最高位为1表示"-",即负数。其余各位用来表示数值的大小。

(1) 原码。

用数据的最高位表示符号位,其余位表示该数的绝对值,这种表示方法称为机器数的原码表示法。

例如,+57的原码为00111001,-57的原码为10111001。

原码0有两种表示方法,分别是+0:00000000B和-0:10000000B。

(2) 反码。

正数的反码与原码相同;负数的反码最高位仍为1,其余位是其对应原码的按位取反。

例如,+57的反码为00111001,与原码相同;-57的反码为11000110。

用8位二进制数表示反码数据0有两种表示方法,分别是+0:00000000B和-0:11111111B。

从以上内容可以看出,用8位二进制数不管是表示原码数据还是反码数据,因为0有两种表示方法,所以其表示的范围为-127～+127,,即$-2^7+1\sim2^7-1$,共255个数;同理,用16位二进制数表示原码或反码数据,其表示范围为-32 767～+32 767,即$-2^{15}+1\sim2^{15}-1$,共65 535个数。综上,如果n位的二进制数表示原码和反码,则其表示的数值范围为$-2^{n-1}+1\sim2^{n-1}-1$,即2^n-1个数。

(3) 补码。

不管是原码还是反码,数值0都有两种表示方法,这样加法运算与减法运算的规则不同,需要分别使用加法器和减法器完成,增加了运算器的复杂性。所以,数值信息在计算机中不是使用原码和反码表示,而是采用补码来表示。

正数的补码与原码相同,负数的补码是其反码加1。

例如,+57的补码为00111001,-57的补码为11000111。

为什么计算机中的数值用补码表示呢?因为补码具有如下特点:

① 用 8 位二进制数表示一个补码数据，最大数为 01111111B，即 +127；最小数为 10000000B，即 −128，其表示的范围为 −128～+127，共 256 个数；同理，如果用 16 位二进制数表示补码数据，则其表示范围为 −32 768～+32 767，共 2^{16} 个数。综上，如果是 n 位的二进制数表示补码，则其表示的数值范围为 -2^{n-1}～$2^{n-1}-1$，即 2^n 个数。

② 补码 0 有唯一的表示方法，即 00000000B。

无论采用的是原码、反码还是补码，正整数的编码都是相同的，只有负数是不一样的。

例如，+8 的原码是 00001000，−8 的原码是 10001000；+8 的反码是 00001000，−8 的反码是 11110111；+8 的补码是 00001000，−8 的补码是 11111000。

采用补码表示后，带符号整数的加法和减法可以统一使用加法器来完成。

【例 2.1】 已知 X=56、Y=38，每个整数用 8 位二进制数表示，计算 X−Y。

$$(X-Y)_{补}=(X)_{补}+(-Y)_{补}$$

56 的原码为 00111000，56 的补码为 00111000；−38 的原码为 10100110，−38 的补码为 11011010。

$(X-Y)_{补}=(X)_{补}+(-Y)_{补}=00111000+11011010=00010010$

由于每个整数都用 8 位二进制数表示，因此两数相加产生的进位自然舍弃。由此可见，补码运算的结果为 00010010，仍为补码，其十进制值为 18。

2）无符号整数在计算机中的表示

无符号整数经常用于表示地址等正整数信息，它们可以是 8 位、16 位、32 位或 64 位甚至更多位。8 位二进制数表示的正整数取值范围是 $0\sim2^8-1$，16 位二进制数表示的正整数的取值范围是 $0\sim2^{16}-1$，n 位二进制数表示的正整数的取值范围是 $0\sim2^n-1$。

如果整数经过运算后超过了其所能表示的数值范围，就会产生“溢出”。

3）浮点数的表示方法

浮点数就是实数，因为其小数点的位置不固定，所以其在计算机中称为浮点数。实数通常既有整数部分又有小数部分，整数和纯小数是实数的特例，如 12.345、−189.045 等。目前计算机大多采用 IEEE（Institute of Electrical and Electronics Engineers，电气和电子工程师协会）规定的浮点数表示方法。

任意一个十进制数 N 可以写为

$$N=(-1)^s M\times10^E$$

任意一个二进制数 N 可以写为

$$N=(-1)^s M\times2^e$$

式中，$(-1)^s$ 为该数的符号位，s=0 表示正数，s=1 表示负数；e 为指数，常称为阶码，指明小数点在数据中的位置，用无符号整数表示；M 为尾数，用定点小数表示。IEEE 754 标准中，32 位浮点数的标准格式如图 2-5 所示。

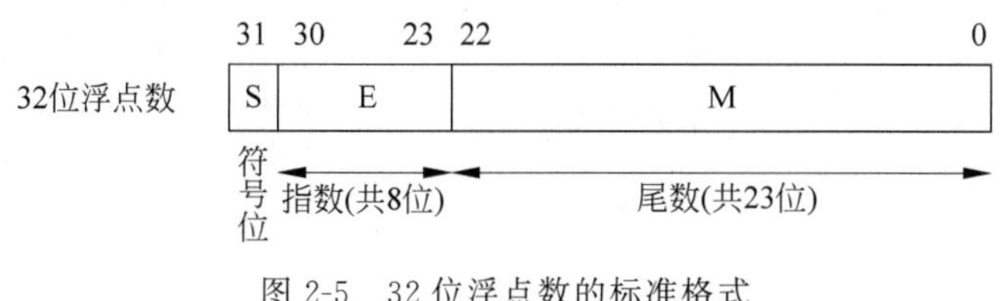

图 2-5　32 位浮点数的标准格式

32位浮点数中,S是符号位,占1位,安排在最高位,S=0表示正数,S=1表示负数;M是尾数,放在低位部分,占用23位,小数点位置放在尾数域最左(最高)有效位的右边;E是指数,占用8位,且实际的指数值=表示的指数值－偏移量。采用这种方式时,将浮点数的指数真值e变成阶码E时,应将指数加上一个固定的偏移值127(01111111),即E=e+127。

若不对浮点数的表示做出明确规定,则同一个浮点数的表示就不是唯一的。例如,$(1.001)_2$ 可以表示成 1.001×2^0、0.1001×2^1、0.01001×2^2 等多种形式。为了提高数据的表示精度,当尾数的值不为0时,尾数域的最高有效位应为1,这称为浮点数的规格化表示。如果不是规格化表示形式,则修改指数使其规格化。所以,一个规格化的浮点数表示为

$$(-1)^s\times(1.M)\times2^e$$

式中,e=E－127。

尾数表示的值为1.M。由于规格化浮点数的尾数最左边总是为1,因此这一位不予存储,和小数点一起被隐藏,于是23位空间可以存储24个有效数。

【例2.2】 如果浮点数在计算机中存为0 10000010 01101100000000000000000B,求其浮点数的十进制值。

符号位S=0,为正数;阶码E为10000010,所以指数e=E－127=10000010－01111111=00000011;尾数为01101100000000000000000,包含隐含值,实际尾数值为1.011011。所以,其表示的二进制数为

$$+(1.011011)\times2^{00000011}=(+1011.011)_2=(11.375)_{10}$$

【例2.3】 将十进制数－1022.25表示成单精度浮点数的形式。

该十进制数为负数,故符号部分S为－1。将十进制数的绝对值转换为二进制数的形式,为1111111110.01;转换成规格化的形式,为 1.11111111001×2^9。尾数是其小数部分,即11111111001。

实际指数e为9,加上指数部分的偏移量127,则指数部分E为127+9=136=10001000B。因此,其单精度表示形式如图2-6所示。

1	10001000	11111111001000000000000

图2-6　十进制数－1022.25的单精度表示形式

2. 字符在计算机中的表示

计算机除了处理数值信息外,还需要处理字符或文字等信息。这些信息在计算机中也是以二进制数的形式存在的,但这些二进制数不代表数值,而是以特定的编码形式表示其所代表的字符或文字。

常用的字符集合称为字符集。字符集中的每一个字符在计算机中都有一个代码(用二进制表示),它们相互区别,构成了该字符集的代码表。本节仅简单介绍西文字符集。

西文字符集由数字、拉丁字母、标点符号及一些特殊的符号构成。目前计算机中广泛使用的是ASCII(American Standards Code for Information Interchange,美国标准信息交换码)码字符集(见附录A)。ASCII字符集中共有128个字符,其中包括96个可打印字符和32个控制字符,每个字符用7位二进制进行编码。其在内存中实际存放时采用8位二进制,最高位为0。

2.2 算法简介

2.2.1 算法概述

著名的计算机科学家沃思(Wirth)提出了如下公式：

数据结构+算法=程序

其表示一个过程化程序设计包括两个要素：算法和数据结构。数据结构主要是对程序中需要处理的数据的描述，算法是对操作的描述。具体什么是算法？就一个应用而言，就是要求它能解决特定的问题，达到预定的目的，即要保证程序的“正确”和“可行”。因此，在设计程序前根据实际问题的特点和需求，再考虑计算机的工作特性，确定解决某个问题所需要的方法和步骤是至关重要且必不可少的一步，这一步骤通常称为算法设计。

广义而言，算法就是解决某个问题或处理某个事件的方法和步骤。人们在日常生活和工作中做任何事情时，都必须遵从一定的章法，才能顺利完成。

狭义而言，算法是专指用计算机解决某一问题的方法和步骤。著名计算机科学家D. E. Knuth在其《计算机程序设计艺术》一书中为算法所下的定义是：“一个算法，就是一个有穷规则的集合，其中之规则规定了一个解决某一特定类型问题的运算系列。”

计算算法可以分为两大类：一类是数值计算算法，主要解决一般数学解析方法难以处理的一些数学问题，如求解超越方程的根、求定积分、解微分方程等；另一类是非数值计算算法，如对非数值信息的排序、查找等。

研究解决各种特定类型问题的算法已成为一个称为“计算方法”的专门学科。尽管现代电子计算机功能强大，但其基本部件仅能执行诸如数据的传递(输入、输出和取数、存数等)、算术运算(加、减、乘、除)、逻辑运算(与、非、或等)及比较、判断与转移等操作。因此，研究如何把一个复杂的运算处理分解成这些简单的操作组合，也是“计算方法”学科的重要研究内容。

对于同一问题的求解，往往可以设计出多种不同的算法，不同算法的运行效率、占用内存量可能有较大的差异。评价一个算法的好坏优劣也有不同的角度和标准。一般而言，主要看算法是否正确、运行的效率及占用系统资源的多少等。

2.2.2 算法示例

【例 2.4】 给出一个大于或等于3的正整数，判断它是不是一个素数(prime)。

解题思路：素数是指除了1和该数本身之外，不能被其他任何整数整除的数。例如，13是素数，因为它不能被2、3、4、…、12整除。

判断一个数x(x>3)是否为素数的方法如下：将x作为被除数，将2～(x-1)的各个整数先后作为除数，如果都不能被整除，则x为素数。

该算法可以表示如下：

Step1. 输入x的值。

Step2. i=2(i作为除数)。

Step3. x除以i，得余数r。

Step4. 如果r=0，表示x能被i整除，则输出x“不是素数”，算法结束；否则，执行Step5。

Step5. i=i+1。

Step6. 如果 i≤x-1,返回 Step3;否则输出 x 的值及"是素数",算法结束。

本算法中的 Step1、Step2、Step3…称为算法步骤。实际上,x 不必被 2~(x-1)的整数除,只须被 2~x/2 的整数除即可,甚至只须被 2~$\sqrt{x}$的整数除即可。例如,判断 13 是否为素数,只须将 13 被 2 和 3 除即可,如都除不尽,则 x 必为素数。因此 Step6 可改为:

Step6. 如果 i≤$\sqrt{x}$,则返回 Step3;否则算法结束。

【例 2.5】 求两个自然数的最大公约数。

该算法可以表示如下:

Step1. 输入两个自然数 M、N。

Step2. 求 M 除以 N 的余数 R。

Step3. 使 M=N,即用 N 代换 M。

Step4. 使 N=R,即用 R 代换 N。

Step5. 若 R≠0,则重复执行 Step2~Step4(循环);否则转 Step6。

Step6. 输出 M,M 即为 M 和 N 的最大公约数。

本算法是由古希腊数学家欧几里得提出的,所以其又称为欧几里得算法。这里每个算法步骤明确规定了所要进行的操作及处理对象的特性(M、N 为自然数)。除了 Step5 根据给定条件的满足与否可改变执行顺序之外,其余算法步骤都是依排列的次序顺序执行的。

2.2.3 算法的特性

一个算法通常具有确定性、可行性、有穷性、输入性和输出性等特性。

(1) 确定性:算法的每个步骤都应确切无误,没有歧义性。

(2) 可行性:算法的每个步骤都是计算机可实现、能有效执行并可得到确定的结果。

(3) 有穷性:一个算法包含的步骤应是有限的,并在一个合理的时间限度内执行完毕。

(4) 输入性:执行算法时,计算机可从外部取得数据。一个算法可有多个输入,但也可没有输入(0 个输入),因计算机可自动产生一些必需的数据。

(5) 输出性:一个算法应有一个或多个输出。计算机是人们用于"解题"的工具,因此算法应能向计算机外部输出结果,否则该算法将毫无意义。

2.2.4 算法的描述

算法可以采用多种方式来表示。例如,算法可使用人们的自然语言如英语、汉语等来描述,使用某种代码符号(伪代码)来描述,或者使用特定的图形(流程图、N-S 图)来描述等。由于图形的描述方法既形象又直观,而且易于理解,因此其得到广泛的应用。

用于描述算法的图形使用较多的是流程框图,简称流程图。流程图使用规定的图形符号来描述算法,如表 2-3 所示。

表 2-3 流程图图形符号

图形符号	名称	代表的操作
▱	输入/输出框	数据的输入/输出

续表

图形符号	名称	代表的操作
	处理框	各种形式的数据处理
	判断框	根据条件满足的情况选择不同的分支
	开始/结束框	流程的起点/终点
	流程线	各个图框之间的连接线，表示执行的顺序
	连接点	与流程图的其他部分相连接
	注释框	对流程图中的某些框的操作做必要的补充说明，不是必需的

图 2-7 和图 2-8 分别是 2.2.2 小节两个算法示例的流程图，图框内的文字用于说明具体的操作内容。显而易见，使用流程图比使用自然语言描述算法优越得多。

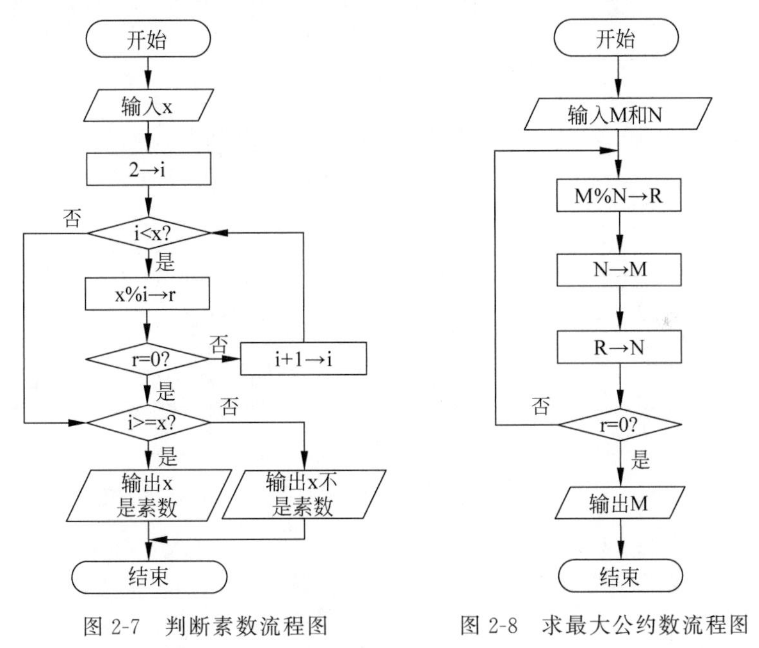

图 2-7　判断素数流程图　　　图 2-8　求最大公约数流程图

通过以上两个示例可以看出流程图是表示算法的较好的工具。一个流程图包括以下几部分：

(1) 表示相应操作的框。

(2) 带箭头的流程线(反映流程的先后顺序)。

(3) 框内外必要的文字说明。

用流程图表示算法直观形象，可清楚地显示出各个框之间的逻辑关系。但是，这种流程图占篇幅多，当算法比较复杂时，绘制流程图不是很方便，所以现在很多人用 N-S 结构化流程图来代替传统流程图。但流程图的绘制是每个程序员必须熟练掌握的技能之一。

算法仅仅提供了解决某类问题的方法和步骤,如果要实现,还需要通过程序设计语言将算法描述出来,即用某一种程序设计语言所提供的语言成分,根据语言特点,遵照语法规则,实现算法,这就是程序设计。

2.2.5 3种基本结构

现在公认的具有"良好风格"的程序设计方法之一就是结构化程序设计,它是由 Bohm 和 Jacopini 在 1966 年提出的。结构化程序设计规定了算法的 3 种基本结构:顺序结构、选择结构和循环结构。理论证明,无论多么复杂的问题,都可以用这 3 种结构的组合来表示。按照结构化的算法编写的程序结构清晰,易于理解。

1. 顺序结构

如图 2-9 所示,虚线框内是一个顺序结构,其中 A 和 B 两个框是顺序执行的,即在执行完 A 所指定的操作后,必然接着执行 B 所指定的操作。顺序结构是最简单的一种基本结构,在一般程序中大量存在。不是所有的程序都可以用顺序结构编写的。在求解问题时,常常会先根据实际情况进行逻辑判断,然后根据判断的结果做不同的处理;或者需要反复执行某些程序段。这就需要在程序中加入选择结构和循环结构。一个结构化程序正是由这 3 种基本结构相互交替而构成的。

2. 选择结构

选择结构如图 2-10 所示。选择结构中必包含一个判断框。根据给定的条件 e,判断其是否成立而选择执行 A 或 B。无论条件 e 是否成立,只能执行 A 或 B 之一,不可能既执行 A 又执行 B。

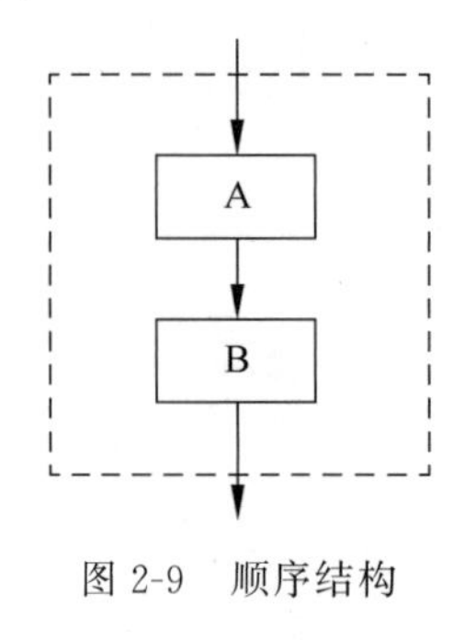

图 2-9 顺序结构

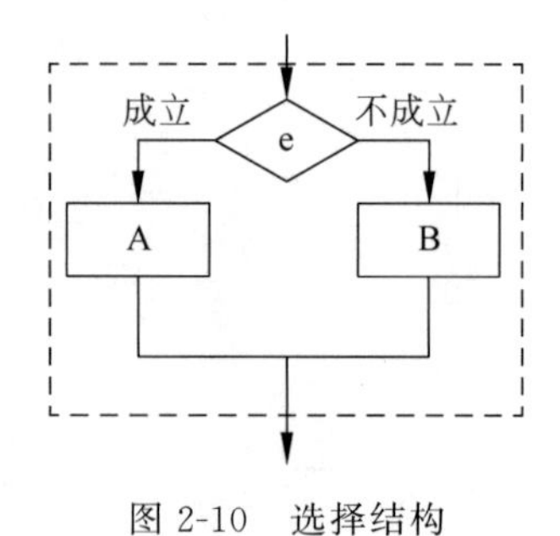

图 2-10 选择结构

3. 循环结构

循环结构又称迭代,即反复执行某一部分的操作。循环结构分为两种:一种是当型循环(while 循环)结构,如图 2-11 所示;一种是直到型循环(do-while 循环)结构,如图 2-12 所示。当型循环的流程如下:当给定的条件 e 成立时,执行 A 操作,执行完 A 后,再判断条件 e 是否成立,如果仍然成立,执行 A,如此反复执行 A,当某一次 e 条件不成立时结束循环。直到型循环的流程如下:先执行 A 操作,之后判断条件 e 是否成立,如果成立则继续执行 A 操作,然后判断 e 是否成立。如此反复,直到 e 条件不成立,则退出循环。

由图 2-9~图 2-12 可以看出,3 种基本结构的共同特点如下:

(1) 只有单一的入口和单一的出口。

(2) 结构中的每个部分都有机会被执行到。

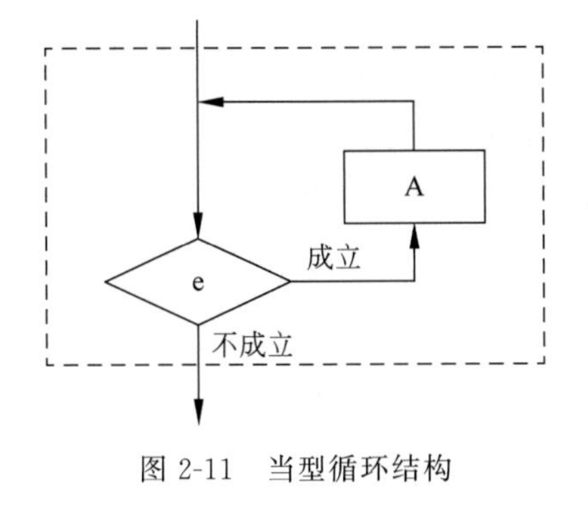

图 2-11　当型循环结构

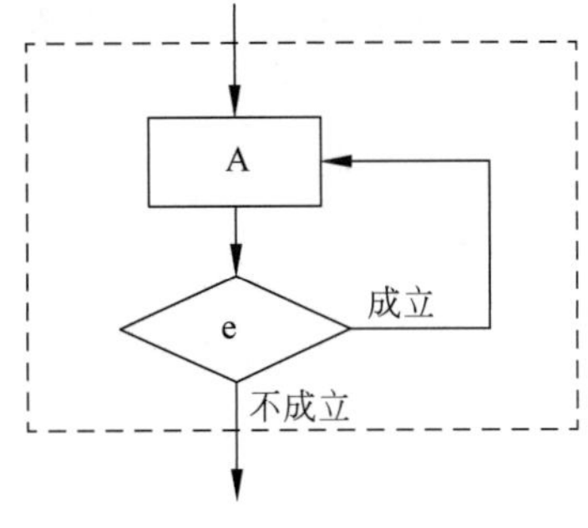

图 2-12　直到型循环结构

(3) 结构内不存在永不终止的死循环。

C++语言完全支持结构化的程序设计方法,并提供了相应的语言成分。

习　　题

一、选择题

1. 十进制数 89.625 转换成二进制数为________。

A. 1011001.101　B. 1011011.101　C. 1011011.110　D. 1010011.101

2. 十进制数 27.125 转换成十六进制数为________。

A. B1.2 H　B. 1B.4 H　C. 1B.2 H　D. 33.2 H

3. 下列 4 个不同进位制的数中,数值最大的是________。

A. $(51)_{10}$　B. $(62)_{8}$　C. $(110101)_{2}$　D. $(34)_{16}$

4. 存储在 U 盘和硬盘中的文字、图像等信息都采用________代码表示。

A. 十进制　B. 二进制　C. 八进制　D. 十六进制

5. 已知 X 的补码为 10011000,则它的原码为________。

A. 01101000　B. 01100111　C. 10011000　D. 11101000

6. 算法是问题求解规则的一种过程描述。下列关于算法性质的叙述中正确的是________。

A. 算法必须用高级语言描述

B. 可采用流程图或类似自然语言的“伪代码”等方式描述算法

C. 算法要求在若干或无限步骤内得到所求问题的解答

D. 条件选择结构由条件和选择两种操作组成,因此算法中允许有二义性

二、填空题

1. 在计算机内部,带符号二进制整数是采用________码方法表示的。

2. 用补码表示的 8 位带符号整数的数值范围是________～127。

3. 数据结构和________的设计是程序设计的主要内容。

4. 解决某一问题的算法有多种,但它们都必须满足________、有穷性、可行性、输入性和________。

5. 在结构化程序设计中,任何复杂的功能都可以由顺序结构、选择结构和________ 3 种基本结构组合来实现。

三、用流程图表示求解下列问题的算法

1. 输入一个正整数,输出它的各位数字之和。

2. 输入一个年份,判断该年是否是闰年。符合下面两个条件之一的年份是闰年:能被 4 整除但不能被 100 整除,或能被 100 整除且能被 400 整除。

第3章 基本数据类型和表达式

计算机解决各种实际问题的本质是对数据进行处理，程序中对数据处理由对应的程序语句来完成。因此，需要掌握数据在计算机中的表示和存储形式，掌握利用运算符、变量、常量按一定规则组成表达式对数据进行运算。只有掌握了这些基本知识，才能顺利地进行C++语言程序设计。

本章主要介绍C++语言程序设计的基本部分，包括基本数据类型、常量与变量、运算符与表达式、数据类型转换及常用库函数。

3.1 数据类型

程序处理的对象是数据，数据分为常量和变量，每个常量或变量都有数据类型。C++语言中的数据类型分为两大类：基本数据类型和导出数据类型。其中，基本数据类型是C++语言中预定义的类型，包含整型(int)、字符型(char)、布尔型(bool)、单精度浮点型(float)、双精度浮点型(double)和空类型(void)；导出数据类型也称自定义数据类型，是用户根据程序设计需要，按语法规则由基本数据类型构造的，包含数组、指针、结构体、联合体、枚举和类等。表3-1中列出了C++语言的基本数据类型。

表3-1 C++语言的基本数据类型

类　型	字节数	取值范围
bool(布尔型或逻辑型)	1	true或false
[signed]char(有符号字符型)	1	$-128 \sim +127$
unsigned char(无符号字符型)	1	$0 \sim 255$
[signed]int(有符号整型)	4	$-2^{31} \sim +2^{31}-1(-2\,147\,483\,648 \sim +2\,147\,483\,647)$
unsigned[int](无符号整型)	4	$0 \sim 2^{32}-1(0 \sim 4\,294\,967\,295)$
[signed]long[int](有符号长整型)	4	$-2^{31} \sim +2^{31}-1(-2\,147\,483\,648 \sim +2\,147\,483\,647)$
unsigned long[int](无符号长整型)	4	$0 \sim 2^{32}-1(0 \sim 4\,294\,967\,295)$
[signed]short[int](有符号短整型)	2	$-2^{15} \sim +2^{15}-1(-32\,768 \sim +32\,767)$
unsigned short[int](无符号短整型)	2	$0 \sim 2^{16}-1(0 \sim 65\,535)$
float(单精度浮点型)	4	$-3.4 \times 10^{-38} \sim +3.4 \times 10^{38}$
double(双精度浮点型)	8	$-1.7 \times 10^{-308} \sim +1.7 \times 10^{308}$
long double(长双精度型)	8/16	$-1.7 \times 10^{-4932} \sim +1.7 \times 10^{4932}$
void(空值型)		

说明：

(1) 表3-1中的符号“[]”表示可选，其中的内容为默认，在定义变量时“[]”中的内容可以缺省。例如，signed char等同于char，表示有符号字符型；signed int等同于int，表示有符号整型。

(2) 符号修饰符 signed、unsigned 与长短修饰符 short、long 连同类型名 int 可以随意组合。例如，unsigned long int、long unsigned int、int unsigned long 都表示无符号长整型。

(3) 空值型用于描述没有返回值的函数及通用指针类型。

(4) 表 3-1 中的字节数和取值范围是基于 32 位操作系统给出的。在 64 位操作系统中，long、unsigned long 为 8 字节，其余相同。

(5) 单精度型浮点数(float)的有效数字为 7 位，双精度型浮点数(double)的有效数字为 15 位，长双精度型浮点数(long double)的有效数字为 15 位(占 8 字节时)或 19 位(占 16 字节时)。

(6) 不同的编译系统对 long double 的处理方法不完全相同，有的分配 8 字节，有的分配 16 字节。

【例 3.1】 输入圆的半径，求圆的面积并输出。

```
#include <iostream>
using namespace std;
const double PI = 3.14159;
int main()
{   double r,c,area;              //变量 r 表示圆的半径,c 表示圆的周长,area 表示圆的面积
    cout <<"输入圆的半径:";        //提示用户输入圆的半径
    cin >> r;
    c = 2 * PI * r;
    area = PI * r * r;
    cout <<"pi = "<< PI << endl;
    cout <<"圆的周长:"<< c << endl;
    cout <<"圆的面积:"<< area << endl;
    return 0;
}
```

例 3.1 中定义了双精度类型变量 r、c 和 area，运行时根据输入的 r 值计算 area 和 c。2 * PI * r 是表达式，表达式中有常量 PI 和 2。常量和变量有什么区别？常量和变量应该如何定义？表达式怎样表示？这些问题将在本章逐一讲解。

3.2 常　　量

常量是指在程序运行过程中值不能被改变的量。常量分为字面常量(直接常量)和符号常量。不加任何说明就可直接使用的常量称为字面常量，例 3.1 中语句“c=2 * PI * r;”中的 2 是字面常量；用符号表示的常量称为符号常量，例 3.1 中的 PI 为符号常量。

3.2.1 字面常量

字面常量按类型分为整型常量、浮点型常量、字符型常量、字符串常量和布尔型常量，其值自动地决定了它的数据类型。例如，32 为整型常量中的 int 类型，32.0 为浮点型常量中的 double 类型。

1. 整型常量

整型常量可以采用十进制、八进制、十六进制的形式表示。

(1) 十进制整数：由数字 0～9 组成，是整型常量的默认表示形式，如－15、0、126 等。

(2) 八进制整数：以数字 0 开头，由数字 0～7 组成。例如，0126 表示八进制整数 126，即$(126)_8$，对应十进制数 $1\times8^2+2\times8^1+6\times8^0=86$；－015 表示八进制整数－15，即$(-15)_8$，对应十进制数－13。

(3) 十六进制整数：以 0x(或 0X)开头，由数字 0～9、字母 A～F(或 a～f)组成。例如，0x126 表示十六进制整数 126，即$(126)_{16}$，对应十进制数 $1\times16^2+2\times16^1+6\times16^0=294$；0XFF 表示十六进制整数 FF，即$(FF)_{16}$，对应十进制数 255。

对于整型常量，可以使用后缀 L 或 l 表示长整型数，使用 U 或 u 表示无符号整数。例如，126L、015L、0XFFL 表示长整型数，126U、0XFFU 表示无符号整数，0XFFUL、126LU 表示无符号长整型数。针对没有明确指定为长整型或无符号整型的常量，由编译系统根据值的大小自动识别。例如，取值范围在 $-2^{31}\sim+2^{31}-1$(－2 147 483 648～＋2 147 483 647)的数识别为 int，取值范围在 $2^{31}\sim2^{32}-1$(2 147 483 647～4 294 967 295)的数识别为 unsigned long int。

2. 浮点型常量

浮点型常量是指含有小数点或包含有 10 的幂次的实数，也称为浮点数。浮点型常量有以下两种表示形式：

(1) 十进制小数形式：由数字 0～9 和小数点组成。例如，0.123、252.6、.12、－89.都是合法的浮点型常量。

(2) 指数形式：又称为科学计数法，把浮点型常量用“尾数$\times10^{\text{指数}}$”的形式表示，在程序中基数 10 用字母 E(或 e)代替，表示为“尾数 E(e)指数”。例如，浮点数 252.62 可表示为 0.25262E3、2.5262e2。注意，在字母 E(或 e)前后必须有数字，且 E(或 e)之后的指数部分必须是整数。例如，12.3E、E5、1.3e1.2 都不是合法的浮点数。

需要说明的是，浮点型常量在 C++语言编译系统中默认按双精度浮点型(double)处理。只有在实数后面加上 F(或 f)才表示 float 型；在实数后面加上 L(或 l)表示 long double 型。例如：

```
3.14159                //double 型(默认)
3.14159f               //float 型(以 f 结尾)
3.14159L               //long double 型
1.23E5                 //double 型(默认)
1.23E5f                //float 型(以 f 结尾)
1.23E5L                //long double 型
```

3. 字符型常量

用英文单引号括起来的单个字符称为字符型常量，如'a'、'A'、'0'、'%'都是合法的字符型常量。字符型常量在计算机内存储时占用 1 字节，实际在存储单元中以二进制的形式存放，存储的是该字符的 ASCII 码值。例如，字符'a'、'A'、'0'被存储在存储单元中的内容为 0110 0001、0100 0001、0011 0000，对应的 ASCII 码值分别为 97、65 与 48。

ASCII 码表中的大小写英文字母、数字等字符可直接用单引号括起来表示成字符型常量，但其中的 32 个控制字符(如回车、退格、换行等)、单引号、双引号、反斜杠(\)等无法用上述方法表示，这些字符需要使用 C++语言提供的“转义字符”形式来表示。

转义字符以转义符(\)开头，有以下几种情况：

(1) 所有的ASCII码字符都可以用“\”加一个整型常量来表示，该整型常量必须是一个不超过3位的八进制或不超过2位的十六进制整数，取值范围为0～255。例如，'\062'、'\141'、'\x62'、'\X41'都是合法的字符型常量，分别表示字符常量'2'、'a'、'b'、'A'。虽然这种形式的转义序列可表示任意一个字符型常量，但其可读性差。

(2) 常见的但不能显示的ASCII字符采用特定字母前加“\”的形式表示，如\v、\t、\n等。注意，此时“\”后面的字符均不是它本来的ASCII字符的意思。

(3) 某些具有特殊含义的字符用转义字符表示。例如，单引号(')是字符常量定界符，表示单引号时需用转义字符'\''。此外，双引号用'\"'表示，“\”字符用'\\'表示。

表3-2列出了C++语言中预定义的常用转义字符及其含义。

表3-2　C++语言中预定义的常用转义字符及其含义

转义字符	含　　义	ASCII码值(十进制)
\a	响铃(alert)	7
\b	退格(backspace)，将当前位置移到前一列	8
\f	走纸(feed)换页，将当前位置移到下页开头	12
\n	换行(newline)，将当前位置移到下一行开头	10
\r	回车(return)，将当前位置移到本行开头	13
\t	水平制表符(HT)(跳到下一个Tab位置)	9
\v	垂直制表符(VT)	11
\\	代表一个反斜线字符''\'	92
\'	代表一个单引号(')字符	39
\"	代表一个双引号(")字符	34
\0	空字符(NULL)	0
\ddd	ASCII码值为八进制ddd的字符	ddd(八进制)
\xhh	ASCII码值为十六进制hh的字符	hh(十六进制)

【例3.2】 转义字符的应用。

```
#include <iostream>
using namespace std;
int main()
{   cout <<'A'<<'\t'<<'B'<<'\n';
    cout <<'\101'<<'\011'<<'\102'<<'\12';
    cout <<'\x41'<<'\x9'<<'\x42'<<'\xA';
    cout <<'C'<<':'<<'\\'<< endl;
    return 0;
}
```

程序运行结果如下：

```
A       B
A       B
A       B
C:\
```

通过例3.2可以发现，前3行的输出效果相同。当输出字符A时，可以使用'A'、'\101'、

'\x41',显然用'A'可读性好。另外,在输出语句中,经常用'\t'和'\n'等转义字符来调整输出格式。其中,'\t'将当前光标移到下一个输出区(一个输出区占 8 列字符宽度);'\n'相当于按 Enter 键,表示将当前光标移动到下一行行首。要输出"\",则应该在语句中用转义字符'\\'。

4. 字符串常量

用英文双引号(" ")括起来的字符序列称为字符串常量。在存储字符串常量时,编译系统会自动在字符串末尾添加'\0'作为结束标记。编写程序时,通常用这一特性来判断字符串是否结束。

以下给出的都是合法的字符串:

```
"China"                    //字符串长度 5,占 6 字节
"a"                        //字符串长度 1,占 2 字节,注意与字符常量'a'的区别
""                         //空串,长度 0,占 1 字节
"你好"                     //中文字符串,长度 4,占 5 字节(一个汉字占 2 字节)
"a + b = "                 //字符串长度 4,占 5 字节
"I\'m a student.\n"        //字符串长度 15,占 16 字节
```

其中,字符串"China"在存储空间的二进制表示形式如图 3-1 所示。

0100 0011	0110 1000	0110 1001	0110 1110	0110 0001	0000 0000

图 3-1 字符串"China"在存储空间的二进制表示形式

【例 3.3】 字符串常量测试示例。

```
#include <iostream>
using namespace std;
int main()
{   cout <<"I\'m a student."<< endl;
    cout <<"字符串长度:"<< strlen("I\'m a student.\n")<< endl;
    cout <<"字符串所占字节数:"<< sizeof("I\'m a student.\n")<< endl;
    return 0;
}
```

程序运行结果如下:

```
I'm a student.
字符串长度:15
字符串所占字节数:16
```

说明:

(1) 字符用单引号作定界符,而字符串用双引号作定界符。

(2) 字符常量只能表示单个字符,而字符串常量中包含零个(空串)或多个字符。

(3) 字符占 1 字节的存储空间,而字符串占的字节数等于字符串的长度加 1。

(4) 例 3.3 中的 sizeof 运算符用于求参数所占的字节数,strlen()函数用于求字符串的长度,具体用法见后续章节。

5. 布尔型常量

布尔型的值只有两个:true 和 false,分别对应逻辑值"真"和"假"。在 C++语言中,布尔

型数据可以参与执行算术运算、逻辑运算和关系运算。在算术运算中，把布尔型数据当作整型数据，true 和 false 分别当作 1 和 0；在逻辑运算中，把非 0 当作 true，把 0 当作 false；在关系运算中，成立的关系值表示为 true，不成立的关系值表示为 false。

3.2.2 符号常量

用标识符表示的常量称为符号常量或标识符常量。在 C++语言中，有两种方法定义符号常量。

(1) 使用编译预处理指令，格式如下：

```
#define 符号常量名 数值
```

(2) 使用常量说明符 const，格式如下：

```
const 数据类型 符号常量名 = 值;
```

例如：

```
#define PI 3.14159
const double PI = 3.14159;
```

两种方法的区别如下：用#define 定义的符号常量是用一个符号代替一个指定值，在预编译时会把所有符号常量替换为所指定的值(把程序中出现的 PI 替换为 3.14159)。其没有类型，在内存中不存在以符号常量命名的存储单元。而用 const 定义的符号常量有数据类型，内存中存在以它命名的存储单元。

在程序中，通常将频繁使用的常量或具有特殊意义的数值(如上例中的 PI)定义成符号常量，这是一种良好的程序设计习惯。与字面常量相比，使用符号常量增强了程序的可读性，能做到"见名知意"。另外，若要调整程序中某个频繁出现的常量的值，对于字面常量来说要修改多处，很容易遗漏或出错；而对于符号常量来说，只需在定义处进行修改即可。

3.3 变 量

变量是指在程序执行过程中值可以被改变的量。变量有 3 个基本要素：变量名、类型和值。从计算机系统实现角度来看，变量是用来存储数据的内存区域，变量名是该区域的名称或标识符，区域的大小由编译系统根据变量定义时的数据类型决定，值是存储在该区域的具体内容。

3.3.1 标识符和关键字

在 C++语言中，用来标识变量名、符号常量名、函数名、自定义类型名、类名等名称的有效字符序列称为标识符。简单地说，标识符就是某一实体的名字。C++语言中标识符的构成规则如下：

(1) 以字母或下画线"_"开头。

(2) 由字母、数字、下画线"_"组成，不得使用其他字符。

(3) 区分字母大小写，如 sum、Sum、SUM 是 3 个不同的标识符。

(4) 不能使用关键字,C++语言中的关键字详见表 3-3。

表 3-3　C++语言中的关键字

asm	const_cast	explicit	inline	public	struct	typename
auto	continue	export	int	register	switch	union
bool	default	extern	long	reinterpret_cast	template	unsigned
break	delete	false	mutable	return	this	using
case	do	float	namespace	short	throw	virtual
catch	double	for	new	signed	true	void
char	dynamic_cast	friend	operator	sizeof	try	volatile
class	else	goto	private	static	typedef	wchar_t
const	enum	if	protected	static_cast	typeid	while

关键字是预定义的具有特殊用途的一些名词,也称保留字,表示为 C++语言保留,不能用作标识符。例如,与数据类型有关的关键字有 bool、char、int、long、unsigned、float 和 double 等,与程序流程控制有关的关键字有 if、else、switch、case、default、while、do、for、break、continue 和 return 等,与动态内存管理有关的关键字有 new 和 delete,与类和对象有关的关键字有 class、private、protected、public 和 this 等。表 3-3 中的常用关键字及其用法将在后续章节中介绍。

结合上述规则,可知下面列出的是合法标识符:

```
Sum    area    _name    Max_Value1
```

而下面列出的均为不合法标识符:

```
6ab                     //不能以数字开头
Sum#                    //不能使用除大小写字母、数字、下画线以外的字符"#"
this                    //不能使用关键字
```

C++语言没有规定标识符的长度(字符个数),但各个具体的编译系统都有自己的规定。例如,Visual C++ 2010 规定标识符最长为 2048 个字符。在符合构成规则的前提下,标识符尽量采用简单且有含义的名字(如 student、area、flag、count、num 等),做到"见名知意",提高程序可读性。

3.3.2 变量的定义

变量遵循"先定义后使用"的原则。定义变量的语句格式如下:

类型名 变量名 1, 变量名 2, 变量名 3, …, 变量名 n;

其中,类型名是变量的数据类型,它可以是 C++语言中预定义的数据类型,也可以是用户自定义的数据类型;变量名的命名需遵循标识符的构造规则。

可以同时定义 n 个相同类型的变量。例如:

```
int num1,num2;          //定义了 2 个 int 型变量
float x,y,z;            //定义了 3 个 float 型变量
double area;            //定义了 1 个 double 型变量
```

在C++语言中，同一变量不能重复定义。变量定义语句可以出现在程序中语句可出现的任何位置，只要在第一次使用该变量之前进行定义即可。但是，从程序可读性方面考虑，通常将变量定义语句放在函数体或程序块（复合语句）的开始处。

3.3.3 变量赋初值

变量首次使用时必须有明确的值，该值称为变量的初值。初值可以是常量，也可以是一个有确定值的表达式。如果未对变量赋初值，则该变量的初值是一个随机值，即该存储单元中的内容是不可知的。可用以下两种方法给变量赋初值。

1. 在定义变量的同时初始化

格式如下：

```
类型名 变量名 = 初值;
类型名 变量名(初值);
```

例如：

```
int a = 1,b = 2,c = 3;            //定义整型变量 a, b, c,并分别将其初始化为 1, 2, 3
char c1 = 'A',c2 = 'a';           //定义字符型变量 c1, c2,并分别将其初始化为'A','a'
double x,y = 12.6;                //定义双精度型变量 x, y,并只将 y 初始化为 12.6
```

上述语句的等价形式如下：

```
int a(1),b(2),c(3);
char c1('A'),c2('a');
double x,y(12.6);
```

2. 变量定义后使用赋值语句赋初值

例如：

```
double r,area;
r = 3.6;                         //给变量 r 赋初值 3.6
area = 3.14159 * r * r;          //使用有确定值的表达式给变量 area 赋初值
```

3.3.4 变量的使用

变量定义后就可以多次使用。取一个变量的值，称为对变量的引用。对变量的赋值与引用统称为对变量的操作或使用。

3.4 运算符与表达式

运算符是用于描述对数据的操作、体现数据之间运算关系的符号，参与运算的数据称为操作数。根据运算符所需操作数的个数，可以把运算符分为单目运算符、双目运算符和三目运算符；根据运算符的功能，可以把运算符分为算术运算符、关系运算符、逻辑运算符、位运算符等。

表达式是由运算符、圆括号和操作数构成的合法式子，经过运算会得到某种类型的确定值，其操作数可以是常量、变量或函数等。使用不同的运算符可以构成不同类型的表达式，如算术表达式、赋值表达式、关系表达式和逻辑表达式等。

C++语言提供了十分丰富的运算符，当在一个表达式中出现多种运算符时，其运算顺序需要考虑运算符的优先级和结合性。表 3-4 列出了常用运算符的优先级和同级别运算符的运算顺序，详见附录 B。表 3-4 中优先级别的数字越小，表示优先级越高。

表 3-4　常用运算符及其优先级和结合性

<table>
<tr><th>优先级</th><th>运　算　符</th><th>含　　义</th><th>操作数个数</th><th>结合性</th></tr>
<tr><td rowspan="6">1</td><td>()</td><td>圆括号或函数调用</td><td rowspan="6"></td><td rowspan="6">自左向右</td></tr>
<tr><td>.、-></td><td>成员访问符</td></tr>
<tr><td>[]</td><td>下标运算符</td></tr>
<tr><td>::</td><td>作用域运算符</td></tr>
<tr><td>.*、->*</td><td>成员指针运算符</td></tr>
<tr><td>&</td><td>引用</td></tr>
<tr><td rowspan="10">2</td><td>*</td><td>取变量运算符</td><td rowspan="10">1</td><td rowspan="10">自右向左</td></tr>
<tr><td>&</td><td>取指针运算符</td></tr>
<tr><td>new</td><td>申请动态内存</td></tr>
<tr><td>delete</td><td>释放动态内存</td></tr>
<tr><td>!</td><td>逻辑非运算符</td></tr>
<tr><td>~</td><td>按位取反运算符</td></tr>
<tr><td>++</td><td>自增运算符</td></tr>
<tr><td>--</td><td>自减运算符</td></tr>
<tr><td>+、-</td><td>正、负号运算符</td></tr>
<tr><td>sizeof</td><td>求占用内存字节长度</td></tr>
<tr><td>3</td><td>*、/、%</td><td>乘、除、取余(模运算符)</td><td>2</td><td rowspan="11">自左向右</td></tr>
<tr><td>4</td><td>+、-</td><td>加、减</td><td>2</td></tr>
<tr><td>5</td><td><<、>></td><td>左移位、右移位</td><td>2</td></tr>
<tr><td>6</td><td><、<=、>、>=</td><td>小于、小于或等于、大于、大于或等于</td><td>2</td></tr>
<tr><td>7</td><td>==、!=</td><td>等于、不等于</td><td>2</td></tr>
<tr><td>8</td><td>&</td><td>按位与运算符</td><td>2</td></tr>
<tr><td>9</td><td>^</td><td>按位异或运算符</td><td>2</td></tr>
<tr><td>10</td><td>|</td><td>按位或运算符</td><td>2</td></tr>
<tr><td>11</td><td>&&</td><td>逻辑与运算符</td><td>2</td></tr>
<tr><td>12</td><td>||</td><td>逻辑或运算符</td><td>2</td></tr>
<tr><td>13</td><td>? :</td><td>条件运算符</td><td>3</td></tr>
<tr><td>14</td><td>=、+=、-=、*=、
/=、%=、<<=、>>=、
&=、^=、|=</td><td>赋值运算符、复合赋值运算符</td><td>2</td><td>自右向左</td></tr>
<tr><td>15</td><td>,</td><td>逗号运算符</td><td></td><td>自左向右</td></tr>
</table>

1. 优先级

运算符的优先级确定了运算的优先次序，当一个表达式中包含多个运算符时，先执行优先级高的，再执行优先级低的。例如，在表达式 a*b+c 中，运算符“*”的优先级高于“+”，则先进行 a*b 运算，再将其结果加上 c。

2. 结合性

如果表达式中同时出现了优先级相同的运算符，则其运算顺序由运算符的结合性决定。运算符的结合性分为左结合和右结合。

(1) 左结合：在优先级相同的情况下，左边的运算符优先与操作数结合起来进行运算，即按从左到右的顺序计算。例如，表达式 a * b%c，先乘后取模。

(2) 右结合：在运算符优先级相同的情况下，右边的运算符优先与操作数结合起来进行运算，即按从右到左的顺序计算。例如，表达式 a=b *=c，先执行 b *=c，再执行 a=b。

值得注意的是，C++语言的运算符很多，其优先级和结合性较复杂，在书写比较复杂的表达式而又对运算次序把握不准时，可通过适当增加圆括号来明确指定表达式的求值顺序。

本章主要介绍算术运算符、关系运算符、逻辑运算符、自增与自减运算符、赋值与复合赋值运算符、sizeof 运算符、逗号运算符，其他运算符将在以后各章中陆续介绍。

3.4.1 算术运算符与算术表达式

1. 算术运算符

算术运算符主要用于数值型数据的算术运算。C++语言中的算术运算符共有 7 个，如表 3-5 所示。

表 3-5 算术运算符

优先次序	算术运算符	含　义	示例(a=7,b=2)	
			表达式	值
1	+	正值运算符，用于取正	+a	7
	−	负值运算符，用于取负	−a	−7
2	*	乘法运算符	a * b	14
	/	除法运算符	a/b	3
	%	取余运算符、模运算符	a%b	1
3	+	加法运算符	a+b	9
	−	减法运算符	a−b	5

说明：

(1) 算术运算符中，+(正值运算符)、−(负值运算符)属于单目运算符，其余均为双目运算符。取正操作的结果与操作数相同，所以正值运算符很少使用；取负操作是取操作数的相反值。

(2) %(取余运算符)用于求两个操作数作除法运算的余数，要求两个操作数均为整型数据，所得余数的符号与左操作数的符号相同。例如：

```
7%2                  //结果为1
-7%2                 //结果为-1
7% -2                //结果为1
7.5 %2               //错误,无法正确运行
```

(3) /(除法运算符)用于求两个操作数的商。如果两个操作数均为整型，则作整除运算(去尾取整)；当操作数中至少有一个是浮点型数据时，则作数学中的除法运算。例如：

```
7/2                        //结果为 3
7.0/2                      //结果为 3.5(double 型)
7/2.0                      //结果为 3.5(double 型)
7.0f/2                     //结果为 3.5(float 型 )
```

(4) 在使用算术运算符时，需要注意运算结果的溢出(超出了对应类型的数据表示范围)问题。在除法运算时，若除数为 0 或运算的结果溢出，则系统认为产生了一个严重错误，将终止程序的执行；两个整数作加法、减法或乘法运算时，产生结果溢出时并不认为是一个错误，但这时的计算结果已不正确，编程时要格外注意。例如：

```
#include <iostream>
using namespace std;
int main()
{     int n = 60000;
      cout << n * n << endl;
      short int a = 32767, i = 1;    //short int 数据取值范围为 - 32768～ + 32767
      a = a + i;
      cout << a << endl;
      return 0;
}
```

程序运行结果如下：

```
- 694967296
- 32768
```

以上程序的运行结果显然是错误的，因为 n * n 的值超出了 int 型的数值范围，a+1 超出了 short int 型的数值范围，产生高位溢出。此类问题可以通过改变变量的数据类型来解决。例如，将语句"int n＝60000;"改为"unsigned int n＝60000;"、将语句"short int a＝32767,i＝1;"改为"int a＝32767,i＝1;"便可得到正确结果。

2. 算术表达式

算术表达式是由算术运算符、圆括号和操作数构成的符合 C++语言语法规则的式子。书写算法表达式时应注意：

(1) 所有运算要用指定的运算符表示，不能省略运算符。例如，数学中可以用 ab 表示 a 乘以 b，但在 C++语言中不可以省略运算符" * "。例如，描述数学式$\frac{ab}{2}$时，对应的算术表达式为 a * b/2。必要时，可添加圆括号来描述正确的运算次序。例如，描述数学式$\frac{xy}{2(c+d)}$时，如果只添加运算符，则对应的表达式为 x * y/2 * (c+d)，这显然是错误的。此时需要添加圆括号来维持原有数学式的含义，其正确的表达式为 x * y/(2 * (c+d))。

(2) 数学式中特殊含义的值(如圆周率 π)需要写成具体的数值。例如，描述数学式 2πr 时，可以用字面常量 3.14 表示 π，写成 2 * 3.14 * r。在程序中，也可以先定义符号常量再使用，例 3.1 中的语句"const double PI＝3.14159;"定义了符号常量 PI，求圆面积时可将表达式写为"PI * r * r"。

(3) 表达式求值时，表达式中的每个变量都应有确定的值。

3.4.2 关系运算符与关系表达式

1. 关系运算符

关系运算符用于比较两个操作数之间的关系是否成立，比较后返回的结果为 bool 型值，当给定关系成立时返回 true，不成立时返回 false。

需要特别注意的是，编译系统处理布尔型数据时，将 true 存储为 1，false 存储为 0。布尔型变量占 1 字节，存储的内容是 1 或 0。

C++语言中有 6 个关系运算符，如表 3-6 所示。

表 3-6 关系运算符

优先次序	关系运算符	含义	示例(a=7,b=2)	
			表达式	值(bool 型)
1	<	小于	a<b	false
	<=	小于或等于	a<=b	false
	>	大于	a>b	true
	>=	大于或等于	a>=b	true
2	==	等于	a==b	false
	!=	不等于	a!=b	true

说明：

(1) 关系运算符都是双目(二元)运算符。关系运算符的优先级低于算术运算符。例如，在表达式 a+b>c+d 中，算术运算符"+"的优先级高于关系运算符">"，所以先计算 a+b 和 c+d 的值，再进行比较，等价于表达式(a+b)>(c+d)。

(2) 关系运算符可以连续使用，但此时的运算结果与想要表达的含义有可能截然不同，需引起注意。例如，当 a=5、b=4、c=3 时，关系表达式 a>b>c 的返回值为 false，因为运算符">"的结合方向为从左到右，原表达式等价于(a>b)>c。其先计算 a>b，返回值为 true(实际存储单元中的内容是 1)；再比较 1>3，关系不成立，返回 false(实际存储单元中的内容是 0)。

(3) 描述相等关系时用"=="，不要误写成赋值运算符"="。

2. 关系表达式

用关系运算符将操作数连接起来的式子称为关系表达式，其中操作数可以是变量、常量、算术表达式、函数等。

【例 3.4】 测试关系表达式的值。

```
#include <iostream>
using namespace std;
int main()
{   int a = 98,b = 66,c = 5;
    cout <<"测试关系表达式的值:";
    cout <<(a > b + c)<<'\t';     //①计算 b + c,得 71; ②a > 71 关系成立,返回 true,输出 1
    cout <<(a > b + 4!= c)<<'\t'; //①计算 b + 4,得 70; ②a > 70 关系成立,结果为 1; ③1!= c 成立,
                                  //输出 1
    cout <<('a' == a)<<'\t'; //字符常量'a'的 ASCII 码为 97,与变量 a 不相等,关系不成立,输出 0
```

```
    cout <<(a < b < c)<< endl;      //①a < b 关系不成立,结果为 0; ②0 < c 关系成立,输出 1
    return 0;
}
```

程序运行结果如下：

```
测试关系表达式的值:1       1       0       1
```

3.4.3 逻辑运算符与逻辑表达式

1. 逻辑运算符

关系表达式只能表示单一条件,但在实际编程中经常需要判断多个关系组合以后的成立情况,此时需要使用逻辑运算符来实现逻辑运算,完成逻辑判断。例如,要判断一个变量是否在给定区间,如判断 x∈(a,b),在 C++ 语言中不能写成 a<x<b,正确的表达式为 x>a && x>b,这里用逻辑与运算符描述两个关系同时成立。

C++语言中有 3 种逻辑运算符,即"!"(逻辑非)、"&&"(逻辑与)、"||"(逻辑或)。其中,逻辑非是单目运算符,逻辑与、逻辑或是双目运算符。逻辑运算符与算术运算符、关系运算符的优先级由高到低的顺序如下：

逻辑非(!)→算术运算符→关系运算符→逻辑与(&&)→逻辑或(||)

给定布尔值 a、b,逻辑运算符真值表如表 3-7 所示。

表 3-7 逻辑运算真值表

a	b	!a	a&&b	a||b
false	false	true	false	false
false	true	true	false	true
true	false	false	false	true
true	true	false	true	true

说明：

(1) 在 C++语言中,原则上逻辑运算符的操作数是布尔型的值,一般以关系运算的结果作为操作数,返回结果为 true 或 false。但事实上,C++语言允许逻辑运算的操作数是其他类型,这种情况下,C++语言进行自动类型转换,将非 0 值转换为 true,0 转换为 false。设 x=5、y=6、z=−2,则表达式 x<y && z 的返回值为 true。因为 x<y 成立,返回 true;z 作为逻辑运算的操作数,是非 0 值,转换为 true; true && true 结果为 true。

(2) 逻辑与(&&)、逻辑或(||)可以进行短路求值。这两个运算符具有自左向右的结合性,如果根据运算符左边的计算结果能得到整个表达式的结果,那么运算符右边的表达式就不需要进行计算了,这个规则就是短路求值。根据真值表(表 3-7)不难发现,无论右操作数取何值,false &&(?)的结果一定是 false,而 true||(?)的结果一定是 true,这种情况下不再对右操作数进行计算。也就是说,当逻辑与(&&)的左操作数为 true,逻辑或(||)的左操作数为 false 时,表达式的最终结果由右操作数的值决定,这种情况下才需要计算右操作数的值。

2. 逻辑表达式

用逻辑运算符连接起来的式子称为逻辑表达式。编程时,需要逆转操作数的逻辑状态

时用逻辑非(!),即!true为false、!false为true;判断两个条件是否同时成立时用逻辑与(&&);需要至少有一个条件成立时用逻辑或(||)。

【例3.5】 写出判断字符变量ch是否为字母的表达式。

分析:字母包含小写字母'a'~'z'及大写字母'A'~'Z',判断表达式为:

```
ch>='a'&&ch=<'z'||ch=>'A'&&ch<='Z'
```

【例3.6】 写出判断某一年是否是闰年的表达式。闰年是指年份值能被4整除,但不能被100整除;或者能被400整除。年份用整型变量year表示。

分析:判断变量能否被一个数整除,可以用取余运算符(%),如果余数为0则表示能被整除,否则表示不能被整除。条件中能被4整除可用year%4==0表示,不能被100整除可用year%100!=0表示;能被400整除可用year%400==0表示。

综上,判断闰年的逻辑表达式如下:

```
(year % 4 == 0 && year % 100 != 0) || year % 400 == 0
```

3.4.4 赋值运算符与复合赋值运算符

1. 赋值运算符与赋值表达式

赋值运算符"="的作用是将一个数据赋给一个变量。赋值表达式是由赋值运算符将一个变量和一个表达式连接起来的合法式子,其格式如下:

```
变量 = 表达式
```

其功能是将右边表达式的值存放到左边变量对应的内存单元中。注意,赋值运算符的左操作数只能是变量。

一个表达式应该有一个值,赋值表达式也是表达式,一样有值,它的值即为左边变量的值。例如,a=6,表示将6赋给变量a,即变量a对应内存单元的值为6,表达式的值也为6;赋值表达式"a =6 * 5"的值为30,执行表达式后,变量a的值是30。

赋值运算符的优先级低于算术运算符、关系运算符和逻辑运算符。多个赋值运算符同时出现时,计算顺序是自右向左。

例如,设a、b、c均为整型变量,c的初值为5,有赋值表达式a=b=c+3,其执行过程如图3-2所示。

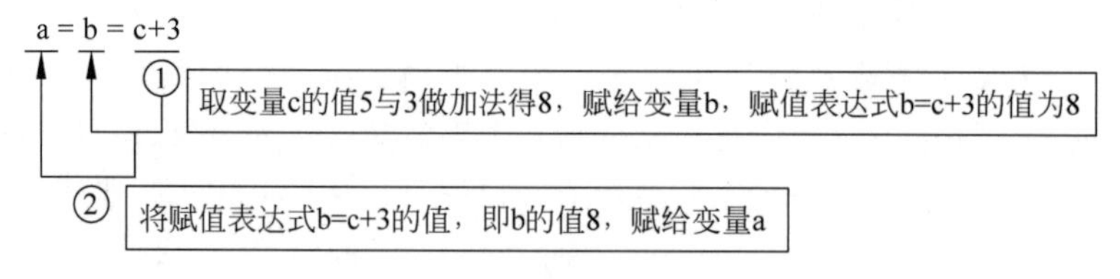

图3-2 赋值运算执行过程

2. 复合赋值运算符

在C++语言中,凡是二元(双目)运算符都可以与赋值运算符一起组合成复合赋值运算符。复合赋值运算符共有10个:+=、-=、*=、/=、%=、<<=、>>=、&=、^=、|=。

复合赋值运算符的优先级和结合性与赋值运算符相同。复合赋值运算符的使用格式如下：

变量 @= 表达式

等价于：

变量=变量 @（表达式）

其中,@代表复合赋值运算符中的算术或位运算符。

例如：

```
a+=5                        //等同于 a=a+5
a* =b+5                     //等同于 a=a*(b+5)
a/=b-c*2                    //等同于 a=a/(b-c*2)
a% =b                       //等同于 a=a%b
```

【例 3.7】 设整型变量 a 的初值为 10,执行表达式 a+=a-=a*a 后,求变量 a 的值。

分析：赋值运算符具有右结合性,运算顺序自右向左,表达式等同于

a=a+(a-=a*a)

其按以下顺序执行：

(1) a-=a*a：等同于 a=a-a*a,即 a=10-10*10,运算后 a=-90,表达式 a-=a*a 的值也为-90。

(2) a=a+(a-=a*a)：变量 a 的值加赋值表达式“a-=a*a”的值,即 a=-90+(-90)=-180,运算后变量 a=-180。

含有复合赋值运算符的表达式也属于赋值表达式。使用复合赋值运算符可简化表达式的书写,提高编译效率,生成的目标代码也较少。

3.4.5 自增运算符与自减运算符

除了复合赋值运算符之外,C++语言还提供了两个使用方便且效率高的运算符：自增(++)和自减(--)运算符,作用分别是使变量的值增 1 或减 1,它们都是单目运算符。自增(++)和自减(--)运算符使用时有前置和后置两种形式,前置是指将运算符置于变量之前,后置是指将运算符置于变量之后。例如：

```
++i;                        //前置,先执行 i=i+1,再使用 i 的值
i++;                        //后置,先使用 i 的值,再执行 i=i+1
--i;                        //前置,先执行 i=i-1,再使用 i 的值
i--;                        //后置,先使用 i 的值,再执行 i=i-1
```

说明：

(1) 当仅需将一个变量值增 1 或减 1,而不参与其他运算时(不与其他运算符同时出现在一个表达式中时),自增(++)和自减(--)运算符前置和后置的作用相同。例如：

```
int i=6,x,y;++i;x=y=i;     //++前置,运行后结果:i=7,y=7,x=7
int i=6,x,y;i++;x=y=i;     //++后置,运行后结果:i=7,y=7,x=7
```

(2) 当自增(++)或自减(--)运算符与其他运算符出现在同一表达式中时,前置和后置的作用不同。

① ++(或--)前置时,表示先将对应变量的值增1(或减1),再使用该变量的值参与表达式的运算。

② ++(或--)后置时,表示先使用该变量的值参与表达式的运算,再将对应变量的值增1(或减1)。

例如,有语句"int i=6,x,y;",执行下列语句后的结果是不同的。

```
y = ++i;x = y;            //"y = ++i;"等同于"i = i + 1;y = i;",运行后结果:i = 7,y = 7,x = 7
y = i++;x = y;            //"y = i++;"等同于"y = i;i = i + 1;",运行后结果:y = 6,i = 7,x = 6
```

(3) 自增(++)和自减(--)运算符内包含赋值运算,所以其只能用于变量,不可用于常数或表达式。例如,2++、(x+y)--是非法的。

【例 3.8】 有语句"int i,x=5,y=6;",下列表达式执行后,变量的值分别是多少?

(1) i=++x==6||++y==7;

分析:按优先级关系,该表达式等同于i=((++x==6)||(++y==7)),逻辑或(||)具有短路求值功能,当逻辑或(||)运算符左侧表达式的值为true时,右侧表达式不再执行。

① 逻辑或(||)运算符左侧表达式可以分解为x=x+1,x==6,x值为6,表达式成立,左侧表达式值为true。

② 因为逻辑或(||)左侧表达式为true,所以右侧表达式++y==7未执行,y的值不变,仍为6。

③ 执行逻辑或(||)运算,返回true。

④ 执行赋值运算,i的值为1。其具体执行步骤如图3-3所示。

因此,上述语句执行后,i=1,x=6,y=6。

例3.8程序执行中,借助变量变化示意图(图3-4)来分析各变量当前的值。列举出各个变量,根据程序的执行流实时更新各变量的值。

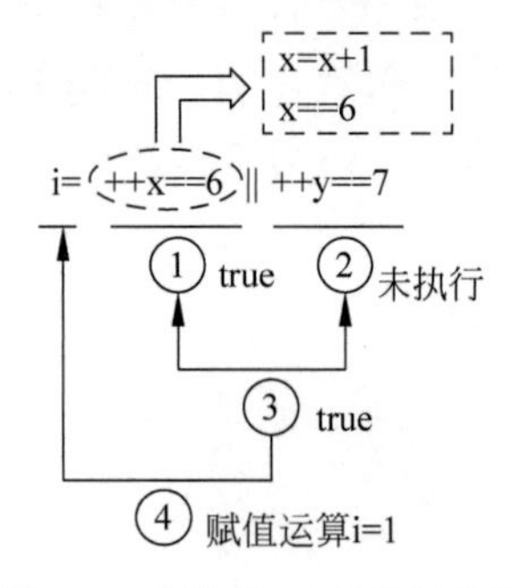

图3-3 表达式(1)的执行步骤

i	x	y
	5	6
1	6	

图3-4 表达式(1)变量变化示意图

(2) i=x++==5 && ++y==6;

分析:按优先级关系,该表达式等同于i=((x++==5)&&(++y==6)),逻辑与(&&)具有短路求值功能,仅当逻辑与(&&)运算符左侧表达式的值为true时,才执行右侧表达式。

① 逻辑与(&&)运算符左侧表达式可以分解为x==5,x=x+1,左侧表达式值为true,x=6。

② 逻辑与(&&)运算符左侧表达式为 true,继续执行右侧表达式。因为++前置,变量先增 1,再运算,所以其可分解为 y=y+1,y==6,执行后 y=7,右侧表达式的值为 false。

③ 执行逻辑与(&&)运算,返回 false。

④ 执行赋值运算,i 的值为 0。其具体执行步骤如图 3-5 所示。

因此,上述语句执行后,i=0,x=6,y=7,其变量变化如图 3-6 所示。

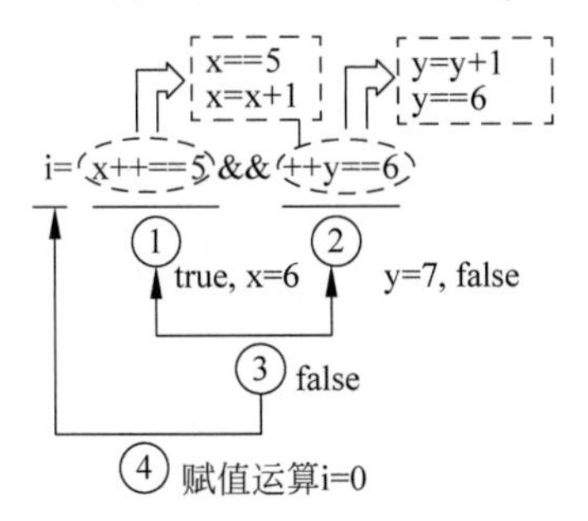

图 3-5　表达式(2)的执行步骤

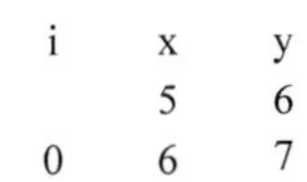

i	x	y
	5	6
0	6	7

图 3-6　表达式(2)变量变化示意图

3.4.6　逗号运算符与逗号表达式

在 C++语言中,逗号可以作为分隔符,用于在定义语句中将若干变量隔开或调用函数时将若干个参数隔开,如“int i,j,k;”、pow(x,y);逗号也可以作为运算符,称为逗号运算符或顺序求值运算符。逗号运算符的优先级最低,具有自左向右的结合性。用逗号将若干个表达式连接起来构成逗号表达式,其格式如下:

表达式 1, 表达式 2, …, 表达式 n

程序执行时,按从左到右的顺序依次求出各表达式的值,并把最后一个表达式(表达式 n)的值作为整个逗号表达式的值。例如,有定义语句“int a=2,b,c;”,则逗号表达式 a+=2,b=3+a,c=a * b 的计算顺序如下:先计算 a+=2,a 的值为 4;再计算 3+a,将其值 5 赋给 b;最后计算 a * b,将其值 20 赋给 c。整个逗号表达式的值也为 20。

3.4.7　sizeof 运算符

在 C++语言中,sizeof 运算符是单目运算符,用于计算操作数的数据类型所占的字节数。操作数可以是数据类型名、变量、常量、表达式。其格式如下:

sizeof (类型说明符|变量名|常量|表达式)

其中,类型说明符可以是预定义的基本数据类型,也可以是用户删除自定义的数据类型。

例如:

```
sizeof( int)                    //值为 4
sizeof( float)                  //值为 4
sizeof('\100')                  //字符型常量,占 1 字节,值为 1
sizeof('A' + 3.5)               //值为 8,因表达式'A' + 3.5 的结果类型为 double
sizeof( "Hello" )               //值为 6,因字符串"Hello"占 6 字节
sizeof( 3.0)                    //值为 8,因 3.0 是一个 double 型常量
short int x; sizeof(x)          //值为 2
```

3.4.8 条件运算符

条件运算符也称为三目(三元)运算符,是C++语言中唯一要求有3个操作数的运算符。条件运算符能够实现简单的选择功能。条件运算符的使用格式如下:

```
表达式1?表达式2:表达式3
```

其中,表达式可以是任意的符合C++语言语法规则的表达式。

条件运算符的运算规则如下:

(1) 计算表达式1。

(2) 如果表达式1的值为true(非0),则求出表达式2的值(不求表达式3的值),并把该值作为整个条件表达式的值。

(3) 如果表达式1的值为false(0),则求出表达式3的值(不求表达式2的值),并把该值作为整个条件表达式的值。

例如,有条件表达式如下:

```
min = a < b?a:b;                        //求两个数中较小的数,并赋值给 min
ch = ch >= 'A' && ch <= 'Z'?ch + 32:ch; //若 ch 是大写字母,则将其转换成小写字母;否则不变
```

条件运算符的优先级较低,仅高于赋值运算符、复合赋值运算符和逗号运算符,具有自右向左的结合性。

3.5 数据类型转换

C++语言支持不同类型数据之间的混合运算。运算时,先进行数据类型转换,转换成相同的数据类型,再进行运算。数据类型的转换有两种方式:自动类型转换和强制类型转换。

3.5.1 自动类型转换

自动类型转换又称隐式类型转换,由编译系统按类型转换规则自动完成。对于非赋值与赋值表达式来说,自动类型转换规则是不同的。

1. 非赋值表达式的类型转换

一般情况下,当算术运算符、关系运算符、逻辑运算符和位运算符两个操作数的数据类型不一致时,将根据数据类型由低到高的顺序进行转换。其顺序如图3-7所示。

bool
char ⇒ int ⇒ unsigned ⇒ long ⇒ unsigned long ⇒ float ⇒ double ⇒ long double
short

图3-7 转换顺序

其转换规则如下:

(1) 当操作数为布尔型(bool)、字符型(char)或短整型(short)时,系统自动转换成整型数(int)参与运算。例如,有语句:

```
short s1 = 1,s2 = 2;
char ch1 = 'a',ch2 = 'b';
```

表达式 s1＋s2 的值为 3，类型为 int；表达式 ch1＋ch2 的值为 195，类型为 int。

（2）当两个操作数的类型不同时，则级别低的类型转换为级别高的类型，运算结果（表达式的值）的类型是表达式的最终类型。例如，表达式 5＋'a'＋6.5－3.65 * 'b'的运算结果为 double 型。

（3）对于整型数据，有符号类型和无符号类型数据进行混合运算，结果为无符号类型。例如，int 类型数据和 unsigned 类型数据的运算结果为 unsigned 类型，unsigned int 类型数据和 long 类型数据的运算结果为 unsigned long 类型。例如，有语句：

```
int i1 = -6;
unsigned int i2 = 65535;
long i3 = 5;
unsigned long int i4 = 4;
float f = 6;
```

则表达式 i1＋i2 的类型为 unsigned int，i2＋i3 的类型为 unsigned long int，i4＋f 的类型为 float 型。

2. 赋值表达式的类型转换

在赋值表达式中，当赋值号两边的数据类型不同但类型兼容时，则将赋值号右边量的类型转换为左边变量的类型。

其转换规则如下：

（1）将浮点型数据赋值给整型变量时，仅取其整数部分赋给整型变量；若整数部分的值超过整型变量的取值范围，则赋值的结果错误。例如：

```
double a = 65536.7;
int b = a;                  //赋值后变量 b 的值为 65536
short c = a;                //赋值后变量 c 的值为 0，赋值结果错误
```

（2）将整型数据赋给浮点型变量时，将整型数据转换成浮点型数据后，再赋值。

（3）将 double 型数据赋给 float 型变量时，要注意数值范围，溢出时赋值出错。

（4）将少字节整型数据赋值给多字节整型变量时，采用符号位扩展的方式，即低字节部分一一对应，高字节部分按少字节数据的符号位进行扩展。图 3-8 给出了 2 字节整型数据向 4 字节扩展的示例。

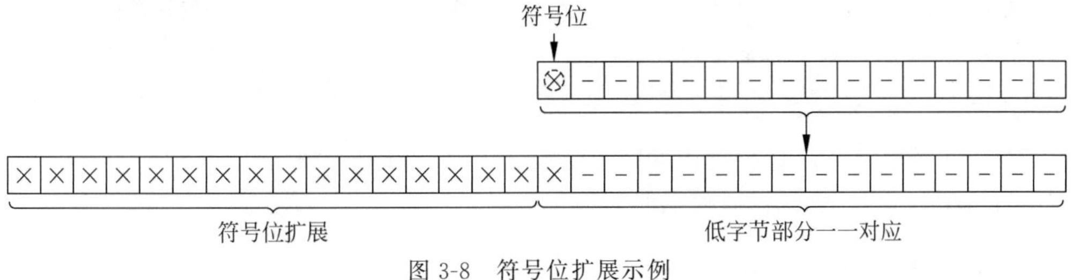

图 3-8　符号位扩展示例

例如：

```
short a = -1;
int b = a;          //赋值后 b 的值为 -1
```

（5）将多字节数据赋值给少字节变量时，则将多字节的低位部分一一赋值，高位字节部分舍去。例如：

```
int a1 = 65536;    //变量 a1 在内存中为 0000 0000 0000 0001 0000 0000 0000 0000
short b1 = a1;     //取变量 a1 的低 2 字节赋值给变量 b1,值为 0
int a2 = 65535;    //变量 a2 在内存中为 0000 0000 0000 0000 1111 1111 1111 1111
short b2 = a2; //取变量 a2 的低 2 字节赋值给变量 b2,值为 -1(-1 的补码为 1111 1111 1111 1111)
```

图 3-9 所示为 4 字节整型数据赋值给 2 字节变量。

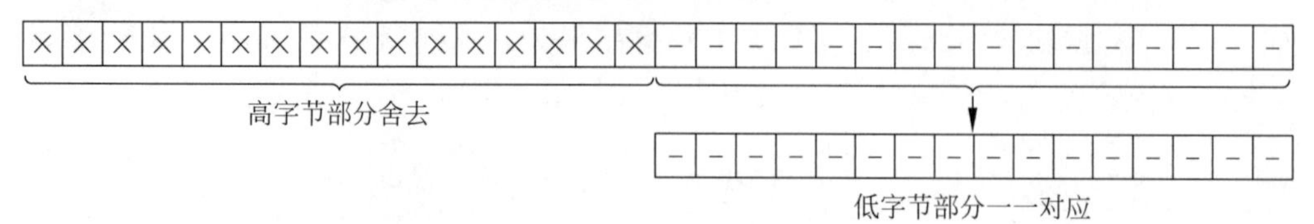

图 3-9　4 字节整型数据赋值给 2 字节变量

例如：

```
int a = 256;          //变量 a 在内存中为 0000 0000 0000 0000 0000 0001 0000 0000
char ch = a;          //取变量 a 的低 1 字节赋值给变量 ch,值为 0
short a1 = 353;       //变量 a1 在内存中为 0000 0001 0110 0001
char ch1 = a;         //取变量 a1 的低 1 字节赋值给变量 ch1,值为 97,即字符'a'
```

图 3-10 所示为 4 字节整型数据赋值给 char 型变量。

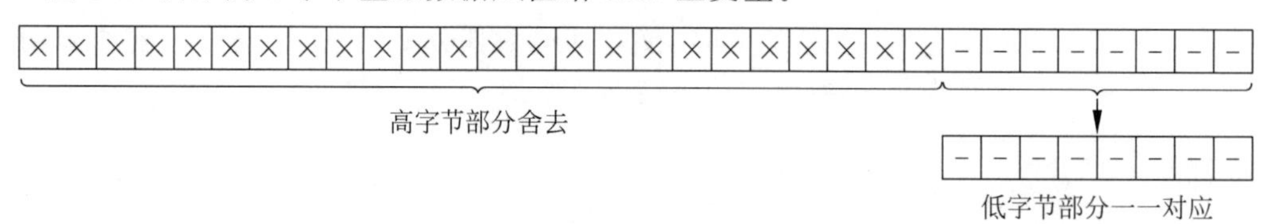

图 3-10　4 字节整型数据赋值给 char 型变量

(6) 将无符号字符型数据赋给整型变量时，字符型数据放在整型变量的低位字节，高位字节补 0；但将有符号字符型数据赋给整型变量时，将其放到整型变量的低位字节，高位字节扩展符号位。例如：

```
unsigned char ch = 255; //变量 ch 在内存中为 1111 1111,最高位的 1 不表示符号
short int a = ch;       //无符号字符型赋值给整型变量时,高位字节补 0,即 0000 0000 1111 1111,
                        //值为 255
char ch1 = 255;         //变量 ch1 在内存中为 1111 1111,其实际值为 -1,最高位 1 为符号位
short int a1 = ch1;     //高位字节扩展符号位后为 1111 1111 1111 1111,值为 -1
```

(7) 将无符号整型或长整型数据赋给整型变量时，若在整型的取值范围内，则不会产生错误；而当超出其取值范围时，则赋值的结果错误。

3.5.2　强制类型转换

强制类型转换也称显式类型转换，作用是将某种类型强制转换成指定的数据类型。其语法格式如下：

```
类型说明符(表达式)
```

或

```
(类型说明符) 表达式
```

例如：

```
double(a)                        //将变量 a 转换成 double 类型的中间数据
(int)(a+b)                       //将 a+b 运算的结果转换成 int 型
5/float(3)                       //将 3 转换成 float 型
```

一个变量在强制类型转换后，得到一个指定类型的中间变量，但该变量本身不会改变，还是原来的数据类型。

【例 3.9】 强制类型转换。

```
#include <iostream>
using namespace std;
int main()
{   float y=6.8;
    int x;
    x= (int)y % 2;          //y 的值与类型均不变，生成中间值 6，取余后得 0，赋值给 x
    cout<<"x="<<x<<'\t'<<"y="<<y<<'\n';
    return 0;
}
```

程序运行结果如下：

```
x=0    y=6.8
```

例 3.9 中的变量 y 为 float 类型，而取余运算符(%)要求两个操作数均为整型，这种情况下若要正确完成运算，需要用强制类型转换符。

3.6 常用库函数

C++语言分门别类地提供了多个标准函数库和面向对象类库（简称库），如常用的数学函数库 cmath、字符串处理函数库 cstring、输入/输出类库 iostream 等。每个库中提供了大量的函数，若在编程时需要使用库中的函数，只需在程序开头用编译预处理命令 #include 包含相关库的头文件即可。例如，求某个正整数的平方根，使用 C++语言提供的函数 sqrt()，则需要包含数学函数库的头文件 cmath，包含头文件的编译预处理命令为 #include < cmath >。

表 3-8 C++语言常用的库函数

C++头文件	类别	函数原型	功能简述
cmath	开平方根函数	double sqrt(double x)	求 x 的平方根
	取绝对值函数	int abs(int x)	别求整型数、长整型数、浮点数的绝对值
		long labs(long x)	
		double fabs(double x)	
	三角函数	double sin(double x)	分别求 x 的正弦、余弦、正切值，x 为弧度值。例如，求 sin(30°)时应把度数转换为弧度，可表示为 sin(3.14159 * 30/180)
		double cos(double x)	
		double tan(double x)	
		double asin (double x)	分别求 x 的反正弦、反余弦、反正切值
		double acos (double x)	
		double atan(double x)	

续表

C++头文件	类别	函 数 原 型	功 能 简 述
cmath	指数函数	double pow(double x,double y)	求 x^y,即 x 的 y 次幂
		double exp(double x)	求 e^x,即 e 的 x 次幂
	对数函数	double log(double x)	求 ln(x)
		double log10(double x)	求 log_{10}^x
ctime	时间函数	time_t time(time_t * tloc)	返回从 1970 年 1 月 1 日至今所经历的时间(以 s 为单位)
cstdlib	伪随机函数	void srand(unsigned seed)	初始化伪随机数发生器。若每次的 seed 相同,则产生的伪随机数序列也相同。可配合 time()函数生成不同的 seed,如 srand(time(NULL))
		int rand()	产生 0～0x7fff 范围内的伪随机数。例如,rand()%100 产生[0,99]的随机数,rand()%(b－a＋1)＋a 产生[a,b]的随机数

为了便于函数的使用,通常将函数的主要特征用固定的格式来描述,这种固定的格式称为函数原型(具体内容在后续函数章节讲述)。如图 3-11 所示,以计算并返回指定参数的平方根的 sqrt()函数为例,其函数原型如下:

```
double sqrt(double x);
```

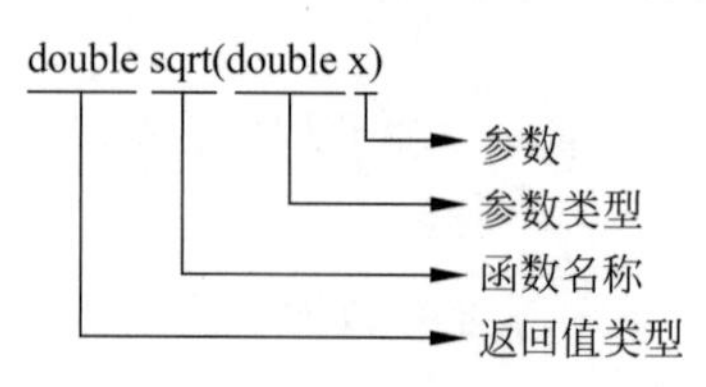

图 3-11 sqrt 函数原型

使用函数时,写下函数名称后,在其后加一对圆括号,括号内根据函数原型写下该函数所需的参数(多个参数用逗号分隔),参数可以是常量、变量或表达式。例如,$\sqrt{6}$ 可以使用 sqrt(6)来描述,$\sqrt{(20a+5.0)}$ 可以使用 sqrt(20 * a＋5.0)来描述。

表 3-8 给出了部分常用的库函数,读者若需要了解更多的函数,可查阅对应的头文件,详见附录 C。

习　　题

一、选择题

1. 下列符号中可以定义为用户标识符的是________。

   A. float　　B. -ad　　C. _56　　D. 5_a

2. 下列符号中不可作为用户标识符的是________。

   A. Main　　B. _int　　C. sizeof　　D. abc

3. 下列选项中，正确的 C++语言标识符是________。

A. 6_ _sum　　B. sum～6　　C. sum.6　　D. _sum_6

4. 下列选项中可以作为 C++语言中合法常量的是________。

A. 80　　B. 080　　C. －80e2.0　　D. －80e

5. 下列选项中可以作为 C++语言中合法常量的是________。

A. '\85'　　B. 0x80　　C. '\x102'　　D. '\085'

6. 下列选项中不是 C++语言中合法常量的是________。

A. 0789　　B. 123UL　　C. 0XFF　　D. 1E－2

7. 下列为字符型变量赋初值的语句中不正确的是________。

A. char a='a';　　B. char a="3";　　C. char a= 97;　　D. char a=0x61;

8. 已知“float x=5.6,y=5.2;”，则表达式(int)x+y 的值为________。

A. 10.2　　B. 10　　C. 10.8　　D. 11.2

9. 若有语句“int i=3, j=2;”，则表达式 i/j+i%j 的结果是________。

A. 1.5　　B. 3　　C. 2　　D. 2.5

10. 表达式(int)((float)9/2)－9%2 的值是________。

A. 0　　B. 4　　C. 3　　D. 5

11. 下列运算符要求操作数必须为整型的是________。

A. /　　B. ++　　C. !=　　D. %

12. 若变量已正确定义并具有初值，则下列表达式正确的是________。

A. x=y%1.2　　B. x+y=z　　C. x=y++=z　　D. x=2+(y=z=2)

13. 转义字符是以________开头的。

A. %　　B. &　　C. \　　D. '

14. 设“int m=1,n=2;”，则表达式 m++==n 的结果是________。

A. false　　B. true　　C. 3　　D. 2

15. 设“int m=1,n=2;”，则表达式++m==n 的结果是________。

A. false　　B. true　　C. 3　　D. 2

16. 下列程序段执行后的输出结果是________。

```
int a, b, c = 246;
a = c/100 % 9;
b = ( - 1)&&( - 1);
cout << a <<', '<< b << endl;
```

A. 2,1　　B. 3,2　　C. 4,3　　D. 2,3

二、填空题

1. 设有“int a=5,b=4;”，则逻辑表达式 a<=6 && a+b>8 的值为________。

2. 设有“int a=10,b=3;”，则执行表达式 b%=b++||a++后，a=________、b=________。

3. 设有“int a=6,b=7;”，则执行表达式 a+=a-b 后，a= ________、b=________。

4. 设有“int a=35,b=6;”，则表达式!a+a%b 的值是________。

5. 设有“int x=1,y=2;”，则执行表达式“(x>y)&&(--x>0);”后 x 的值

为________。

6. 若有定义“int i=7; float x=3.1416; double y=3;”,则表达式 i+'a' * x+i/y 值的类型是________。

7. 下列程序的运行结果是____________________。

```
#include<iostream>
using namespace std;
int main()
{   int a,b,c;
    a=b=1;
    c=a++,b++,++b;
    cout<<a<<'\t'<<b<<'\t'<<c<<'\t'<<endl;
    return 0;
}
```

8. 将下列数学式写成 C++语言的表达式。

(1) (a−b)(a+b)。

(2) $\frac{-b+\sqrt{b^2-4ac}}{2a}$。

(3) $\frac{\sin x}{|x-y|}$。

(4) $\sqrt{s(s-a)(s-b)(s-c)}$。

9. 写出表示下列条件的 C++语言表达式。

(1) a 和 b 至少有一个是偶数。

(2) a 是 3 的倍数,b 是 5 的倍数。

(3) $0\leqslant x<100$。

(4) a、b、c 构成三角形的条件。

三、编程题

1. 从键盘输入一个 3 位正整数 n,求出它的各位数字之和 sum 并输出。

2. 用伪随机函数 rand()分别产生一个两位正整数和一个在[−10,10]区间内的整数并输出。

第 4 章 简单程序设计

前面章节阐述了表达式的相关知识，那么如何利用它们编写程序呢？程序由不同的语句构成，本章介绍了几种类型的语句，包括表达式语句、空语句和复合语句；还介绍了标准输入/输出流对象 cin 和 cout。利用这些语句和输入/输出流，可以实现简单的顺序结构编程。

4.1 简单语句

C++语言中，简单语句包含了表达式语句和空语句。表达式语句是在表达式后面加上分号构成的，其一般格式如下：

```
<表达式>;
```

例如，在定义“int x, y;”后，有：

```
x = 3;                  //赋值语句，x = 3
x += 3;                 //赋值语句，相当于 x = x + 3
x++;                    //后置++，结果为 6，再执行语句 x = x + 1 = 7
y = x++;                //先取 x 值 7 并赋给 y，后执行语句 x = x + 1
y + 3;                  //对于 int 类型变量 y, y + 3 常被优化
```

以上语句都是合法的表达式语句。其中，“y+3;”表达式语句只处理了 y 与 3 之间的加法运算，最后会被编译程序优化，因为它们并未改变其结果，没有产生输出，几乎没有实际使用价值。

常用的表达式语句包括赋值表达式语句、复合赋值表达式语句、逗号表达式语句、自增/自减表达式语句、输入/输出及函数调用表达式语句。

C++语言中还有另一种语句，其仅由一个分号组成，称为空语句。对空语句，计算机不执行任何操作。例如：

```
i = 5; ; ;
```

其中，第一个分号组成表达式语句，后面两个分号构成两个空语句。

尽管在程序中出现空语句是符合语法规则的，且不影响程序的正确执行，但作为一个合理且紧凑的程序，其不应有多余的空语句。

需要指出的是 C++ 语言中，分号是语句的一个重要组成部分，而不是语句之间的分隔符。

4.2 复合语句

复合语句由一对花括号({})括起来的一条或多条语句构成,又称块语句。复合语句可被看作一个语句,在另一个复合语句的内部出现。

复合语句的格式如下:

```
{ <语句序列> }
```

其中,<语句序列>中的语句可以是任何符合C++语言语法规则的语句。

例如:

```
{    int a, b, max;
     cin >> a >> b;
     if (a >= b) max = a;
     else max = b;
     cout << max << endl;
}
```

在复合语句中,除了普通语句外,还可以包含数据的定义。在复合语句中定义的数据称为局部数据,它们只能被复合语句中的语句使用。

复合语句在语法上被当作一个语句看待,任何在语法上需要一个语句的地方都可以是一个复合语句。复合语句主要用作函数体和结构语句的成分语句,其具体作用将在后面的有关章节中介绍。

需要注意的是,复合语句的书写应注意左右花括号的配对问题。为了防止多写或少写左括号或右括号,应尽量把左括号和与之对应的右括号写在正文的同一列上,以提高程序的可读性。

4.3 数据的输入/输出

输入/输出(简称I/O)是程序的一个重要组成部分,程序运行所需要的数据往往要从外设(如键盘、文件等)得到,程序的运行结果通常也要输出到外设(如显示器、打印机、文件等)。

在C++语言中没有专门的输入/输出语句,所有输入/输出都是通过输入/输出流提供的标准输入/输出流对象来实现的。输入操作通过标准输入流对象cin来实现,输出操作通过标准输出流对象cout来实现。要使用cin和cout,必须在程序的开头增加编译预处理命令:

```
#include <iostream>
```

即包含输入/输出流的头文件iostream。

4.3.1 标准输入流对象cin

程序执行期间,cin可以直接输入基本数据类型的数据,包括整数、实数、字符和字符串。

1. 输入十进制整数和实数

使用 cin 输入整数或实数时，其一般格式如下：

```
cin>>变量名1>>变量名2>> … >>变量名n;
```

其中，运算符“>>”称为提取运算符，表示程序运行到该语句时，暂停程序的执行，等待用户从键盘上输入相应的数据。

这里有3点需要说明：

(1) 在提取运算符后只能跟一个变量名，但“>>变量名”可以重复多次，既可给一个变量输入数据，也可依次给多个变量输入数据。例如，设有变量定义：

```
int i;
float x;
```

在程序执行期间，要求从键盘输入数据赋给变量i和x时，可用：

```
cin>> i;                    //A
cin>> x;                    //B
```

来完成。当执行到A行语句时，等待用户从键盘上输入数据。若输入：

```
350↙  ("↙"表示回车)
```

则将整数350赋给变量i。当执行到B行时，等待用户从键盘上输入数据。若输入：

```
0.618↙
```

则将0.618赋给变量x。

当然，上述两个数据也可用下列方式一起输入，效果相同：

```
350 ␣0.618↙  ("␣"表示空格)
```

注意：在输入的数据之间用一个或多个空格隔开。

同样，A行和B行的输入也可合写为

```
cin>> i>> x;      //C
```

上述两种数据输入方式同样适用。

(2) 当输入项多于一个时，应用空格和Enter键将输入项进行分隔。空格的数量不限，因为cin有过滤空格和回车的特性，即接收到空格和回车后认为前一输入项输入结束，并且忽略后面的空格和回车，直到下一个有效输入项。例如，对应C行，用户输入以下内容效果都是一样的，即变量i为350，变量x为0.618。

```
350 ␣0.618↙
350 ␣␣␣␣0.618↙
350↙ 0.618↙
350↙↙↙ 0.618↙
```

(3) 在输入数据时，如遇到以下两种情况，则系统认为一个输入项结束：①在输入项后输入空格"␣"、回车符"↙"、制表键"Tab"；②在接收输入项的过程中遇到非法输入。

【例 4.1】 输入数据。

程序如下：

```
#include <iostream>
using namespace std;
int main()
{   int i;
    float x;
    cout <<"请输入变量 i 和 x \n";
    cin >> i >> x;          //程序运行到此暂停,等待键盘输入
    cout << i <'\t' << x << endl;
    return 0;
}
```

程序运行结果如下：

```
请输入变量 i 和 x
 30.168 ↙
 30          0.168
```

程序分析：

该例中,用户从键盘输入的是 30.168↙。

(1) 系统用输入的数据为变量 i 赋值,因为变量 i 定义的是整型,所以可以接收数字 0～9。接收完 3 和 0 后,遇到小数点"."。对于整型数,"."是非法的,所以第一个输入项 i 即结束,i 的值为 30。

(2) 系统接着为变量 x 赋值,由于变量 x 定义的是浮点型数据,因此可以接收数字 0～9 和小数点"."。因此,从小数点开始,直到回车符"↙"前,均是变量 x 的合法字符,故变量 x 的输入值为 0.168。

该例中,如用户输入的是"30,168↙",则运行后 i 的值仍为 30。但由于整型和浮点型均不能接收逗号",",因此系统从键盘为变量 x 赋值时,遇到逗号","后将认为输入非法,变量 x 的输入结束,即变量 x 没有从键盘输入值,就结束输入了,其值仍为随机值。

注意：对 cin 输入语句,输入数据的个数、类型及顺序必须与 cin 中列举的变量一一对应,否则输入的数据不正确。

2. 输入字符数据

当要为字符变量输入数据时,输入的数据必须是字符型。cin 的格式及用法与输入十进制整数和实数类似。设有语句：

```
char c1, c2 ;
cin >> c1 >> c2;          //D
```

执行到 D 行时,cin 等待用户从键盘上输入数据。若输入：

```
a ␣b↙
```

则 cin 分别将字符 a、b 赋给字符型变量 c1 和 c2。若输入：

```
ab↙
```

则 cin 分别将字符 a、b 赋给字符型变量 c1 和 c2。若输入：

```
a↙ b↙
```

同样，cin 分别将字符 a、b 赋给字符型变量 c1 和 c2。

在默认情况下，cin 输入语句会过滤空格和回车。若要向字符型变量输入空格和回车，必须使用函数 cin. get()。其格式如下：

```
cin. get (字符型变量);
```

或

```
字符型变量 = cin. get ();
```

cin. get()从输入行中提取一个字符，并将其赋给字符型变量。该语句一次只能从输入行中提取一个字符。例如，将 D 行的语句改写成：

```
cin.get(c1);            //E
cin.get(c2);
```

执行到 E 行时，若输入：

```
a␣b↙
```

在输入字符 a 前没有空格，在字符 a 与 b 之间有一个空格，则将字符 a 和空格分别赋给变量 c1、c2，而在输入行中仍保留字符 b 和回车换行符。

3. 输入十六进制或八进制数据

对于整型变量，从键盘上输入的数据也可用八进制或十六进制。在默认情况下，系统默认输入的整数是十进制。若要求按八进制或十六进制输入整型数，则应在 cin 中指明相应的数制：hex 为十六进制，oct 为八进制，dec 为十进制。例如：

```
int i, j, p, k;
cin >> hex >> i;                //指明输入为十六进制数
cin >> j;                       //上面指明的数制仍然有效，输入仍为十六进制数
cin >> oct >> p;                //指明输入为八进制数
cin >> dec >> k;                //指明输入为十进制数
```

当执行到语句 cin 时，若输入：

```
11  11  12  12↙
```

则将十六进制数 11 和 11、八进制数 12、十进制数 12 分别赋给变量 i、j、p 和 k。将其转换成十进制后，得到 i=17，j=17，p=10 和 k=12。

当输入数据后，变量的存储情况如图 4-1 所示。

变量i，十六进制11，十进制整数17

00000000　00000000　00000000　00010001

变量j，十六进制11，十进制整数17

00000000　00000000　00000000　00010001

变量p，八进制12，十进制整数10

00000000　00000000　00000000　00001010

变量k，十进制整数12

00000000　00000000　00000000　00001100

图 4-1　变量 i、j、p、k 的存储情况

使用非十进制输入数据时，应注意以下几点：

(1) 八进制数或十六进制数的输入只适用于整型

变量,不适用于字符型、实型变量。

(2) 若在 cin 中指明所用的数制后,指定数制一直有效,直到在后续的 cin 中指明另一数制为止。如上例中,输入 j 的值时,其仍为十六进制。

(3) 输入十六进制数时,可用 0x 开始,也可不用 0x 开始;输入八进制数时,可用 0 开始,也可不用 0 开始。其原因是在 cin 中已指明输入数据时所用的数制。

(4) 输入数据的格式、个数和类型必须与 cin 中所列举的变量类型一一对应。一旦输入出错,不仅使当前的输入数据不正确,而且使得后面的输入数据也不正确。

4.3.2 标准输出流对象 cout

cout 可以直接输出基本数据类型的数据,包括整数、实数、字符及字符串。当要输出一个表达式的值时,可用 cout 来实现,其一般格式如下:

```
cout <<表达式 1 <<表达式 2 << … <<表达式 n;
```

其中,"<<"称为插入运算符,它将紧跟其后的表达式的值输出到显示器当前光标位置。每个插入运算符只能输出一个输出项。

1. 输出字符或字符串

例如,语句:

```
cout <<"输入变量 i 的值:";
```

执行时,在显示器的当前光标位置显示:

```
输入变量 i 的值:
```

即 cout 将双引号中的字符串常量按其原样输出。又如:

```
char c = 'a', b = 'b';
cout <<"c = "<< c <<", b = "<< b<< '\n ';
```

执行 cout 语句时,输出结果如下:

```
c = a, b = b
```

即先输出"c=",再输出变量 c 的值'a ',再输出",b=",最后输出一个换行符,表示接着的输出从下一行开始。

可见,以上每一个 cout 语句输出一行,其中双引号(" ")内的内容原样输出;'\n '表示要输出一个换行符,其等同于 endl。

2. 输出十进制整数和实数

当用 cout 输出多个数据时,在默认情况下,是按每一个数据的实际长度输出的。如果希望控制浮点数数据输出项的数字位数,可以用专用的控制符进行控制。C++语言默认输出数值的有效位数是 6 位。表 4-1 列出了 I/O 流常用的控制符。

表 4-1　I/O 流常用的控制符

控　制　符	功　　能
dec	以十进制形式显示数据(默认)
hex	以十六进制形式显示数据
oct	以八进制形式显示数据
setprecision(n)	设置显示浮点数时的有效位数为 n 位
setw(n)	设置输出项的宽度为 n 列(默认右对齐)
setiosflags(ios::fixed)	设置浮点数,以固定的小数位数显示
setiosflags(ios::scientific)	设置浮点数,以指数形式显示
setiosflags(ios::left)	输出数据左对齐
setiosflags(ios::right)	输出数据右对齐

使用上述控制符时,在程序开始位置必须包含头文件 iomanip,即在程序的开头增加:

```
#include < iomanip >
```

使用控制符输出数据,若定义:

```
double pi = 3.1415926;
```

(1) "cout << pi;": 输出 3.14159(默认 6 位有效数字)。

(2) "cout << setprecision(4)<< pi;": 输出 3.142(显示 4 位有效数字)。

(3) "cout << setprecision(4)<< setw(8)<< pi;": 输出 ␣␣␣3.142(输出项占 8 列,默认右对齐)。

(4) "cout << setprecision(10)<< pi;": 输出 3.1415926(显示精度大于实际值,以实际值为准)。

(5) "cout << setiosflags(ios::scientific)<< setprecision(5)<< pi;": 输出 3.14159e+000(以指数形式输出时,setprecision(n)中的 n 为小数位数)。

这里需要注意以下几点:

(1) 当在 cout 中指明以一种数制输出整数时,对其后的输出均有效,直到指明以另一种数制输出整型数据为止。

(2) 对于实数的输出也是这样,一旦指明按科学表示法输出实数,则其后的实数输出均按科学表示法输出,直到指明以定点数输出为止。明确指定按定点数格式输出(默认的输出方式)的语句如下:

```
cout.setf(ios::fixed, ios::floatfield);
```

(3) 控制符 setw(n)仅对其后的一个输出项有效。一旦按指定的宽度输出其后的输出项后,其又恢复默认的输出方式。

4.4　顺序结构编程举例

【例 4.2】 计算数列 a,2a,3a,…前 n 项的和,其中 a 和 n 的值在运行时由键盘输入。

分析：题目所给数列为等差数列，求和公式为 $sum=\frac{(1+n)n}{2}\times a$，程序按求和公式计算数列的和。

程序如下：

```
#include <iostream>
using namespace std;
int main()
{       int n;
        double a, sum;
        cout << "输入 a 的值? ";           //提示用户输入变量值
        cin >> a;
        cout <<"输入 n 的值? ";
        cin >> n;
        sum = a * (1 + n) * n/2;
        cout <<"数列和 = "<< sum << endl;
        return 0;
}
```

程序运行结果如下：

```
输入 a 的值?  2↙
输入 n 的值?  10↙
数列和 = 110
```

【例 4.3】 编程完成长度单位英寸到厘米的转换，输出结果的精度为 10^{-3}。转换公式为：1 英寸=2.54 厘米。请按以下输入/输出格式编程。

输入格式：

```
请输入英寸值  12.3↙
```

输出格式：

```
12.300 英寸 = 31.242 厘米
```

分析：本题重点是输入/输出格式的设计。为了使输出结果的精度为 10^{-3}，即保留 3 位小数，程序中需要使用输出格式控制符 fixed 和 setprecision(3)。

```
#include <iostream>
#include <iomanip>
using namespace std;
int main()
{       float inch,                     //保存输入的长度值(英寸)
        cm;                             //保存转换后的长度值(厘米)
        cout << "请输入英寸值";
        cin >> inch;
        cm = 2.54f * inch;
        cout << fixed << setprecision(3) << inch << "英寸 = "<< cm <<"厘米\n";
        //设置输出结果的精度为 10⁻³
        return 0;
}
```

程序运行结果如下：

```
请输入英寸值  12.3 ↙
12.300 英寸 = 31.242 厘米
```

对于程序用户而言，友好、明确的输入/输出界面是非常重要的。因此，编程时，一方面需要重视数据结构和算法，另一方面也要注重数据输入/输出格式的设计，以方便用户使用。

习　　题

一、选择题

1. 设变量 a 和 b 的类型是 int，则下列语句中正确的是________。

　A. cin >> a >> b >> endl;　　　　B. cin. get(a); b=cin. get();

　C. cin >> a,b;　　　　D. cin >> oct >> a >> dec >> b;

2. 若 a,b 均为 int 型变量，为了将 10 赋给 a，将 20 赋给 b，则对应以下 cin 语句的正确输入方式为________。

　A. 1020 ↙　　B. 10 20 ↙　　C. 10,20 ↙　　D. 20 10 ↙

3. 输入/输出格式控制符是在下列________头文件中定义的。

　A. iostream　　B. iomanip　　C. istream　　D. ostream

4. 对于语句"cout << endl << x;"中的各个组成部分，下列叙述中错误的是________。

　A. cout 是一个输出流对象　　　　B. endl 的作用是输出回车换行符

　C. x 是一个变量　　　　D. "<<"称为提取运算符

5. 在 ios 中提供的常用控制符中，________是转换为十六进制形式的控制符。

　A. hex　　B. oct　　C. dec　　D. left

6. 若有定义"int x=17;"，则语句"cout << oct << x;"的输出结果是________。

　A. 11　　B. 0x11　　C. 21　　D. 021

7. 执行下列代码，程序的输出结果是(用下画线表示空格)________。

```
int a = 29,b = 100;
cout << setw (3) << a << b << endl;
```

　A. 29_100　　B. _29_100　　C. 29100　　D. _29100

8. 执行下列代码，程序的输出结果是________。

```
cout <<"Hex:"<< hex << 255;
```

　A. f f　　B. hex: ff　　C. Hex: ff　　D. f

二、填空题

1. 运行下面程序段，若输入 a b c ↙，则程序的输出结果为________。

```
char a,b,c;
cin >> a >> b >> c;
cout << a << b << c << endl;
```

2. 运行下面程序段,若输入 a b c↙,则程序的输出结果为________。

```
char a,b,c;
cin.get(a); cin.get(b); cin.get(c);
cout << a << b << c << endl;
```

3. 下列语句运行结果的第 1 行是________,第 2 行是________,第 3 行是________。

```
cout << 'a'<< endl <<'a' + 1 << endl << char('a' + 1)<< endl;
```

4. 下列语句运行结果的第 1 行是________,第 2 行是________,第 3 行是________。

```
cout <<'\0' + '\1'<< endl << sizeof('\0' + '\1')<< endl <<(int) '\0'<< endl;
```

5. 下列语句运行结果的第 1 行是________,第 2 行是________,第 3 行是________。

```
cout << 12 << endl << oct << 12 << endl << hex << 12 << endl;
```

三、编程题

1. 编写程序,把用户输入的十进制整数转换成十六进制数和八进制数输出。

输入格式如下:

```
请输入一个十进制数: 100↙
```

输出格式如下:

```
该数的十六进制值是: 64
该数的八进制值是: 144
```

2. 编写程序,将输入的华氏温度转换为摄氏温度。其转换公式为 $c=\frac{5}{9}(f-32)$,其中,c 为摄氏温度,f 为华氏温度。

输入格式如下:

```
请输入华氏温度: 100↙
```

输出格式如下:

```
摄氏温度 = 37.7778
```

第 5 章　流程控制结构

在结构化程序设计中,任何复杂的功能都可以由顺序结构、选择结构和循环结构 3 种基本结构组合来实现。前面介绍的简单程序设计中,程序中的所有语句按排列顺序自上而下依次执行,是典型的顺序结构,但仅有顺序结构很难实现复杂的功能。为此,作为支持结构化程序设计的 C++语言提供了流程控制语句,用于实现选择结构和循环结构。

5.1　选择结构语句

为了实现选择结构,C++语言提供了 if 语句和 switch 语句两种类型的选择语句。尽管使用 if 语句可以实现所有的选择结构,但是在特定情况下,使用 switch 语句可以更好地实现程序功能并提高程序的可读性。

5.1.1　if 语句

if 语句也称为条件语句,它的功能是计算表达式的值并根据计算结果选择要执行的操作。根据语句构成,if 语句可以分为 3 种形式,即单分支形式、双分支形式和多分支形式。

1. 单分支形式

单分支形式用于决定是否执行某个语句,其语法格式如下:

```
if(<表达式>) 语句 S
```

其中,<表达式>可以是任意符合 C++语言语法规则的表达式,通常为算术表达式、关系表达式、逻辑表达式或逗号表达式;语句 S 是一个单一语句,如果有多条语句,则必须使用“{}”括起来构成复合语句。

单选择结构的执行流程如图 5-1 所示。

执行时先计算表达式的值,如果表达式的值为真,则执行语句 S,否则直接执行 if 语句后面的语句。任何非 0 值均被认为是逻辑真(true),表示表达式成立;而 0 则表示逻辑假(false),表示表达式不成立。

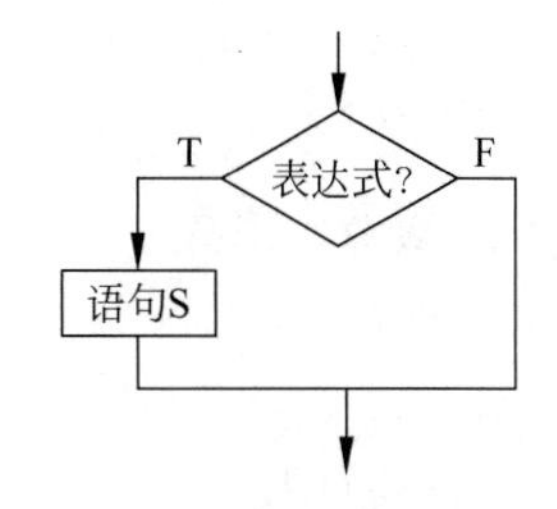

图 5-1　单选择结构的执行流程

【例 5.1】 输入一个字符,判别它是否为小写字母。如果是,则将其转换成大写字母;如果不是,则不转换,并输出最后得到的字符。

问题分析:用单分支 if 语句来处理,由于大小写字母的 ASCII 值相差 32,因此将小写字母减去 32 即可转换成大写字母。其程序流程如图 5-2 所示。

程序如下:

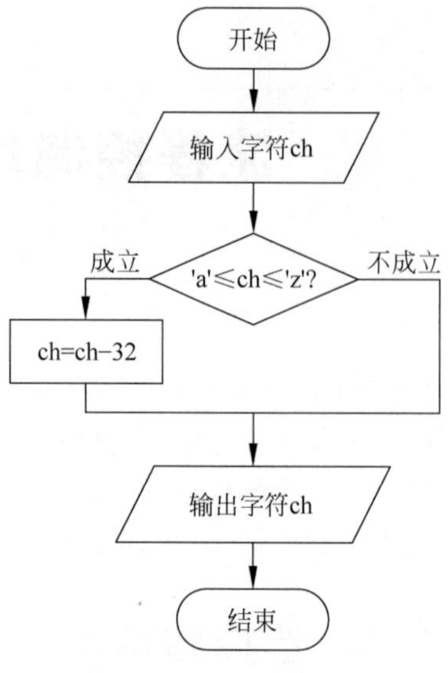

图 5-2　例 5.1 程序流程

```
#include <iostream>
using namespace std;
int main()
{    char ch;
     cout <<"请输入一个字符:";
     cin.get(ch);
     if(ch>='a'&& ch<='z')                        //判断是否是小写字母
       ch=ch-32;                                   //转换成大写字母
     cout <<"输出的字符是:"<< ch << endl;
     return 0;
}
```

若输入小写字母'a',则程序运行结果如下：

```
请输入一个字符:  a↙
输出的字符是:A
```

若输入大写字母'B',则程序运行结果如下：

```
请输入一个字符:  B↙
输出的字符是:B
```

2. 双分支形式

双分支形式用于在两个语句中选择其中一个执行,其语法格式如下：

```
if (<表达式>) 语句 S1
else 语句 S2
```

该语句通常被称为 if-else 语句,前面介绍的 if 单分支形式是它的特例。其中,表达式可以是任意符合 C++语言语法规则的表达式；语句 Sl 和语句 S2 均为单一语句或复合语句,可以是任意合法语句。若表达式的值不为 0,则执行语句 S1；否则(为 0),执行语句 S2。通常把前者称为 if 分支,而把后者称为 else 分支。

双分支结构的执行流程如图 5-3 所示。

【例 5.2】 输入一个大于 0 的整数，判断该数的奇偶性，并输出。

问题分析：

(1) 因为整数可以分为奇数和偶数两类，所以本问题可以用双分支结构实现。

(2) 从键盘输入一个整数，判断其是否能被 2 整除，如果可以，则说明它为偶数，否则为奇数。

程序流程如图 5-4 所示。

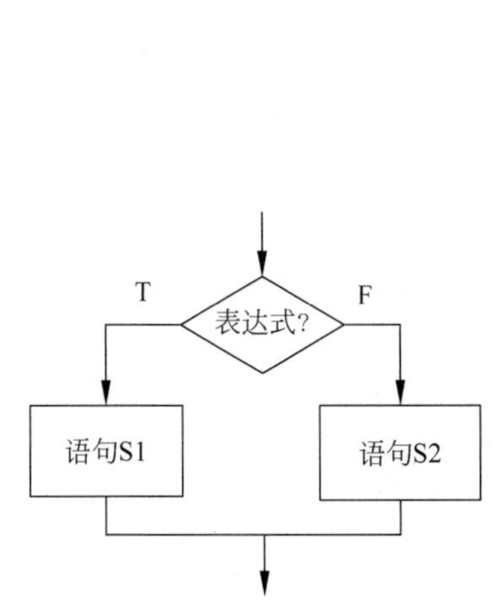

图 5-3 双分支结构的执行流程

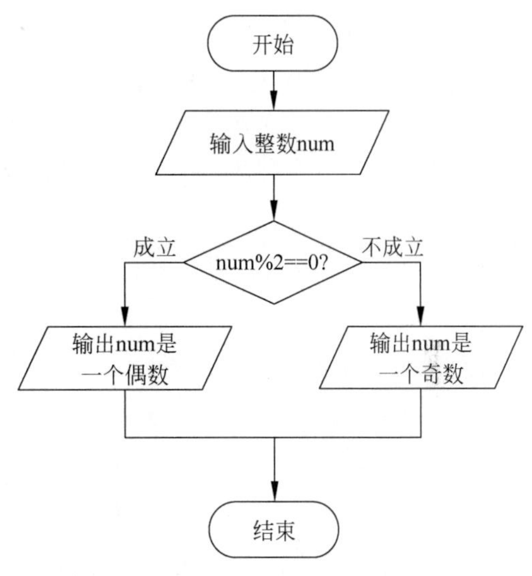

图 5-4 例 5.2 程序流程

程序如下：

```
#include <iostream>
using namespace std;
int main()
{    int num;
     cout <<"请输入一个整数:";
     cin >> num;
     if ((num % 2) == 0)
          cout << num <<"是一个偶数."<< endl;
     else
          cout << num <<"是一个奇数."<< endl;
     return 0;
}
```

若输入整数 13，则程序运行结果如下：

```
请输入一个整数:  13 ↙
13 是一个奇数.
```

若输入整数 16，则程序运行结果如下：

```
请输入一个整数:  16 ↙
16 是一个偶数.
```

3. 多分支形式

if-else 语句可以在两个分支中选择一个执行，若要在多个(超过两个)分支中选择一个执行，这时可以使用多个单分支语句实现，但这会增加程序执行时的判断次数，导致程序效率不高，同时也会降低程序的可读性。此时可以用多分支形式，其语法格式如下：

```
if(<表达式 1 >)语句 1
else if(<表达式 2 >) 语句 2
    …
else if(<表达式 n >) 语句 n
else 语句 n + 1
```

首先求出表达式 1 的值，若其值不为 0，则执行“语句 1”；否则求解表达式 2 的值，若不为 0，则执行“语句 2”；否则求解表达式 3 的值；以此类推，直至“语句 n+1”。根据实际情况，最后的“else 语句”可以省略。多分支 if 语句的执行流程如图 5-5 所示。

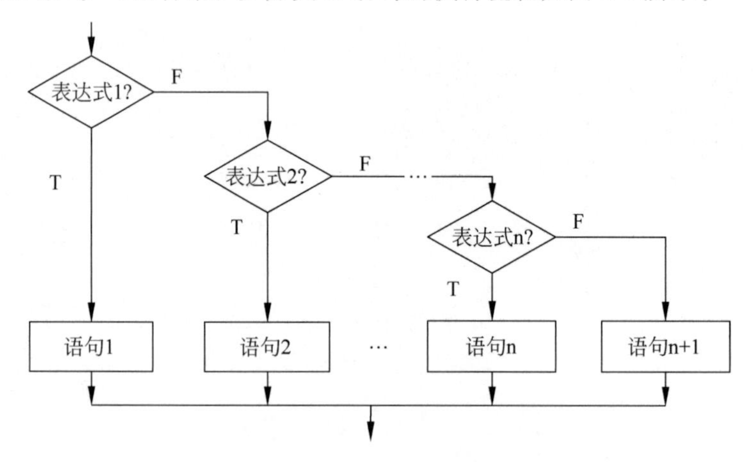

图 5-5　多分支 if 语句的执行流程

【例 5.3】 设计程序，将百分制成绩转换成相应的五分制成绩。其转换规则如下：

90～100 分：优秀；

80～89 分：良好；

70～79 分：中等；

60～69 分：及格；

60 分以下：不及格。

问题分析：

(1) 该问题可以用多分支结构实现。

(2) 从键盘输入一个数，根据其值的范围输出相应的五分制成绩。

程序流程如图 5-6 所示。

程序如下：

```
#include < iostream >
using namespace std;
int main()
{    int score;
     cout <<"请输入一个成绩(0 - 100):";
```

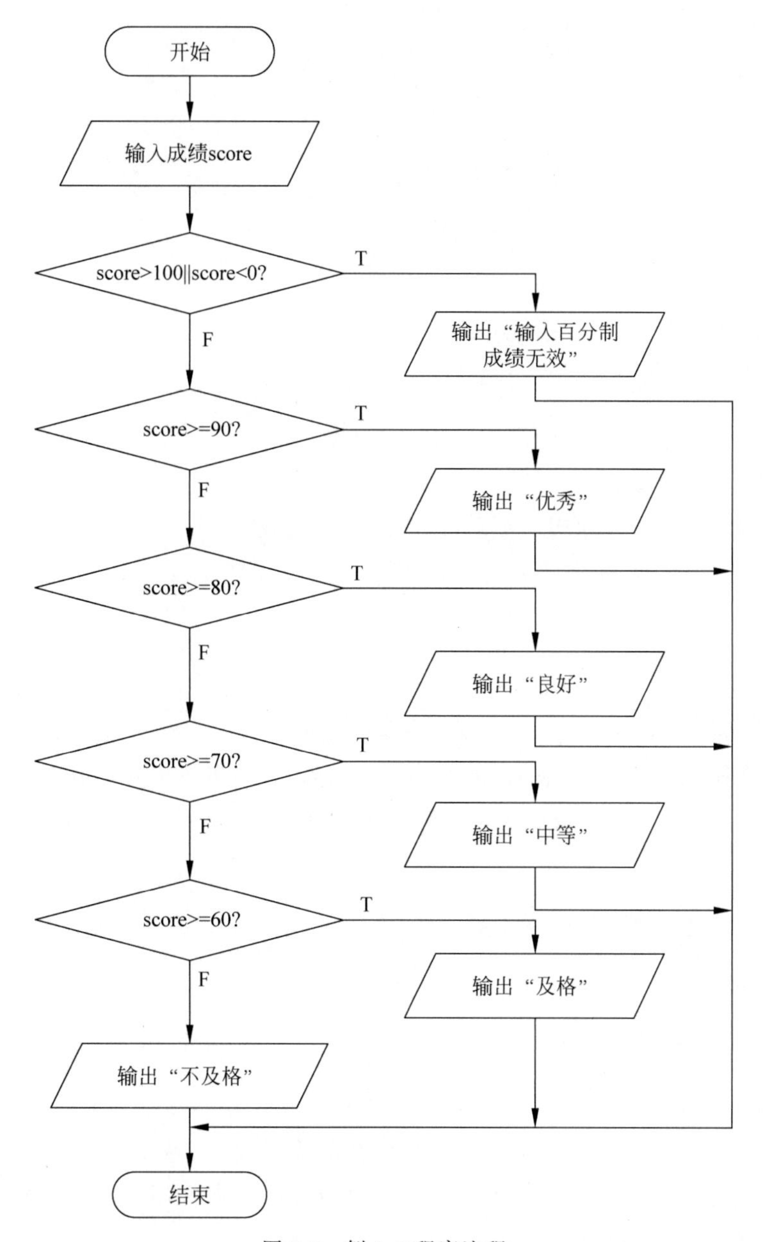

图 5-6　例 5.3 程序流程

```
cin >> score;
if (score > 100 || score < 0)
{   cout <<"输入百分制成绩无效\n";
    return 1;
}
cout <<"等级为";
if (score >= 90) cout <<"优秀"<< endl;
else if(score >= 80)cout <<"良好"<< endl;
else if(score >= 70)cout <<"中等"<< endl;
else if(score >= 60) cout <<"及格"<< endl;
```

```
    else cout <<"不及格"<< endl;
    return 0;
}
```

若输入成绩为91,则程序运行结果如下:

```
请输入一个成绩(0-100): 91↙
等级为优秀
```

若输入成绩为56,则程序运行结果如下:

```
请输入一个成绩(0-100): 56↙
等级为不及格
```

在使用if语句时,以下问题需要特别注意。

(1) if后面的表达式必须用“()”括起来,如下面的语句:

```
if x>0 y=x*x+1;
```

是错误的,应该写为

```
if (x>0) y=x*x+1;
```

(2) if分支和else分支后面的语句均为单一语句,若为多个语句,则必须用“{}”括起来构成复合语句。例如,对两个整数a和b进行比较,如果a>b,则交换a和b。使用下面的语句:

```
if (a>b) t=a; a=b; b=t;
```

不能完成该功能,应该写为

```
if (a>b) {t=a; a=b; b=t;}
```

才能完成相应的功能。

(3) 由于浮点数在计算机中存储时通常会有误差,因此表达式中通常不对浮点数进行相等比较。例如,对于两个浮点数a和b,如果两者相等,则输出“相等”,否则输出“不相等”,通常不使用下面的语句:

```
if (a==b) cout <<"相等"<< endl;
else cout <<"不相等"<< endl;
```

而是使用下面的语句:

```
if (fabs(a-b)<1e-8) cout <<"相等"<< endl;
else cout <<"不相等"<< endl;
```

即当2个浮点数的差的绝对值小于一个很小的正数时,就认为它们相等。

(4) if语句包含if分支和else分支两部分,if分支可以单独使用,但else分支必须与if分支配对使用,不能单独使用。例如,下面的语句:

```
else y = x + 2;
```

单独出现是错误的。

(5) 如果 if 分支和/或 else 分支中的语句又是 if 语句，则称为 if 语句的嵌套。在 if 语句的嵌套中，else 分支必须与 if 分支正确地配对才能完成指定的功能。C++语言中规定 else 分支与 if 分支的配对规则如下：else 分支总是与其前面最近的处于同一个语句中还没有配对的 if 分支配对。可以通过使用复合语句改变与 else 配对的 if 分支。

例如，按以下方式添加"{}"构成复合语句后，可以实现 else_2 与 if_1 配对。

```
if (x > 0)                      //if_1
{    if(x > 3)y = 1;            //if_2
     else if (x < 3) y = 2;     //if_3,else_1
}
else y = 3;                     //else_2
```

(6) 在 if 语句嵌套时，完成同一个功能可使用不同的嵌套方式实现。例如，例 5.3 的程序中，if 语句的嵌套部分还可以写为

```
if (score < 60) cout <<"不及格"<< endl;
else if (score < 70) cout <<"及格"<< endl;
else if (score < 80) cout <<"中等"<< endl;
else if (score < 90) cout <<"良好"<< endl;
else cout <<"优秀"<< endl;
```

或者：

```
if (score >= 70)
     if (score < 80) cout <<"中等"<< endl;
     else if (score < 90) cout <<"良好"<< endl;
     else cout <<"优秀"<< endl;
else if (score < 60) cout <<"不及格"<< endl;
else cout <<"及格"<< endl;
```

或者：

```
if (score >= 90) cout <<"优秀"<< endl;
if (score < 90&&score >= 80) cout <<"良好"<< endl;
if (score < 80&&score >= 70) cout <<"中等"<< endl;
if (score < 70&&score >= 60) cout <<"及格"<< endl;
if (score < 60)cout <<"不及格"<< endl;
```

这些语句(程序段)都可以实现例 5.3 所需的功能。但是，对于同一个输入的成绩，它们的表达式求值次数是不同的，即程序的执行效率不同。

5.1.2 switch 语句

尽管使用多个 if-else 语句或 if 语句的嵌套可以实现多个分支的选择，但是程序的可读性并不好。为此，C++语言还提供了另一种多分支选择语句——switch 语句，又称为开关语句。在特定情况下，使用 switch 语句代替 if 语句实现多分支可以有效地提高程序的可

读性。

switch 语句的语法格式如下：

```
switch(<表达式>)
{    case <常量表达式 1>: [<语句序列 1>]
     case <常量表达式 2>: [<语句序列 2>]
     …
     case <常量表达式 n>: [<语句序列 n>]
     [default: <语句序列 n + 1>]
}
```

其中，<表达式>是任意符合 C++语言语法规则的表达式，但其值只能是字符型或整型；<常量表达式>只能是由常量组成的表达式，其值也只能是字符型常量或整型常量；所有<语句序列>均是可选的，它可由一个或多个语句组成；default 分支也是可选项，尽管其可放在 switch 语句中的任何位置，但实际编程时通常将其作为 switch 语句的最后一个分支。当<表达式>值与所有<常量表达式>的值均不同时，执行 default 分支的语句序列。

switch 语句的执行流程如图 5-7 所示。

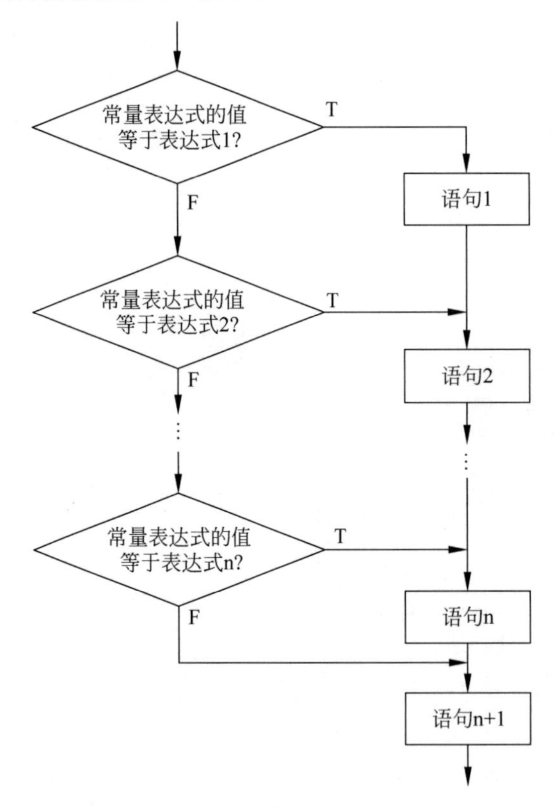

图 5-7　switch 语句的执行流程

执行 switch 语句时，首先计算表达式的值，然后顺序地与 case 子句中所列出的各个常量表达式进行比较。若表达式的值与某个常量表达式的值相等，则执行其后的语句序列，并依次执行该 case 子句后面所有 case 语句中的语句序列，遇到 case 和 default 也不再进行判断，直至 switch 语句结束。

【例 5.4】 输入日期，格式为“年/月/日”，如 2022/5/28，计算该日期是这一年的第几天。

问题分析：要计算某日期是该年的第几天，只需要将“日”的值加上该“月”之前所有月的天数即可。除了 2 月以外，其他各月的天数是固定的，可以使用 case 语句依次求“月”之前所有月的天数之和。闰年的 2 月是 29 天，其他年份的 2 月均为 28 天。当年份可以被 400 整除或能够被 4 整除但不能被 100 整除时，该年份为闰年。

程序如下：

```
#include <iostream>
using namespace std;
int main()
{   int year, month, day, total = 0;
    cout <<"请输入日期,格式为年/月/日:\n";
    char ch;
    cin >> year >> ch >> month >> ch >> day;
    switch (month)
    {   case 12:  total  +=  30;
        case 11:  total  +=  31;
        case 10:  total  +=  30;
        case 9:   total  +=  31;
        case 8:   total  +=  31;
        case 7:   total  +=  30;
        case 6:   total  +=  31;
        case 5:   total  +=  30;
        case 4:   total  +=  31;
        case 3:   if (year % 400  ==  0 || (year % 4  ==  0 && year % 100 !=  0)) total  +=  29;
                  else total += 28;
        case 2:   total  +=  31;
        case 1:;
    }
    total += day;
    cout << year <<'/'<< month <<'/'<< day <<"是"<< year <<"年第"<< total <<"天"<< endl;
    return 0;
}
```

程序运行结果如下：

```
请输入日期,格式为年/月/日:
2022/5/28↙
2022/5/28 是 2022 年第 148 天
```

从程序运行结果来看，month=5，因此依次执行了 case 5、case 4、case 3、case 2、case 1 后面的语句，这与前面 if 语句的多分支有明显的差别。如果执行完某个 case 后面的语句序列后不再执行后面其他 case 及 default 后面的语句序列，则可以在语句序列后添加 break 语句。break 可以直接跳出 switch 语句，接着执行 switch 后面的语句。

```
-------- 欢迎使用学生管理系统 --------
--0. 退出管理系统        1. 添加新的学生--
--2. 显示所有学生        3. 删除已有学生--
--4. 查找指定学生        5. 修改学生信息--
请输入您的选择:
```

图 5-8 例 5.5 菜单结构

【例 5.5】 设计简单的学生管理系统菜单界面程序。设计一个程序，实现图 5-8 所示的菜单界面，程序执行时，输入编号(0～5),显示所选择的菜单项。

问题分析：由于菜单编号是用整数表示的,因此可以使用 switch 语句来实现。在每个 case 子句中以编号值作为常量表达式,以输出相应菜单项作为语句,并在每个语句后添加 break 语句即可。

程序如下：

```
#include <iostream>
using namespace std;
int main()
{    int x;
     cout <<"-------- 欢迎使用学生管理系统 --------\n";
     cout <<"-- 0.退出管理系统       1.添加新的学生 --\n";
     cout <<"-- 2.显示所有学生       3.删除已有学生 --\n";
     cout <<"-- 4.查找指定学生       5.修改学生信息 --\n";
     cout <<"请输入您的选择:";
     cin >> x;
     switch(x)
     {    case 0: cout <<"您选择退出管理系统\n";break;
          case 1: cout <<"您选择添加新的学生\n";break;
          case 2: cout <<"您选择显示所有学生\n";break;
          case 3: cout <<"您选择删除已有学生\n";break;
          case 4: cout <<"您选择查找指定学生\n";break;
          case 5: cout <<"您选择修改学生信息\n";break;
          default:cout <<"输入有误\n";
     }
     return 0;
}
```

程序运行结果如下：

```
-------- 欢迎使用学生管理系统 --------
-- 0.退出管理系统       1.添加新的学生 --
-- 2.显示所有学生       3.删除已有学生 --
-- 4.查找指定学生       5.修改学生信息 --
请输入您的选择: 3↙
您选择删除已有学生
```

从格式可知,switch 语句结构清晰,易理解。在实际应用中,所有 switch 语句均可用 if 语句来实现,但反之不然。这是因为 switch 语句中限定了表达式的取值类型为整型或字符型,而 if 语句中的条件表达式的值可为任意类型。

使用 switch 语句时,需要注意以下问题：

(1) switch 语句中,<表达式>的值只能是字符型或整型；<常量表达式>只能是由常量组成的表达式,其值也只能是字符型常量或整型常量。

(2) 每一个 case 子句中的常量表达式的值必须互不相同,否则会出现自相矛盾的现象(一个值有两种执行方案)。

(3) default 子句可以省略,这时,若不满足条件则不执行任何语句。

(4) case 子句和 default 子句在语句中可以按任意顺序排列,但由于 switch 语句在执行时若匹配到某个子句后,将依次执行该子句之后的所有语句序列,因此不同的排列顺序可能需要在适当的位置添加 break 语句。例如，对于下列语句：

```
switch(op)
{     case 0: cout << a <<' + '<< b <<' = '; c = a + b; break;
      case 1: cout << a <<' - '<< b <<' = '; c = a - b; break;
      case 2: cout << a <<' * '<< b <<' = '; c = a * b; break;
      case 3: cout << a <<'/'<< b <<' = '; c = a/b;
}
```

如果把 case 3 子句放到最前面作为第一个 case 子句，则需要在其语句序列中添加 break 语句，即改为“case 3: cout << a <<'/'<< b <<'='; c=a/b; break;”。

(5) 若一个子句“:”后面没有语句序列，则该子句与其后面的子句共用语句序列。例如：

```
switch(ch)
{     case 'A':
      case 'B':
      case 'C': cout <<"pass!\n";
}
```

当 ch 为 A、B 和 C 时均执行“cout <<"pass! \n";”。但是，需要特别注意的是，最后一个子句必须有语句序列，即“}”前必须有“;”。下面的语句在编译时将出现错误：

```
switch(ch)
{     case 'A':
      case 'B': cout <<"pass!\n";
      case 'C':
}
```

5.2 循环结构语句

循环结构是结构化程序设计中的 3 种基本结构之一，用于实现反复执行某些操作。结构化程序设计中，循环分为当型循环和直到型循环，前者先判断循环控制条件，当条件成立时执行循环体；后者则先执行循环体再判断循环控制条件。C++语言提供了 3 种循环结构语句，即 while 循环语句、do-while 循环语句和 for 循环语句。while 循环语句是典型的当型循环；do-while 循环语句用于实现直到型循环，但其与典型直到型循环的“执行循环体直到循环控制条件成立”不同的是，do-while 循环语句是“执行循环体直到循环控制条件不成立”；for 循环语句主要用来实现循环体执行次数已知的循环，但实际上，该语句可以实现任何类型的循环。

5.2.1 while 循环语句

while 循环语句的语法格式如下：

```
while (<表达式>)
    循环体
```

其中，while 是 C++语言的关键字；表达式是循环控制条件，可以是任意符合 C++语言语法规则的表达式；循环体语句部分可以是一条语句，也可以是由“{}”括起来的多条语句。

while 循环语句中，必须有使表达式趋于不成立的语句，从而使循环体在执行一段时间后能够结束。表达式一直成立，从而导致循环语句不能运行结束的情况(称为“死循环”)是必须要避免的。

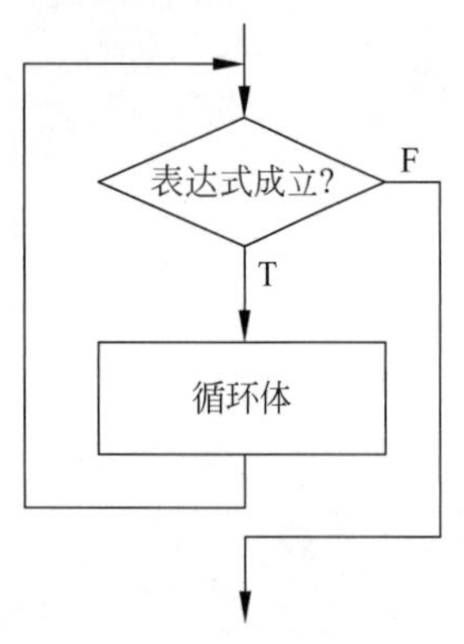

图 5-9　while 循环语句的执行流程

while 循环语句的执行流程如图 5-9 所示，先计算表达式的值，若表达式成立(值不为 0)，则执行循环体一次，再计算表达式的值。重复以上过程，直到表达式的值为 0，则结束 while 循环语句的执行，继续执行其后的语句。

while 循环语句的特点是先判断循环控制条件(计算表达式的值)，后执行循环体，如果第一次判断时循环控制条件就不成立，则循环体一次也不执行。

【例 5.6】 求 1～100 之间奇数之和 sum＝1＋3＋5＋…＋99。

问题分析：用变量 sum 存储计算结果，给它赋初值为 0，变量 i 表示每一个奇数值，赋初值为 1，每次增加 2。重复执行的操作(循环体)为“sum＝sum＋i;i＝i＋2;”，当条件“i＜＝99”成立时执行循环体。

程序如下：

```
#include <iostream>
using namespace std;
int main()
{   int i = 1,sum = 0;
    while (i <= 99)
    {   sum = sum + i;
        i = i + 2;
    }
    cout <<"sum = "<< sum << endl;
    return 0;
}
```

程序运行结果如下：

```
sum = 2500
```

【例 5.7】 从键盘输入一个正整数，编程求出它的各位数字之和。

问题分析：从键盘输入一个正整数，赋给变量 x，sum 赋初值为 0，则 x 和 10 求余得到个位数，加到 sum 中，n 和 10 整除去掉个位数。重复这两个操作，一直到 x 为 0 结束，即循环体为“sum＝sum＋x％10； x＝x/10；”。

程序如下：

```
#include <iostream>
using namespace std;
int main()
{   int x, sum = 0;
    cout <<"请输入一个正整数:";
    cin >> x;
```

```
    while (x!= 0)
    {    sum = sum + x % 10;
         x = x/10;
    }
    cout <<"它的各位数字之和为"<< sum << endl;
    return 0;
}
```

程序运行结果如下：

```
请输入一个正整数：123↙
它的各位数字之和为6
```

5.2.2 do-while 循环语句

do-while 循环语句的语法格式如下：

```
do
  <循环体>
while(<表达式>);
```

其中，do 是 C++语言的关键字，必须和 while 联合使用，不能单独出现。do-while 循环语句中的表达式和循环体的定义规则与 while 循环语句相同。

do-while 循环语句的执行流程如图 5-10 所示，先执行循环体，然后计算表达式的值，若表达式成立(值不为 0)，再执行循环体。重复以上过程，直到表达式的值为 0，则结束 do-while 循环语句的执行，继续执行其后的语句。从执行流程可以看出，do-while 循环语句的循环体至少执行一次。

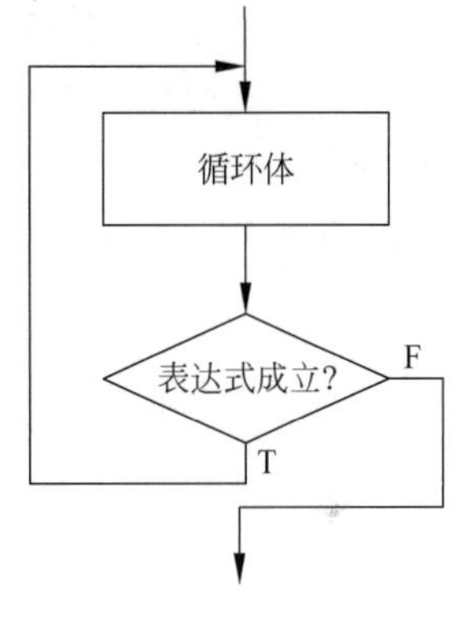

图 5-10 do-while 循环语句的执行流程

【例 5.8】 用 do-while 循环语句求 1～100 之间奇数之和 sum＝1＋3＋5＋…＋99。

问题分析：从例 5.6 的执行过程来看，累加过程会执行多次。因此，直接将其中的 while 循环语句改成 do-while 循环语句即可实现相应的功能。

程序如下：

```
#include <iostream>
using namespace std;
int main()
{    int i = 1, sum = 0;
     do
     {    sum = sum + i;
          i = i + 2;
     } while (i <= 99); //while 条件后的分号不能少
     cout <<"sum = "<< sum << endl;
     return 0;
}
```

程序运行结果如下：

```
sum = 2500
```


使用 while 循环语句和 do-while 循环语句时，必须注意以下问题：

(1) 条件表达式不可以为空，若为空，编译程序将会报告错误。

(2) 循环体是一个语句，若为多个语句，则需要使用“{}”括起来构成复合语句。例如，下列程序段中，循环体是“sum＋＝n;”，而不是“sum＋＝n; n＋＋;”：

```
while(sum < 100)
     sum += n;
n++;
```

要将“sum＋＝n; n＋＋;”作为循环体，应写为

```
while(sum < 100)
{    sum += n;
     n++;
}
```

(3) 在 while 循环语句和 do-while 循环语句之前，通常需要对表达式及循环体中所使用的变量进行初始化。例如，对于(2)中的程序段，要使程序能够正确执行，在 while 循环语句之间应有诸如“sum＝0; n＝1;”的初始化语句(序列)。

(4) 循环体中需要有使循环控制条件(表达式)趋于不成立的语句，否则会出现“死循环”。例如：

```
while(x!= 0)
    y += x;
```

若在 while 循环语句执行前，x 的值不为 0，则该循环为“死循环”。所以，在循环体中应该有类似“x＋＋;”“x＋＝2;”“x－－;”等语句，使得 x 的值在经过若干次(≥0 次)循环后值变为 0，以结束循环。

(5) while 循环语句的循环体可能一次也不执行，而 do-while 循环语句循环体至少执行一次，这是二者仅有的区别。因此，在循环体至少执行一次时，二者可以互换。

【例 5.9】 输入两个正整数 m 和 n，求其最大公约数。

问题分析：可以用欧几里得算法(辗转相除法)来求解。

设有两个正整数 m、n：

(1) m 被 n 除，得到余数 r(0≤r≤n)，即 r＝m％n; n→m; r→n。

(2) 若 r＝0，则算法结束，m 为最大公约数，否则转到(1)。

程序如下：

```
#include < iostream >
using namespace std;
int main()
{    int m, n, r;
     cout <<"请输入两个正整数:";
     cin >> m >> n;
```

```
    do
    {   r = m % n; m = n; n = r;
    }while(r!= 0);
    cout <<"最大公约数为"<< m << endl;
    return 0;
}
```

程序运行结果如下：

```
请输入两个正整数: 6 8↙
最大公约数为 2
```

5.2.3 for 循环语句

while 循环语句和 do-while 循环语句中循环体的执行次数由循环控制条件来决定，而循环控制条件在循环体中的语句改变，通常用于循环体执行次数未知的循环。在很多问题中，循环次数是已知的，虽然也可以用 while 循环语句和 do-while 循环语句来实现，但是程序逻辑并不是很清晰。为此，C++语言提供了 for 循环语句，for 循环也被称为“计数循环”。for 循环语句的语法格式如下：

```
for(表达式 1;表达式 2;表达式 3)
    循环体
```

for 循环语句的执行流程如下：

(1) 计算表达式 1 的值。

(2) 计算并判断表达式 2 的值，若表达式 2 成立(值不为 0)，则执行第(3)步；否则跳转到第(4)步。

(3) 执行循环体，计算表达式 3 的值，返回第(2)步。

(4) 结束循环，接着执行其后面的语句。

for 循环语句的执行流程如图 5-11 所示。其中，表达式 1～3 均可以为任意符合 C++语言语法规则的表达式，循环体也是单个语句，若为多个语句，则必须用“{}”括起来构成复合语句。从执行流程看，for 循环语句和 while 循环语句本质上是相同的。

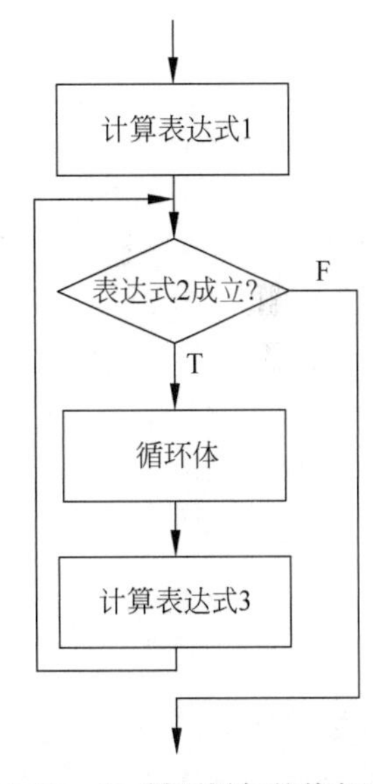

图 5-11　for 循环语句的执行流程

【例 5.10】　用 for 循环语句求 1～100 之间奇数之和 sum＝1＋3＋5＋…＋99。

程序如下：

```
#include < iostream >
using namespace std;
int main()
{   int i, sum = 0;
    for(i = 1; i <= 99; i = i + 2)
      sum = sum + i;
    cout <<"sum = "<< sum << endl;
    return 0;
}
```

程序运行结果如下：

```
sum = 2500
```

【例 5.11】 Fibonacci 数列是这样一个数列：1、1、2、3、5、8、13、21、34、55、…，该数列是意大利数学家 Leonardo Fibonacci 由兔子繁殖过程为原型而引入，故又称为“兔子数列”。同时，由于该数列后一项与前一项的比例是趋于黄金分割数的，因此其又被称“黄金分割数列”。该数列前 2 项均为 1，从第 3 项开始，每一项均为该项之前的两项之和。编写程序，输出 Fibonacci 数列的前 20 项，每行显示 5 项。

问题分析：Fibonacci 数列的前两项是已知的，因此可以直接输出。从第 3 项开始，每一次均为其前面两项之和，可以直接通过求和运算得到并输出。本问题要求 Fibonacci 数列的前 20 项，循环次数已知，因此可以使用 for 循环语句来实现。程序流程如图 5-12 所示。

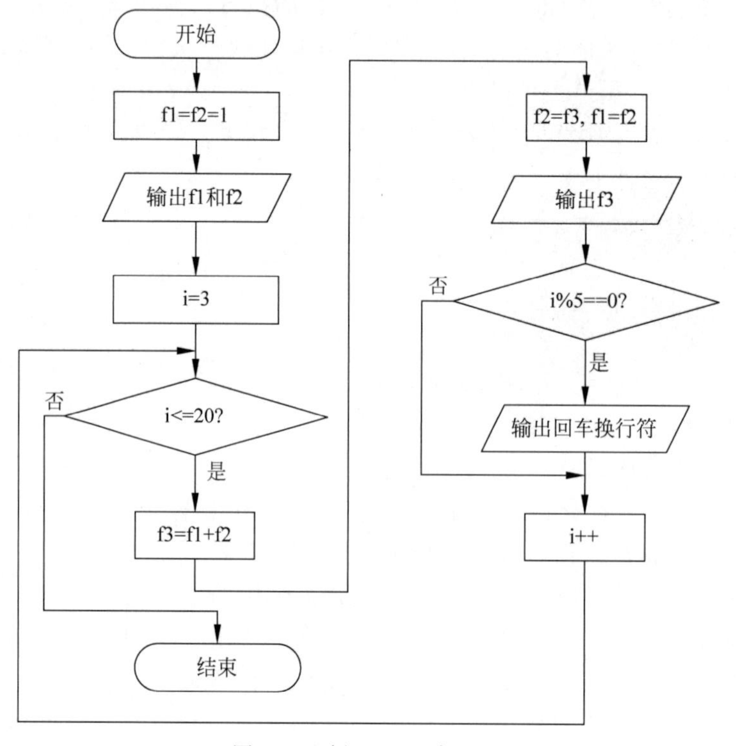

图 5-12　例 5.11 程序流程

程序如下：

```
#include <iostream>
#include <iomanip>
using namespace std;
int main()
{    int f1, f2, f3;
     int i;
     f1 = f2 = 1;
     cout << setw(10)<< f1 << setw(10)<< f2;
     for (i = 3;i <= 20;i++)
```

```
    {   f3 = f2 + f1;
        f1 = f2;
        f2 = f3;
        cout << setw(10)<< f3;
        if (i % 5 == 0) cout << endl;
    }
    return 0;
}
```

程序运行结果如下：

```
1         1         2         3         5
8         13        21        34        55
89        144       233       377       610
987       1597      2584      4181      6765
```

使用 for 循环语句实现循环时需要注意以下问题：

(1) 一般情况下，for 循环语句中，表达式 1 用作循环控制变量初始化，表达式 2 用作对循环控制变量的值进行判断，表达式 3 用作改变循环控制变量的值。例如，下列求自然数 1～10 之和的程序段中，表达式 1“i＝1”对循环控制变量赋初值为 1，表达式 2“i＜＝10”用于判断循环控制变量 i 是否不大于 10，表达式 3“i＋＋”用于每次执行循环体后对循环控制变量 i 加 1。

```
sum = 0;
for(i = 1; i <= 10; i++)
    sum += i;
```

(2) for 循环语句中，表达式 1～3 均可以为任何符合 C++语言语法规则的表达式，甚至可以为空。例如，(1)中的程序段可以写为

```
for(sum = 0, i = 1; i <= 10; i++)
    sum += i;
```

也可以写为

```
for(sum = 0, i = 1; i <= 10; sum += i, i++);
```

甚至可以写为

```
sum = 0;
i = 1;
for(; i <= 10;)
{   sum += i;
    i++;
}
```

当表达式为空时，中间起分隔作用的“;”不能省略。若表达式 2 被省略，则在循环体中必须有使循环能够结束的语句，否则会出现“死循环”。例如，上面的程序段可以写为

```
sum = 0;
i = 1;
for(;;)
{   sum += i;
    i++;
    if (i > 10) break;
}
```

(3) 尽管表达式 1～3 均可以为空,也可以为任何符合 C++语言语法规则的表达式,但为了提高程序的可读性,建议把与循环控制变量无关的操作放在语句之前或循环体中。for 循环语句的常用语法格式如下,其中“步长”为循环控制变量每次增加或减小值。

```
for(循环控制变量 = 初值;循环控制变量<= 终值;循环控制变量 += 步长)
    循环体
```

或者:

```
for(循环控制变量 = 初值;循环控制变量>= 终值;循环控制变量 -= 步长)
    循环体
```

(4) for 循环语句可以使用 while 循环语句或 do-while 循环语句来代替。例如,(1)中程序段可以写为

```
sum = 0;
i = 1;
while (i <= 10)
{   sum += i;
    i++;
}
```

或者:

```
sum = 0;
i = 1;
do
{   sum += i;
    i++;
}while(i <= 10);
```

5.2.4 循环嵌套

while 循环语句、do-while 循环语句和 for 循环语句 3 种循环语句的循环体可以是任意符合 C++语言语法规则的语句,当然也可以是循环语句,或者是包含循环语句的复合语句。如果一个循环语句的循环体中又包含完整的循环语句,则称其为循环嵌套,也被称为多重循环。

【例 5.12】 我国北魏时期数学家张丘建在《张丘建算经》一书中曾提出过著名的“百钱买百鸡”问题,该问题描述如下:鸡翁一,值钱五;鸡母一,值钱三;鸡雏三,值钱一;百钱买百鸡,问翁、母、雏各几何?编写程序,输出该问题的所有解。

问题分析:百钱最多可以买鸡翁 100/5=20 只,鸡母 100/3=33 只,而鸡的总数为 100,

因此鸡雏的数量最多也只能是 100 只。只需要对鸡翁的数量(0～20)、鸡母的数量(0～33)和鸡雏的数量(0～100)的各种组合进行判断,若一个组合中鸡的总数为 100 且总钱数也为 100,同时鸡雏的数量是 3 的倍数,则该组合即为问题的一个解。该问题可以用 for 循环语句的嵌套来实现。

程序如下:

```
#include <iostream>
#include <iomanip>
using namespace std;
int main()
{    int cock, hen, chick;
     cout << setw(10)<<"鸡翁"<< setw(10)<<"鸡母"<< setw(10)<<"鸡雏"<< endl;
     for( cock = 0; cock <=  20; cock++)
          for(hen = 0; hen <=  33; hen++)
               for( chick = 0; chick <=  100; chick++)
               {    if(cock * 5 + hen * 3 + chick/3 == 100 && chick % 3 == 0 &&
                         cock + hen + chick == 100 )
                    { cout << setw(8)<< cock << setw(11)<< hen << setw(10)<< chick << endl;
                    }
               }
     return 0;
}
```

程序运行结果如下:

```
鸡翁      鸡母      鸡雏
0         25        75
4         18        78
8         11        81
12        4         84
```

5.3　其他流程控制语句

程序设计语言是否应该支持诸如 goto 语句这样的非结构化语句的问题,在二十世纪六七十年代曾经引发激烈的争论。结构化程序设计支持者强调程序只能由顺序、选择和循环 3 种基本结构构成,且每个结构应该是“单入口单出口”,这样编写的程序可读性好;非结构化程序设计支持者则认为结构化程序设计限制了程序设计者的自由,且使用非结构化程序设计可以编写出执行效率更高的程序。作为妥协的产物,现在支持结构化程序设计的程序设计语言中大多保留了部分不符合结构化程序设计思想的语句。C++语言中,这类语句包括 break 语句、continue 语句和 goto 语句。

5.3.1　break 语句

break 语句在前面 switch 语句中已经提到过,它用于跳出 switch 语句中 break 语句之后的分支,转去执行 switch 语句后面的语句。break 语句还可以用于循环体中,用于跳出当前循环,转到循环语句后面的语句执行。break 语句的语法格式如下:

```
break;
```

【例 5.13】 输入一个大于 1 的正整数,判断其是否是素数。

问题分析:

(1) 素数是指除了 1 和该数本身之外,不能被其他任何整数整除的数。

(2) 判断一个数 x 是否为素数,可以依次用 2～x－1 作为除数,判断 x 能否被其整除。只要能被其中之一整除,则说明 x 不是素数,可以提前结束循环。

(3) 进一步,由于 x 不可能被大于 x/2 的数整除,因此可将循环次数降低,x 只需被 2～x/2 整除即可。

程序流程如图 5-13 所示。

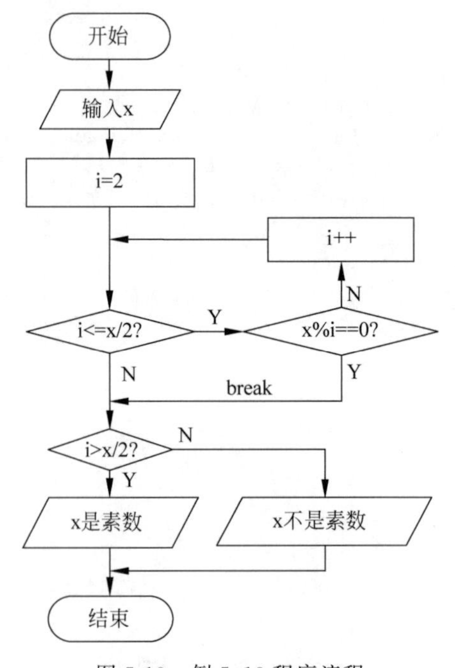

图 5-13 例 5.13 程序流程

程序如下:

```
#include <iostream>
using namespace std;
int main()
{   int x, i;
    cout <<"请输入一个大于 1 的正整数:";
    cin >> x;
    for (i = 2; i <= x/2; i++)          //i 作为除数,从 2～x/2 循环
        if(x % i == 0)                  //判断 i 是否为 x 的因子
            break;                      //如果 i 为因子, x 不是素数,则不必再判断其他因子
    if (i > x/2)                        //条件成立,从 i < x 退出循环,是素数
        cout << x <<"是素数\n";
    else                                //从 break 退出循环,不是素数
        cout << x <<"不是素数\n";
    return 0;
}
```

程序运行结果如下：

```
请输入一个大于 1 的正整数： 21↙
21 不是素数
请输入一个大于 1 的正整数： 29↙
29 是素数
```

程序中，当 x 能被 i 整除时，则表明 x 不是素数，不需要再判断其他因子，这时可用 break 语句提前结束循环，直接执行本循环后的语句。需要注意的是，在多重循环中，一个 break 语句只能结束一层循环。

5.3.2 continue 语句

continue 语句只能用在循环体中，用于跳过本层循环体中 continue 语句之后的语句，直接进行下一轮循环的判断。continue 语句的语法格式如下：

```
continue;
```

【例 5.14】 编程求整数 10～30 中 5 的倍数之和。

问题分析：需要对 10～30 中的每一个整数进行检查，如果能被 5 整除，就累加；否则，就检查下一个整数是否符合要求。

程序如下：

```
#include <iostream>
using namespace std;
int main()
{    int x, sum = 0;
     for(x = 10; x <= 30; x++)
     {    if (x % 5!= 0) continue;
          sum = sum + x;
     }
     cout <<"10～30 中 5 的倍数之和为"<< sum << endl;
     return 0;
}
```

程序运行结果如下：

```
10～30 中 5 的倍数之和为 100
```

5.3.3 *goto 语句

goto 语句是一种无条件转移语句，用于将程序执行流程转移到指定语句，而不是该语句后面的语句。goto 语句的语法格式如下：

```
goto 语句标号;
```

其中，语句标号用于标注语句地址。

带标号的语句形式如下：

```
语句标号: 语句
```

语句标号的定义与变量名的定义规则相同。

goto 语句通常与 if 语句配合使用,以实现有条件转移。

【例 5.15】 用 goto 语句和 if 语句实现求整数 10～30 中 5 的倍数之和。

```
#include<iostream>
using namespace std;
int main()
{   int x=10, sum=0;
    loop:                          //loop 为语句标号
    if (x<=30)
    {     if (x%5==0) sum=sum+x;
          x++;
          goto loop;
    }
    cout<<"10～30 中 5 的倍数之和为"<<sum<<endl;
    return 0;
}
```

程序运行结果如下:

```
10～30 中 5 的倍数之和为 100
```

5.4 程序举例

【例 5.16】 用生成伪随机数的库函数 rand()设计一个自动出题程序,输出两位正整数的四则运算表达式,并对输入的计算结果的正确性进行判断。

问题分析:C++语言提供的库函数 rand()产生的是一串固定序列的随机整数,要使每次运行产生不一样的值,就需要使用 srand()函数。srand()函数用来选择初始位置,称为初始化随机数种子。一般用当前时间初始化随机数种子,这样产生的序列更接近真正的随机数。

常用以下语句产生随机数:

```
srand(time(NULL)); //初始化种子
x=rand()%(终值-初值+1)+初值
```

(1) 用 rand()函数生成 10～99 的两位正整数。

```
rand()%90+10
```

(2) 所做运算有 4 种,可用 0～3 表示,用 switch 语句实现选择。

程序如下:

```
#include<iostream>
#include<ctime>
using namespace std;
int main()
{   int a, b, c, d, op;
    /*a、b 保存随机生成的两操作数,c 保存程序计算结果,d 保存答题者的答案,
    op 保存随机生成的运算类型 */
    srand((unsigned)time(NULL));                    //初始化随机数种子
```

```
    a = rand() % 90 + 10;
    b = rand() % 90 + 10;
    op = rand() % 4;                          //共有 4 种运算,分别用 0、1、2、3 表示
    switch(op)
    {    case 0: cout << a <<' + '<< b <<' = '; c = a + b; break;
         case 1: cout << a <<' - '<< b <<' = '; c = a - b; break;
         case 2: cout << a <<' * '<< b <<' = '; c = a * b; break;
         case 3: cout << a <<'/'<< b <<' = '; c = a/b;
    }
    cin >> d;                                 //输入计算结果
    if (d == c)
         cout <<"正确!\n";
    else
         cout <<"错误,请继续努力!\n";
    return 0;
}
```

程序运行结果如下：

```
51 * 27 = 1377 ↙
正确!
51 + 27 = 77 ↙
错误,请继续努力!
```

说明：初始化随机数种子如果写成“srand(time(NULL));”,编译系统会给出一个警告错误,原因是 VC 2010 版中,time()函数的返回值 time_t(绝对秒数)是 64 位的,而 srand()的定义是 void srand(unsigned int seed),其参数是 32 位的 unsigned int,所以会丢失数据。需要将其改成“srand((unsigned)time(NULL));”,强制转换 time_t 到 unsigned int。

【例 5.17】 自然常数 e 是数学中常用的一个常数,它是无限不循环小数,也被称为欧拉常数或纳皮尔常数。可以通过下式求得 e 的近似值：

$$e \approx 1 + \frac{1}{1!} + \frac{1}{2!} + \frac{1}{3!} + \cdots + \frac{1}{n!} + \cdots$$

编写程序求 e 的近似值,直到最后一项小于 10^{-6}。

问题分析：本题属于累加求和问题,可用循环语句解决。

(1) 当前通项值 t 是其前一项乘以 1/n。

(2) 重复的操作：将 t 加到 e 中,当计算完一项后,当前项序号 n 增 1,为下一项做准备。

程序如下：

```
# include < iostream >
using namespace std;
int main()
{    double e = 1, t = 1, n = 0;
     while(1.0/t >= 1e - 6)
     {    n = n + 1;
          t * = n;
          e = e + 1.0/t;
     }
     cout <<"e = "<< e << endl;
```

```
    return 0;
}
```


程序运行结果如下：

```
e = 2.71828
```

【例 5.18】 牛顿迭代法是在实数域和复数域上求解方程近似根的重要方法之一。它从任意一个初值开始，通过迭代求得方程的近似根。该方法的具体过程如下：对方程 $f(x)=0$，给定初值 x_1，计算 $f(x_1)$的值，过点$(x_1, f(x_1))$作曲线 $y=f(x)$的切线交 x 轴于 x_2，再计算 $f(x_2)$，过点$(x_2, f(x_2))$作曲线 $y=f(x)$的切线交 x 轴于 x_3，…，这样一直进行下去，所得到的值 x_n 将越来越接近于方程的根(图 5-14)。当相邻两次所求值的差足够小时，x_n 就可以作为方程的近似根。显然，曲线 $y=f(x)$上过点$(x_1, f(x_1))$的切线的斜率为

$$f'(x_1)=f(x_1)/(x_1-x_2)$$

由此可得

$$x_2=x_1-f(x_1)/f'(x_1)$$

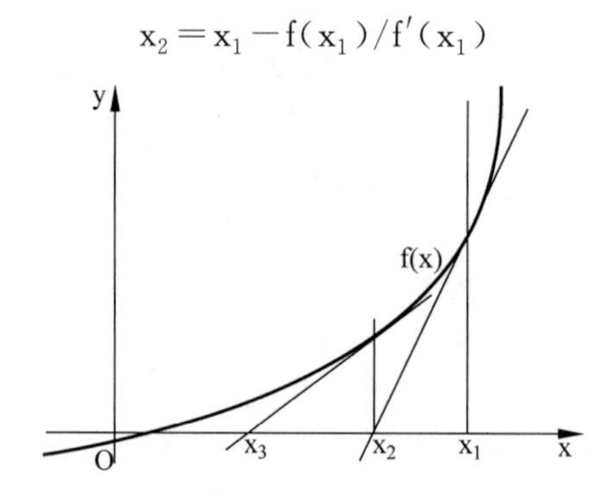

图 5-14　牛顿迭代法

以此类推，可得牛顿迭代法的迭代公式为

$$x_n=x_{n-1}-f(x_{n-1})/f'(x_{n-1})$$

编程求方程 $x^2+2x+e^x-4=0$ 在 $x=5$ 附近的近似根，要求相邻两次迭代误差小于 10^{-8}。

问题分析：这是典型的迭代算法。由给定的初值 x_1，根据公式求得 x_2，再由 x_2 根据公式可求得 x_3，…。由于都是将前一次求解出的结果作为本次迭代的初值，再根据公式求出新的值，因此仅使用两个变量即可。也就是说，将前一次计算的结果 x_2 作为本次计算的初值 x_1，再根据公式求得新的 x_2，不断重复以上过程，一直到 $|x_2-x_1|<10^{-8}$ 为止，这时 x_1 或 x_2 为此方程的近似根。其中，$f(x)$的导数为 $2x+2+e^x$，C++语言提供了数学库函数 exp(x)用来求 e^x。

程序如下：

```
#include <iostream>
#include <cmath>
using namespace std;
int main()
{   double x1, x2 = 5, fx, dx;
```

```
    do
    {   x1 = x2;
        fx = x1 * x1 + 2 * x1 + exp(x1) - 4;
        dx = 2 * x1 + 2 + exp(x1);
        x2 = x1 - fx/dx;
    }while(fabs(x2 - x1)> 1e - 8);
    cout <<"方程的近似根为"<< x2 << endl;
    return 0;
}
```

程序运行结果如下：

```
方程的近似根为 0.717662
```

【例 5.19】 传说古印度有一位名叫舍罕的国王因为一位大臣发明了国际象棋而打算重奖他，这位聪明的大臣跪在国王面前说："陛下，请您在这张棋盘的第一个小格内放一粒麦子，在第二个小格内放两粒，在第三个小格内放四粒，照这样下去，每一小格内都比前一小格增加一倍。陛下啊，把这样摆满棋盘上所有 64 格的麦粒，都赏给您的仆人吧！"国王想都没想就答应了。若每粒麦子的质量是 0.015g，编写程序计算放满整个棋盘需要多少吨麦子。

问题分析：这是一个求累加和的问题。循环次数已知，因而可以用 for 语句来实现。sum 的初值为 0，通项 t 初值为 1，后项是前项的 2 倍，则重复执行的操作(循环体)为"sum＝sum＋t; t＝t * 2;"。

程序如下：

```
#include < iostream >
using namespace std;
int main()
{   double sum = 0,t = 1;
    int i;
    for(i = 1;i < = 64; i++)
    {   sum = sum + t;                  //sum 表示总的数量
        t = t * 2;
    }
    sum * = 0.015;
    sum/ = 1e6;                         //1t 等于 1000kg
    cout <<"共重"<< sum <<"吨!"<< endl;
    return 0;
}
```

程序运行结果如下：

```
共重 2.76701e + 011 吨!
```

习　　题

一、选择题

1. if 语句后的表达式应该是________。

A. 赋值表达式

B. 关系表达式

C. 任意符合 C++语言语法规则的表达式

D. 算术表达式

2. 运行下列程序段后，x 的值为________。

```
float x = 1, y = 3, z = 5;
if (x + y > z)
      if (y < z) x = y;
      else x = z;
```

A. 1　　B. 3　　C. 4　　D. 5

3. 在嵌套使用 if 语句时，C++语言规定 else 总是________。

A. 和之前与其具有相同缩进位置的 if 配对

B. 和之前与其最近的 if 配对

C. 和之前与其最近的且未配对的 if 配对

D. 和之后的第一个 if 配对

4. 运行下列程序段时，若从键盘输入 1，则 y 的值为________。

```
int x, y = 0;
cin >> x;
switch(x)
{    case 1: y++;
     case 2: y++;
     default: y++;
}
```

A. 0　　B. 1　　C. 2　　D. 3

5. 下列程序段运行后的输出结果是________。

```
int x = 1;
switch(x + 1)
{    case 1: cout <<"One";break;
     case 2: cout <<"Two";break;
     case 3: cout <<"Three";break
     default: cout <<"Error";break;
}
```

A. One　　B. Two　　C. TwoThree　　D. TwoThreeError

6. 下列程序段运行后的输出结果是________。

```
int x = 15;
if (x % 2 == 0) cout << x/2;
else cout << x/2 + 1;
```

A. 7　　B. 7.5　　C. 8　　D. 8.5

7. 下列 while 循环的执行次数为________。

```
int k = 2;
while (k = 1) k -- ;
```

A. 0　　B. 1　　C. 2　　D. 无限

8. 下列 while 循环的执行次数为________。

```
int k = 2;
while (k == 1) k -- ;
```

A. 0　　B. 1　　C. 2　　D. 无限

9. 语句“while(e);”中的条件 e 等价于________。

A. e==0　　B. e!=1　　C. e==1　　D. e!=0

10. 下列程序段运行后的输出结果是________。

```
int n = 9;
while (n > 6) cout << -- n;
```

A. 987　　B. 876　　C. 8765　　D. 9876

11. 下列有关 break 语句和 continue 语句的叙述正确的是________。

A. 前者用于循环语句，后者用于 switch 语句

B. 前者用于循环语句或 switch 语句，后者用于循环语句

C. 前者用于 switch 语句，后者用于循环语句

D. 前者用于循环语句，后者用于循环语句或 switch 语句

12. 下列程序段运行后的输出结果是________。

```
int a = - 1, b = 0;
while(a++) ++b;
cout << a <<'\t'<< b << endl;
```

A. 0 1　　B. 1 1　　C. 1 2　　D. 2 3

13. 下列程序段运行后的输出结果是________。

```
x = 3;
do{    y = x -- ;
       if(!y)
       {    cout <<'x';
            continue;
       }
       cout <<'#';
}while(x >= 1 && x <= 2);
```

A. 将输出##　　B. 是死循环

C. 将输出###　　D. 含有不合法的控制表达式

二、填空题

1. 下列程序片段的运行结果是________。

```
for(int i = 0; i < 5; i++)
    if (i % 2) cout << i <<" ";
```

2. 下列程序的运行结果是________。

```
#include< iostream >
using namespace std;
int main()
{    int n = 351, s = 0;
     do{   s += n % 10;
           n/ = 10;
       }while(n);
     cout << s << endl;
     return 0;
}
```

3. 下列程序片段的运行结果是________。

```
int a, b;
for(a = 0, b = 0; a <= 5; a++)
{    if (b >= 8) break;
     if (a % 2 == 1) { b += 7; continue; }
     b -= 3;
}
cout << a <<','<< b << endl;
```

4. 下列程序的运行结果是________。

```
#include< iostream >
using namespace std;
int main(){
for(int i = - 1;i < 4;i++)
  cout <<(i?'0':'*');
return 0;
}
```

5. 下列程序片段的运行结果是________。

```
int i = 0,j = 0,k = 6;
if (++i > 0 || ++j > 0) k++;
cout << i <<','<< j <<','<< k << endl;
```

三、编程题

1. 编写程序,根据下列公式,由键盘输入 x 的值,计算 y 的值。x、y 均为 double 类型。

$$y=\begin{cases} x-1, & -5\leqslant x\leqslant 5 \\ x+1, & 5<x\leqslant 10 \\ 15.6, & 其他 \end{cases}$$

2. 编写程序,求出所有的水仙花数。如果一个 3 位数每个位上的数字的 3 次幂之和等于它本身,则称该数为水仙花数。例如,$153=1^3+5^3+3^3$,所以 153 是水仙花数。

3. 编写程序,输出 100～200 所有的素数,每行输出 5 个。

4. 用迭代法求 $x=\sqrt{a}$ 的近似值,设迭代初值为 a/2。要求相邻两次求出的 x 的差的绝对值小于 10^{-5}。迭代公式如下:

$$x_{n+1}=\frac{1}{2}\left(x_n+\frac{a}{x_n}\right)$$

5. 编程求一元二次方程 $ax^2+bx+c=0$ 的实数解，系数 a、b、c 从键盘输入。

6. 征税的办法如下：收入在 800 元以下（含 800 元）的不征税；收入在 800 元以上、1200 元以下者，超过 800 元的部分按 5%的税率收税；收入在 1200 元以上、2000 元以下者，超过 1200 元部分按 8%的税率收税；收入在 2000 元以上者，2000 元以上部分按 20%的税率收税。编写按收入计算税费的程序。

7. 编写程序，输出从公元 1800 年～公元 2000 年中所有闰年的年份，一行输出 8 个。判断公元年份是否为闰年的条件如下：①年份如能被 4 整除，而不能被 100 整除，则为闰年；②年份能被 400 整除也是闰年。

8. 编写程序，输入一行字符，分别统计数字字符、字母字符和其他字符的个数。

第6章 函　　数

结构化程序设计的基本原则是自顶向下，逐步细化和模块化。程序设计时，应先考虑总体，后考虑细节；先考虑全局目标，后考虑局部目标。对复杂问题，应先设计一些子目标作为过渡，然后逐步细化，最后分解为具体的小目标，把每一个小目标以一个模块来实现。软件工程理论指出，模块划分时应遵循“高内聚、低耦合”的原则，即模块内部各部分之间的联系应尽可能紧密，而模块之间的联系应尽可能松散。因此，在模块划分时，每个模块的功能应该单一化，模块之间除了通过接口传递参数外，尽量不通过其他方式进行参数传递。模块在C++语言中被定义为函数，通常将相对独立、经常使用的功能抽象为函数。C++语言中的函数可以分为标准函数和用户自定义函数两类，标准函数即库函数，是由系统提供的，用户可以根据需要直接使用这类函数，如sqrt()函数。当用户使用任一库函数时，在程序中必须包含相应的头文件，如#include<cmath>。在实际应用中，用户为了解决特定问题，有时需要自己定义函数，本章即主要介绍用户自定义函数。

6.1 函数的定义

一个函数必须先定义后使用。函数定义的语法格式如下：

```
[<返回值类型>] <函数名> ([<形式参数列表>])                //函数头
{
    [<语句序列>]                                          //函数体
}
```

例如：

```
int max(int a, int b, int c)
{    int t;
     if (a > b) t = a;
     else t = b;
     if (t < c) t = c;
     return t;
}
```

这是一个求3个整数中最大值的函数，其中函数返回值类型为int，函数名为max，“int a,int b,int c”为形式参数（简称形参）及类型说明表，“{}”括起来的部分为函数体。

函数定义时，需要注意以下问题：

(1) 函数返回值类型可以是任一已定义的数据类型。若函数有返回值，则在函数定义时给出返回值类型；如果没有返回值，则可以定义为void类型。

(2) 函数名的命名规则与变量名等标识符的命名规则相同。

(3) 形参列表中，每个形参的定义为“类型 形参名”。若有多个形参，即使它们类型相同也要分别说明，且各个形参之间必须用逗号分隔。如果函数没有形参，则形参及类型说明表为空，但圆括号不能省略。没有形参的函数称为无参函数，与此相对应的函数称为有参函数。

(4) 函数体是函数功能的实现部分。函数体可以为空，但花括号“{}”不可以省略。如下的函数定义是合法的：

```
void dummy() {      }
```

(5) 函数体中允许有多个 return 语句，但每次调用只能有一个 return 语句被执行，因此只能返回一个函数值。return 语句的语法格式如下：

```
return (表达式);
```

或

```
return 表达式;
```

(6) 一个完整的 C++语言程序可以由多个函数构成，这些函数是相互独立的，不存在从属关系，它们之间可以相互调用，但不能在一个函数内部再定义另一个函数，即 C++语言不支持函数的嵌套定义。

(7) C++语言程序在执行时总是从 main()函数开始，并在 main()函数中结束整个程序的运行。因此，一个完整的 C++语言程序中只能有一个 main()函数，其他函数都被 main()函数直接或间接调用。其他函数不能调用 main()函数，main()函数由系统调用。

6.2 函数的调用

除主函数外，其他函数的功能都是通过主函数直接或间接调用来完成的。函数调用的语法格式如下：

函数名(实在参数列表)

其中，实在参数(简称实参)列表是调用函数时所提供的实际参数值，各个值之间以“，”分隔。实参值可以是常量、变量或复杂的表达式，不管是哪种情况，在调用时实参必须是一个确定的值。实参的个数、顺序应与形参一致。实参的类型与形参一致或兼容，如果调用的是无参函数，则实参列表为空，但括号不能省，如“printstar()；”。

【例 6.1】 哥德巴赫猜想描述如下：任一大于 2 的偶数都可表示成两个素数之和。编写程序，验证哥德巴赫猜想是正确的，即输入一偶数，把它表示成两个素数之和并输出。

问题分析：

(1) 可以定义一个函数 IsPrime()用来验证一个数是否为素数。

(2) 主函数中，对任一给定的偶数 n，从 i(i≥2)开始，如果 i 和(n−i)都是素数，则输出 i 和(n−i)，直到 i=n/2。

程序如下：

```
#include <iostream>
using namespace std;
int IsPrime(int x)
{   int i;
    for(i = 2; i <= x/2; i++)
        if(x % i == 0) return 0;
    return 1;
}
int main()
{   int n, i;
    cout <<"请输入一个大于 2 的偶数:";
    cin >> n;
    for(i = 2;i <= n/2;i++)
        if(IsPrime(i)&&IsPrime(n - i))
        {   cout << n <<" = "<< i <<" + "<< n - i << endl;
            break;
        }
    return 0;
}
```

程序运行结果如下：

```
输入一个大于 2 的偶数: 234↙
234 = 5 + 229
```

函数调用时需要注意以下问题：

(1) 有返回值的函数调用通常出现在表达式中，或者作为函数的参数；无返回值的函数调用通常作为一条单独的语句。

(2) C++语言要求函数先定义后调用，如果函数定义出现在调用之后，则必须在被调用位置前进行函数原型声明。函数原型声明语法格式如下：

```
[<返回值类型>] <函数名> ([<形式参数列表>]);
```

函数原型声明其实就是函数的头部（函数定义的第一行）并在行尾加上语句结束符“;”。由于函数原型声明只是为了让编译系统可以对函数调用的合法性进行检查，因此函数原型声明时可以缺省形参变量名。

对于例 6.1 中定义的 IsPrime()函数，下列两种函数原型声明都是合法的：

```
int IsPrime(int x);
int IsPrime(int );
```

(3) C++语言函数调用时，将把实参的值传递给形参，即传值方式，形参值的改变对实参没有影响。例如：

```
#include <iostream>
using namespace std;
void Swap(int x, int y);
int main()
{   int a, b;
    a = 3; b = 5;
```

```
    cout <<"a = "<< a <<",b = "<< b << endl;
    Swap(a, b);
    cout <<"a = "<< a <<",b = "<< b << endl;
    return 0;
}
void Swap(int x, int y)
{   int t;
    cout <<"x = "<< x <<",y = "<< y << endl;
    t = x;
    x = y;
    y = t;
    cout <<"x = "<< x <<",y = "<< y << endl;
}
```

程序执行过程中，形参 x、y 与实参 a、b 对应不同的内存单元，因此形参 x、y 值的改变对实参 a、b 没有影响，其变量变化分析如图 6-1 所示。

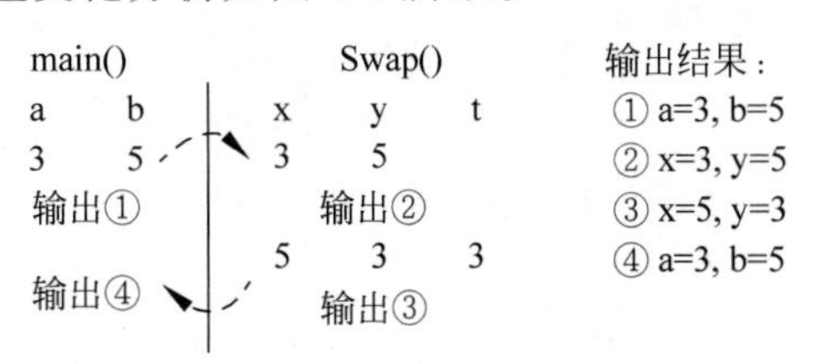

图 6-1　变量变化分析

图 6-1 中，实心朝右的箭头表示调用，实心朝左的箭头表示函数调用返回。

(4) 实参到形参值的传递遵循变量赋值的规则，即相当于把实参的值赋给形参。因此，当实参与形参类型不同但兼容时，系统会把实参转换成与形参相同类型后再传递给形参，否则报错。例如，在(3)中的程序中，若 a 与 b 为 float 类型，则执行函数调用时将会把 a 与 b 的值转换成 int 类型后传递给 x 与 y。

【例 6.2】 定义一个判断水仙花数的函数，在主函数输出所有的水仙花数。

水仙花数是指一个 3 位数，其各位数字立方和等于它本身。例如，$153=1^3+5^3+3^3$，所以 153 是水仙花数。

问题分析：定义一个函数 sx()，用来判断一个数是否是水仙花数。根据定义，需要求出它的各位数字，可以用求余和整除来实现。对于一个 3 位数 m，可求出它的个位数为 m%10，十位数为 m/10%10，百位数为 m/100。在主函数中要输出所有的水仙花数，需要判断所有的 3 位数是否是水仙花数，因而循环次数确定，可以用 for 语句实现。

程序如下：

```
#include < iostream >
using namespace std;
int sx(int m)
{   int i, j, k;
    i = m/100;                  //分离整数 m 的百位
    j = m/10 % 10;              //分离整数 m 的十位
    k = m % 10;                 //分离整数 m 的个位
    if (m == i * i * i + j * j * j + k * k * k)
        return 1;
```

```
    else
        return 0;
}
int main()
{   int m;
    for(m = 100; m < 1000; m++)
        if (sx(m))  cout << m <<'\t';
    cout << endl;
    return 0;
}
```

程序运行结果如下：

```
153    370    371    407
```

6.2.1 函数的嵌套调用

在C++语言中，函数定义是互相平行、独立的，不允许在一个函数的定义中再定义另一个函数，即不允许函数的嵌套定义。但C++语言允许在一个函数的定义中调用另一个函数，即允许函数的嵌套调用。

【例6.3】 编程计算s=1!+2!+…+n!，n的值从键盘输入，输出s的值。

问题分析：这是一个求累加和的问题。每个通项是求阶乘问题，可以定义一个fac()函数，用来求1～n的累积；再定义一个sum()函数，通过多次调用fac()函数，求各个累积之和。在主函数中输入数据，调用sum()函数和输出结果。

程序如下：

```
#include < iostream >
using namespace std;
int fac(int n)                                          //求n!
{   int i,f = 1;
    for (i = 1;i < = n;i++)
        f = f * i;
    return f;
}
int sum(int n)                                          //调用fac()函数,求和
{   int i,s = 0;
    for(i = 1;i < = n;i++)
        s = s + fac(i);
    return s;
}
int main()
{   int n;
    cout <<"请输入一个整数:";
    cin >> n;
    cout <<"1! + 2! + … + "<< n <<"!= "<< sum(n)<< endl;    //调用sum()函数
    return 0;
}
```

程序运行结果如下：

```
请输入一个整数: 5↙
1! + 2! + … + 5!= 153
```

例 6.3 中，main()函数、sum()函数和 fac()函数的定义是平行的。在主函数中调用了 sum()函数，在 sum()函数中调用了 fac()函数。图 6-2 说明了函数的嵌套调用过程。

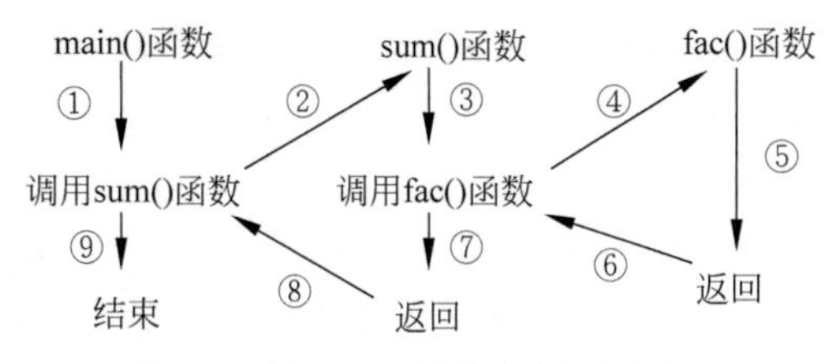

图 6-2　例 6.3 函数的嵌套调用过程

6.2.2　函数的递归调用

在使用计算机解决问题时，通常将一个难以直接解决的大规模问题分解成若干个规模较小的问题，分而治之，通过解决所有小规模问题来实现大规模问题的解决，这就是分治策略。如果分解所得的小规模问题的解决方法与原问题相同，只是规模变小，这样就可以不断进行分解，直到问题可以直接解决，这就是递归。递归是计算机学科中解决问题的一种重要方法，直接或间接调用自身的算法称为递归算法。函数定义过程中直接或间接调用自身的函数即为递归函数，递归算法描述和函数定义简洁且易于理解。C++语言中，函数递归调用分为直接递归和间接递归两类。如果在函数中直接调用自身，则称为直接递归；如果函数通过调用其他函数调用自身，则称为间接递归。

【例 6.4】　一个非负整数的阶乘可以定义为

$$n! = \begin{cases} 1, & n=0,1 \\ n(n-1)!, & n>1 \end{cases}$$

通过编写一个递归函数实现对输入的非负整数求阶乘。

问题分析：要求 n!，可以转换为求(n−1)!，而求(n−1)! 的方法与求 n! 的方法一样，只是规模变小了，因此该题可以用递归方法来实现。定义一个函数，用来求 n!，递归调用自身，一直到 n 的值为 0 或 1。

程序如下：

```
#include <iostream>
using namespace std;
int fac(int n);
int main()
{    int n;
     do
     {    cout <<"请输入一个非负整数:";
          cin >> n;
     }while(n < 0);
     cout << n <<"!= "<< fac(n)<< endl;
     return 0;
}
int fac(int n)
```

```
{    int f;
     if(n<=1) f=1;
     else f=n*fac(n-1);
     return f;
}
```

递归函数的执行过程分为递推和回归两个阶段，递推阶段是对函数的反复调用。例如，以求 5！为例，主函数调用 fac(5)，在执行 fac(5)中又调用 fac(4)，以此类推，一直到调用函数 fac(1)时，递推结束。回归阶段是函数的某次调用已经达到出口并回到上一次调用的过程，调用 fac(1)得到返回值为 1，返回被调用处，得到 2 作为 fac(2)的值，依次回归，得到 120 作为 fac(5)的返回值。对以上求阶乘的递归函数，fac(5)的递归调用过程如图 6-3 所示。

		递推过程			回归过程	
层次	参数	调用形式	需计算的表达式	需要等待的结果	返回结果	表达式的值
1	n=5	fac(5)	fac(4)*5	fac(4)	24	120
2	n=4	fac(4)	fac(3)*4	fac(3)	6	24
3	n=3	fac(3)	fac(2)*3	fac(2)	2	6
4	n=2	fac(2)	fac(1)*2	fac(1)	1	2
5	n=1	fac(1)	1	无	无	1

图 6-3　fac(5)的递归调用过程

运行例 6.4，从键盘输入 5↙，其变量变化分析如图 6-4 所示。

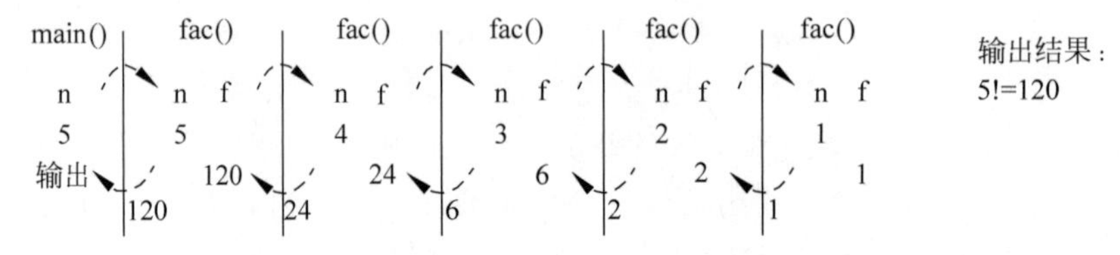

图 6-4　例 6.4 的变量变化分析

图 6-4 中，朝左箭头上标注的数值是下层调用带回的返回值。

通过函数的递归调用解决问题，必须符合以下条件：

(1) 要解决的问题必须可以转换为一个新问题，而该新问题的解决方法与原问题的解决方法相同，只是新问题的规模比原问题小，并且规模减小的幅度是有规律的。

(2) 必须要有一个明确的结束递归的条件如例 6.4 fac()函数中的“n＜＝1”。

【例 6.5】 汉诺塔问题。有 3 根柱子 A、B、C，设 A 柱上有 n 个盘子，盘子的大小不等，大的盘子在下，小的盘子在上，如图 6-5 所示。要求将 A 柱上的 n 个盘子移到 C 柱上，每次只能移一个盘子。在移动过程中，可以借助任一根柱子，但必须保证 3 根柱子上的盘子都是大的盘子在下，小的盘子在上。要求编写程序，输出移动盘子的步骤。

问题分析：若用常规方法解决该问题，会发现太复杂。但用递归方法，就可将移动 n 个盘子的问题简化为移动 n－1 个盘子的问题，即将 n 个盘子从 A 柱移到 C 柱可分解为如下 3 个步骤：

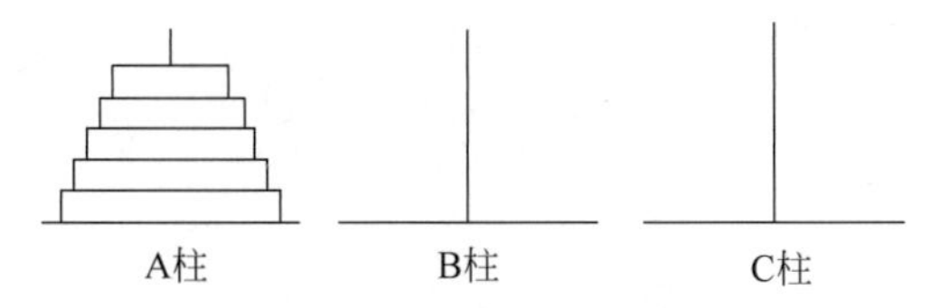

图 6-5　汉诺塔问题

(1) 将 A 柱上的 n－1 个盘子借助 C 柱移到 B 柱上；

(2) 将 A 柱上的最后一个盘子移到 C 柱上；

(3) 再将 B 柱上的 n－1 个盘子借助 A 柱移到 C 柱上。

这种分解可一直递推下去，直到变成移动一个盘子，递推结束。其实以上 3 个步骤只包含两种操作：

(1) 将多个盘子从一根柱子移到另一根柱子上，是一个递归函数。用 hanoi(int n,char A,char B,char C)函数把 A 柱上的 n 个盘子借助 B 柱移到 C 柱。

(2) 将一个盘子从一根柱子移到另一根柱子。用函数 move(char x,char y)实现将 1 个盘子从 x 柱移到 y 柱，并输出移动盘子的提示信息。

程序如下：

```
#include <iostream>
using namespace std;
void move(char,char);
void hanoi(int,char,char,char);
int main()
{   int n;
    cout <<"Enter the number of diskes:";
    cin >> n;
    hanoi(n,'A','B','C');
    return 0;
}
void move(char x,char y)                    //将 1 个盘子从 x 柱移到 y 柱
{   cout << x <<"→"<< y << endl; }
void hanoi(int n,char A,char B,char C)      //把 A 柱上的 n 个盘子借助 B 柱移到 C 柱
{   if(n == 1) move(A,C);
    else
    {   hanoi(n-1,A,C,B);                   //将 A 柱上的 n-1 个盘子借助 C 柱移到 B 柱
        move(A,C);                          //将 A 柱上的最后一个盘子移到 C 柱
        hanoi(n-1,B,A,C);                   //再将 B 柱上的 n-1 盘子借助 A 柱移到 C 柱
    }
}
```

程序运行结果如下：

```
Enter the number of diskes: 3↙
A→C
A→B
C→B
A→C
B→A
```

```
B→C
A→C
```


6.3 引用作为函数参数

6.3.1 引用的定义

引用是 C++语言中一种特殊类型的变量，其本质是给一个已定义的变量起一个别名。系统不为引用变量分配内存空间，而是规定引用变量和与其相关联的变量使用同一个内存空间。因此，通过引用变量名和通过与其相关联的变量名访问变量的效果相同。

引用变量的语法格式如下：

类型标识符 & 引用变量名 = 变量名;

例如：

```
int n = 5;
int &r = n;
```

这里定义了一个类型为 int 的引用变量 r，它是变量 n 的别名，并称 n 为 r 引用的变量或关联的变量。r 和 n 对应相同的内存单元，通过 r 或 n 访问内存单元具有相同的效果。例如：

```
#include <iostream>
using namespace std;
int main()
{    int n = 5;
     int &r = n;
     cout <<"n 的地址为"<< &n <<",r 的地址为"<< &r << endl;             //A
     cout <<"n 的值为"<< n <<",r 的值为"<< r << endl;                   //B
     n = 10;
     cout <<"n 的值为"<< n <<",r 的值为"<< r << endl;                   //C
     return 0;
}
```

程序运行结果如下：

```
n 的地址为 0019FF2C,r 的地址为 0019FF2C
n 的值为 5,r 的值为 5
n 的值为 10,r 的值为 10
```

其中，A 行中的“&n”和“&r”表示取变量 n 和 r 的地址。从输出结果可以看出，它们具有相同的地址，即对应同一个内存单元。从 B 行和 C 行的输出结果可以看出，使用 n 和 r 对相应单元进行访问具有相同的效果。

使用引用变量时，需要注意以下问题：

(1) 引用在定义时要初始化，以建立引用与变量之间的联系，因为引用本质上是一个内存单元的别名。下列引用的定义是非法的：

```
int &r;
```

如果没有定义变量 n，则下列引用的定义也是非法的：

```
int &r = n;
```

（2）不能使用常数初始化引用。引用不会被分配存储单元，常数编译后是指令的一部分，也不会被分配内存空间。下列引用的定义是非法的：

```
int &r = 5;
```

（3）一个变量可以定义多个别名，也可以定义引用的引用。但引用一旦被初始化，则该引用不能再作为其他变量的别名。例如，有如下定义：

```
int n = 5, t = 6;
int &ra = n;
int &rb = n;
int &rc = ra;
ra = t;
```

示例中 ra、rb 为变量 n 的引用；rc 为 ra 的引用，即引用的引用；语句"ra＝t;"是将 t 的值赋给 n，即 n＝6，而不是将 ra 作为 t 的引用。

（4）如果在定义引用时使用 const，则禁止通过引用修改它所引用的变量的值，但可以通过变量自身改变。例如，按下列方式定义引用 r：

```
int n = 5;
const int &r = n;
```

则语句"r＝10;"是非法的，但语句"n＝10;"是合法的。

6.3.2　引用作为函数形参

C++语言中函数调用时，实参与形参之间的传递方式是"传值"，即把实参的值赋给形参。因此，函数中形参值的改变对实参没有影响，函数通过 return 语句只能返回一个数值。C++语言引入引用后，可以把形参定义为引用，这样，函数调用时，形参就是与其对应的实参的引用，函数中对形参的操作就是对实参的操作，从而通过函数可以对实参进行修改。这相当于函数可以返回多个值，这也是 C++语言引入引用的主要目的。

【例 6.6】　编写一个函数，将 3 个整数按从大到小的顺序排序，并在主函数中调用该函数。

程序如下：

```
#include <iostream>
using namespace std;
void sort(int& a, int& b, int &c)
{   int t;
    if(a < b)
    {   t = a; a = b; b = t; }
    if(a < c)
```

```
    {   t=a; a=c; c=t; }
    if(b<c)
    {   t=b; b=c; c=t; }
}
int main()
{   int x, y, z;
    cout<<"请输入三个整数:";
    cin>>x>>y>>z;
    cout<<"排序前:"<<x<<" "<<y<<" "<<z<<endl;
    sort(x, y, z);
    cout<<"排序后:"<<x<<" "<<y<<" "<<z<<endl;
    return 0;
}
```

从键盘输入 5 10 15↙,其变量变化分析如图 6-6 所示。

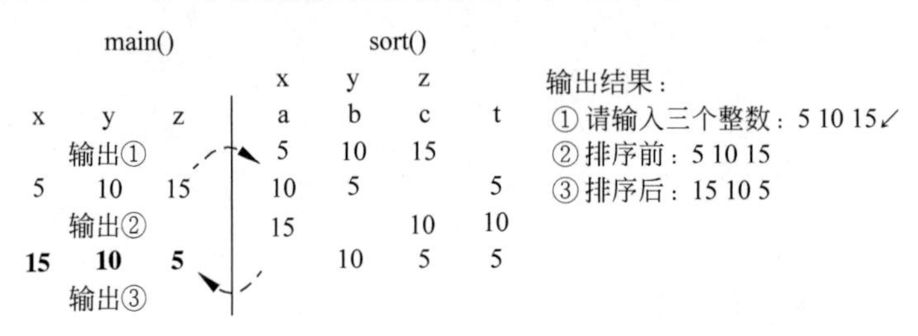

图 6-6　例 6.6 的变量变化分析

图 6-6 中,当形参为引用时,在形参的上方写上对应的实参名,当被调用函数运行结束返回时,及时在主调函数中修改对应实参的值。

当变量的引用作为形参时,函数调用结束后,相应变量的值发生改变。

当形参为引用时,需要注意以下问题:

(1) 实参不能为表达式,也不能为常数。例如,以上程序中的 sort()函数,形如"sort(x+2,y+3,z);"和"sort(2,3,5);"的调用都是不合法的。

(2) 实参必须与形参的类型相同,若 a、b 与 c 为 float 类型,则形如"sort(a,b,c);"的调用是不合法的。

(3) 实参可以为与形参类型相同的引用。例如,以上程序中的 sort()函数,下列调用是合法的:

```
int x, y, z;
int &rx=x;
sort(rx, y, z);
```

6.4　内联函数

模块化是结构化程序设计的基本原则,C++语言中,把具有独立功能的程序段定义成函数有助于提高程序的可读性。函数调用时,执行流程从调用函数转到被调用函数;调用结束,再返回被调用处。为了使函数调用过程能够正确完成,需要进行处理器现场的保护与恢复等,这增加了程序执行过程的内存访问次数和内存空间的占有量,降低了程序的执行效率和系统资源的利用率。

C++语言引入了内联函数，用于提高程序执行时函数调用的效率。当一个函数被定义为内联函数后，编译系统会把函数体直接嵌入调用处，这样程序执行时就不需要进行函数之间的流程转移，也就无需进行处理器现场的保护与恢复。内联函数也称为内置函数，内联函数定义时，只要在函数头最前面增加一个关键字 inline 即可。内联函数定义的语法格式如下：

```
inline [函数类型标识符] 函数名([形式参数及类型说明表])
{函数体}
```

【例 6.7】 求两个数的较大值。

```
#include <iostream>
using namespace std;
inline int max(int a, int b);
int main()
{    int x, y;
     cout <<"请输入两个数:";
     cin >> x >> y;
     cout <<"大数为:"<< max(x, y)<< endl;
     return 0;
}
inline int max(int a, int b)
{    return a > b?a:b; }
```

程序运行结果如下：

```
请输入两个数: 17  10 ↙
大数为:17
```

程序中 max()函数被定义为内联函数，因此编译程序在处理时，遇到 max(x,y)就会用 max()函数的代码“a＞b?a：b”替换 max(x，y)，并用实参替换形参。编译系统处理后，main()函数中的“cout << max(x,y)<< endl;”就变成了“cout << x＞y? x：y << endl;”。因此，程序执行时没有 main()函数和 max()函数之间的流程转移，也就不需要再进行处理器现场的保护与恢复，从而提高了程序的执行效率和系统资源的利用率。

使用内联函数时，需要注意以下问题：

(1) 大多数 C++语言编译系统允许把任何函数写成内联函数。由于在编译时对内联函数是按代码替换来处理的，若函数过程复杂、代码量较大，代码替换会导致调用函数代码量增加较多，这时即使被定义为内联函数，编译系统也会把它当成一般函数进行处理。因此，提倡把函数功能简单、代码量较小且使用频繁的函数定义为内联函数。

(2) 内联函数若被处于不同源文件中的程序调用，则需要把内联函数的完整定义放到头文件中，而不能仅给出内联函数的原型声明。对内联函数进行任何修改，都需要重新编译调用该内联函数的函数。

6.5 带默认形参值的函数

C++语言允许函数形参带有默认值，调用时，与带有默认值的形参相对应的位置可以给出实参，也可以不给出实参。若不给出实参，则直接以默认值作为实参，否则将实参值传递给形参。

【例 6.8】 带默认值的形参。

```
#include <iostream>
using namespace std;
void example(int a = 5, int b = 10);
int main()
{    int x, y;
     x = 8;
     y = 12;
     example(x, y);                     //相当于调用 example(8,12)
     example(x);                        //相当于调用 example(8,10)
     example();                         //相当于调用 example(5,10)
     return 0;
}
void example(int a, int b)
{    cout <<"a = "<< a <<" b = "<< b << endl;
}
```

程序中 example()函数的两个参数都带有默认值，当调用形式为 example(x,y)时，则将实参 x 和 y 的值传递给形参 a 和 b；当调用形式为 example(x)时，则将实参 x 的值传递给形参 a，而形参 b 使用默认值 10；当调用形式为 example()时，则形参 a 和 b 分别使用默认值 5 和 10。因此，程序运行结果如下：

```
a = 8   b = 12
a = 8   b = 10
a = 5   b = 10
```

使用带默认形参值的函数时，需要注意以下问题：

(1) 若函数具有多个形参，则默认形参值必须自右向左连续地定义，并且在一个默认形参值的右边不能有未指定默认值的参数。这是由 C++语言在函数调用时参数是自右向左入栈这一约定决定的。下面的函数定义都是错误的：

```
void f(int a = 5, int b, int c = 10)
void f(int a = 5, int b = 10, int c)
void f(int a, int b = 10, int c)
```

(2) 若函数有原型声明，则默认值应该出现在函数原型声明部分，而不能出现在函数定义部分。对于例 6.8 中的 example()函数，下面两种情况都是不合法的。

① 原型声明：

```
void example(int a = 5,int b = 10);
```

函数定义：

```
void example(int a = 5,int b = 10)
```

② 原型声明：

```
void example(int a, int b);
```

函数定义：

```
void example(int a = 5, int b = 10)
```

(3) 形参默认值可以是表达式，也可以包含函数调用，并且在函数原型给出形参默认值时，形参名可以省略。对于例 6.8 中的 example()函数，下列原型声明是合法的：

```
void example(int  = 5 + 2, int b = max(8,15));
```

6.6 函数重载

C++语言允许多个函数具有相同的函数名，编译系统会根据实参与形参的对应关系来确定当前调用的是哪一个函数，这就是函数重载。函数重载可以对多个完成类似功能的函数统一命名，方便使用，便于记忆。

定义的重载函数必须具有不同的参数个数，或不同的参数类型，仅返回值不同时，不能定义为重载函数。

【例 6.9】 函数重载示例。

```
#include <iostream>
using namespace std;
void overload(int a) { cout << "overload_int" << endl; }
void overload(int a, int b) { cout << "overload_int&int" << endl; }
float overload(float a)
{    cout << "overload_float" << endl;
     return 0;
}
void overload(float a, int b)
{    cout << "overload_float&int" << endl;
}
float overload(int a, float b)
{    cout << "overload_int&float" << endl;
     return 0;
}
int main()
{    int a = 3, b = 4;
     float c = 6.0;
     overload(a);                //调用 overload(int a);
     overload(a, b);             //调用 overload(int a, int b);
     overload(c);                //调用 overload(float a);
     overload(c, 7);             //调用 overload(float a, int b);
     overload(9, c);             //调用 overload(int a, float b);
     return 0;
}
```

程序编译时，如遇到 overload()函数调用，编译系统会根据实参与形参的个数和类型的对应关系选择调用的函数。每个函数调用对应的函数见程序中的注释，程序运行结果如下：

```
overload_int
overload_int&int
```

```
overload_float
overload_float&int
overload_int&float
```

函数重载时需要注意：

(1) 函数定义时，只要函数形参个数或类型不一致都可以实现函数重载，但是在调用时不能出现二义性。

例如，例6.9的函数重载，如果有函数调用“overload(6.0,7);”，则系统编译时会出现错误。其原因在于，实参6.0在C++语言中是double类型，而所有函数形参均没有double类型。这样，就需要对实参进行类型转换，double类型既可以转换为float类型，也可以转换为int类型，存在二义性。

尤其在带默认形参值的函数重载时，特别需要注意调用二义性的问题。例如，对下面两个函数原型，若使用函数调用“overload(2,3);”，则不会有任何问题；但若使用函数调用“overload(2);”，则编译程序会报告错误：

```
void overload(int a);
void overload(int a, int b = 5);
```

(2) 函数返回值类型不同，不能实现函数重载。对下面的函数重载，编译系统会报告错误：

```
void overload(int a);
int overload(int a);
```

(3) 函数重载只是语法上的，编译系统在处理程序时，实际上会为每个函数赋予不同的内部名称，函数调用也被处理成对不同函数的调用。因此，函数重载中的“同名”只是用户看到的“同名”。

6.7 作用域和存储类型

C++语言中，变量有两个重要的性质，即作用域和生命周期，它们分别从空间和时间两个维度来描述一个变量。作用域是一个变量可以被访问的程序范围，而生命周期是变量占用内存的时间段。

6.7.1 作用域

根据变量能被访问的范围来分，变量可以分为局部变量和全局变量两类。

1. 局部变量

在一个函数或者复合语句内部定义的变量，它的作用域仅限于函数或复合语句内，这样的变量称为局部变量。在前面所有程序中使用的变量均是在函数内部定义的，都是局部变量。函数的形参也是在函数内定义的，因此也属于局部变量。例如：

```
int f1(int a)                    //f1()函数
{    …
```

```
    int b;
    …
}
int f2(int x)                           //f2()函数
{   …
    int b, y = 0;
    for(int i = 0;i < 10;i++) {… }
    …
}
int main()
{   int b, m;
    {
        int n;
        …
    }
    …
}
```

程序中定义的变量的作用域如下：

(1) f1()函数中，形参 a 的作用域为整个函数，变量 b 的作用域为从定义开始到函数结束。

(2) f2()函数中，形参 x 的作用域为整个函数，变量 y 的作用域为从定义开始到函数结束，变量 i 的作用域到 for 语句结束。

(3) main()函数中，变量 m 的作用域为从定义开始到 main()函数结束，复合语句中定义的变量 n 的作用域为从定义开始到其所在的复合语句结束。

对于局部变量，需要注意以下问题：

(1) main()函数是整个程序的入口，除了不能被其他函数调用外，在程序中并无其他特殊地位。因此，main()函数中的变量在其他函数中无法访问，main()函数也不能访问其他函数中定义的变量。例如，以上程序中，main()函数中定义的局部变量 m 在函数 f1()和 f2()中均无法访问，main()函数中也不能访问 f1()函数中的变量 b 和 f2()函数中的变量 y。

(2) 因为函数中定义的变量属于局部变量，所以不同函数中可以使用相同的变量名。例如，以上程序中，函数 f1()、f2()和 main()中均有局部变量 b，它们互不干扰。

(3) 可以在一个函数内的复合语句中定义变量，这些变量仅在定义出现的复合语句中有效，复合语句外无法访问。

(4) 形参也是局部变量。例如，以上程序中，f1()函数中的形参 a 也只在 f1()函数中有效。

(5) 尽管在一个函数的不同复合语句中可以定义同名局部变量，但是为了提高程序的可读性，并不建议这样做。

【例 6.10】 写出下列程序的运行结果。

```
#include <iostream>
using namespace std;
void max(int a, int b)                  //A
{   a++;
    b++;
```

```
    cout <<"max3 = "<<(a > b?a:b)<< endl;
}
int main()
{   int a = 5, b = 10;                          //B
    {   int a = 100, b = 10;                    //C
        cout <<"max1 = "<<(a > b?a:b)<< endl;
    }
    max(a, b);
    cout <<"max2 = "<<(a > b?a:b)<< endl;
    return 0;
}
```

以上程序中，尽管 3 次定义了变量 a 和 b，程序编译时也不会报告错误，因为它们是作用域不同的局部变量。B 处定义的变量作用域原则上是整个 main()函数，但在复合语句中定义了同名局部变量，因此在复合语句中有效的变量是 C 处定义的变量；A 处定义的变量是函数的形参，其作用域为整个 max()函数，并且调用时只是将实参的值传递给形参。

例 6.10 的变量变化分析如图 6-7 所示。

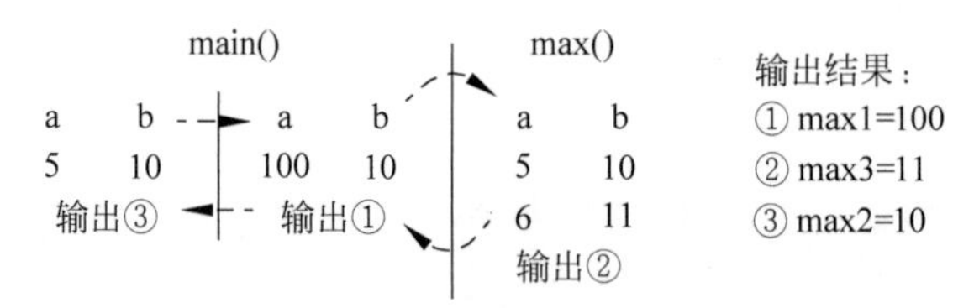

图 6-7 例 6.10 的变量变化分析

图 6-7 中，直线箭头表示程序进入/退出同一函数内的语句块，如果语句块内的变量的改变影响外层变量，要及时修改外层变量的值。

2. 全局变量

C++语言中，程序的编译单位是源程序文件，一个源程序文件可以包含若干个函数。在函数或复合语句内定义的变量是局部变量；而在函数之外定义的变量称为全局变量，也称全程变量或外部变量。全局变量的作用域为从定义变量的位置开始到本源程序文件结束，即全局变量定义后，在定义位置之后定义的函数均可以访问。

例如，一个源程序文件内容如下：

```
int p = 5;                  //全局变量 p
int f1(int a)
{   …
    int b;
    …
}
int q = 10;                 //全局变量 q
int f2(int x)
{   …
    int b, y = 0;
    for(int i = 0; i < 10; i++) { … }
    …
}
int main()
```

```
{    …
     int b,m;
     {    int n;
          …
     }
     …
}
```

程序中,变量 p 和 q 均为全局变量,但它们的作用域是不同的。变量 p 的作用域为 f1()、f2()和 main()函数,变量 q 的作用域为 f2()和 main()函数。

使用全局变量时需要注意以下问题:

(1) 如果未初始化,则局部变量的值是不确定的,而全局变量的值为 0(数值型变量)或空字符'\0 '(字符变量)。例如,对下列程序:

```
int p;
int main()
{    int t;
     cout <<"t = "<< t << endl;
     cout <<"p = "<< p << endl;
     return 0;
}
```

在编译时,会对局部变量 t 未初始化给出警告错误,而对全局变量 p 未初始化却不会给出警告错误。程序运行结果如下:

```
t = - 858993460
p = 0
```

其中,t 的值是随机的,在多次运行时结果可能会不同。

(2) 在同一个源程序文件中,如果全局变量与局部变量同名,则在局部变量的作用域范围内,直接使用变量名访问的是局部变量,即全局变量被“屏蔽”。如果需要访问全局变量,可以在变量名前添加作用域运算符“::”。例如:

```
int p = 5;                                    //全局变量 p
int main()
{    int p = 10;                              //局部变量 p
     cout <<"p_local = "<< p << endl;         //A
     cout <<"p_global = "<<::p << endl;       //B
     return 0;
}
```

A 行直接使用变量名 p,此时访问的变量是局部变量 p;B 行使用了作用域运算符“::”,因此其访问的是全局变量 p。程序运行结果如下:

```
p_local = 10
p_global = 5
```

(3) 在作用域内所有函数均可以访问全局变量,如果在一个函数中改变了全局变量的值,就能影响到其他函数,相当于各个函数间有直接的传递通道。因此,可以使用全局变量从被调用函数带回多个值。

【例 6.11】 定义一个函数，从键盘输入班级若干名学生的一门课成绩，以输入－1 结束。分别求出最高分、最低分和平均分。

```
#include <iostream>
using namespace std;
int max1 = 0, min1 = 0;                    //全局变量
float stats()
{    int score, n = 0;
     float sum = 0;
     cin >> score;
     max1 = min1 = score;
     while(score >= 0)
     {    n++;
          sum += score;
          if (max1 < score)
               max1 = score;
          else if (min1 > score)
               min1 = score;
          cin >> score;
     }
     cout <<"n = "<< n << endl;
     return(sum/n);
}
int main()
{    float aver;
     aver = stats();
     cout <<"最高分为"<< max1 << endl;
     cout <<"最低分为"<< min1 << endl;
     cout <<"平均分为"<< aver << endl;
     return 0;
}
```

程序运行结果如下：

```
90 80 70 95 60 65 75 85 -1 ↙
n = 8
最高分为 95
最低分为 60
平均分为 77.5
```

作为示例，程序没有考虑第一个输入就为负数的情况。从程序运行结果可以看出，在 stats()函数中改变了全局变量的值，在 main()函数中是可以感知的，这样相当于 stats()函数被 main()函数调用后返回了 3 个值。

(4) 使用全局变量会增加函数之间的耦合度，降低程序的可移植性和可读性，这与软件工程所倡导的"低耦合"是存在矛盾的。另外，有多个函数可能改变全局变量的值，很容易导致程序出现错误，并且定位出错位置比较困难。因此，在程序设计时，应尽量使用接口参数在函数之间传递信息，除非必要，不提倡使用全局变量。

6.7.2 存储类型

C++语言源程序经编译、链接后生成可执行程序，可执行程序执行时会被调入内存，系

统会为其分配相应的内存空间。该存储空间可以分为 3 个部分：程序区、静态存储区和动态存储区，如图 6-8 所示。

用户区

程序区
静态存储区
动态存储区

图 6-8　内存用户区

（1）程序区：用来存放可执行程序的程序代码。该区域仅可以执行，不能修改。

（2）静态存储区：用来存放全局变量和静态变量的内存空间，是程序开始执行时就分配的存储单元，其中存储的数据一直到程序运行结束才会被释放。

（3）动态存储区：用来存储 auto 类型的局部变量、函数的形参等数据。动态存储变量是在程序运行期间根据需要分配存储空间，生命周期结束后立即释放空间。若一个函数在程序中被调用两次，则每次分配的存储单元有可能不同。

前面章节所定义的变量只给出了变量的数据类型，如 int、float 等。实际上，变量除了具有数据类型外，还有存储类型。变量的存储类型决定了变量的存储区域。C++语言变量的存储类型共分为自动类型（auto）、静态类型（static）、寄存器类型（register）和外部类型（extern）4 种。

1. 自动类型变量

自动类型变量存储在动态存储区，程序执行过程中，按需要进行空间分配和释放。要说明一个变量为自动类型，只需要在变量定义前加上关键字 auto 即可。自动变量也被称为 auto 型变量，它是 C++语言变量的默认类型。如果在变量定义时不指定存储类型，则编译系统认为其是自动变量。例如，下列两条语句是等价的：

```
int a = 2,b = 3;
auto int a = 2,b = 3;
```

若变量为 int 类型，使用关键字 auto 定义其为动态类型时，int 也可以省略。上面的两条语句与下面的语句也是等价的：

```
auto a = 2,b = 3;
```

对于一个函数中定义的 auto 型变量，函数执行时系统为其分配存储单元；当变量生命周期结束时，存储单元将被释放。例如：

```
int max(int x, int y)
{    int t = x;
     if(x < y) t = y;
     return t;
}
```

函数中的形参 x 和 y、局部变量 t 均为 auto 类型，当 max()函数被调用时，系统将会在动态存储区为 x、y 和 t 分配存储单元；当执行 return 返回时，它们的存储单元将被释放。

对于自动类型变量，若没有被赋值，则它的值是随机的。

2. 静态类型变量

静态类型变量存储在静态数据区。静态变量一旦被分配存储单元，在整个程序执行期间都不会被释放。静态变量使用关键字 static 进行定义，即在变量定义前加上关键字 static

后,编译系统将把其解释成静态变量。静态变量也称为 static 变量,其根据定义位置的不同分为静态局部变量和静态全局变量。

函数内定义的静态变量为静态局部变量,在函数被调用时分配存储单元,函数调用结束返回时,存储空间也不会被释放。静态局部变量在编译时被初始化,在函数被调用执行时不再执行初始化操作。静态局部变量若没有初始化,则系统自动将其初始化为 0(数值型变量)或空字符'\0'(字符变量)。

【例 6.12】 静态局部变量示例。

```
#include <iostream>
using namespace std;
void func(int z)
{   static int x;
    int y = 10;
    x += 2;
    y += 2;
    z += 2;
    cout <<"x = "<< x <<", y = "<< y <<", z = "<< z << endl;
}
int main()
{   int a = 1;
    func(a);                    //func_1
    func(a);                    //func_2
    func(a);
    return 0;
}
```

func()函数中,变量 x 为静态局部变量,编译系统会自动将其初始化为 0,它在函数第一次被调用时分配存储单元,且调用结束时不会被释放;变量 y 和形参 z 均为动态变量,它们在每次函数调用开始时分配存储单元,调用结束时释放存储单元。func_1 处调用时,x=0、y=10、z=1,因此输出结果为“x=2,y=12,z=3”,返回后,y 和 z 的存储单元被释放,而 x 的存储单元依然保留;func_2 处调用时,x 的值为 2,y 和 z 的值与 func_1 处调用相同,因此输出结果为“x=4,y=12,z=3”。

例 6.12 的变量变化分析如图 6-9 所示。

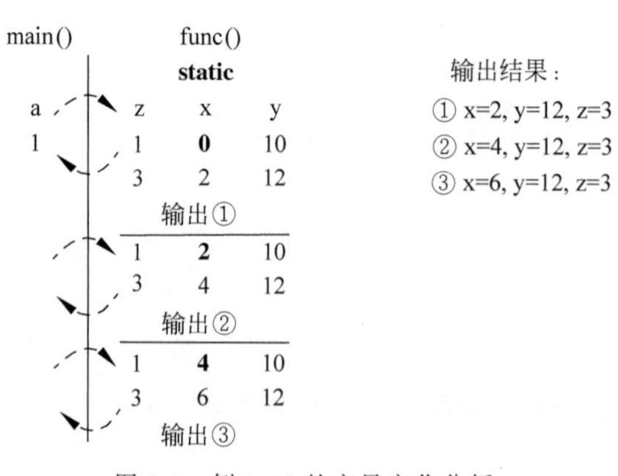

图 6-9 例 6.12 的变量变化分析

图 6-9 中,在静态变量的上面标注 static,当主调函数再次调用该函数时,静态变量保留

上次调用的终值。使用静态变量时，需要注意以下问题：

(1) 静态局部变量的初始化在编译时完成，函数调用时不再执行初始化操作；自动变量的初始化是在函数调用时执行，每次函数调用均执行初始化操作。

(2) 静态局部变量若没有初始化，则系统自动将其初始化为0(数值型变量)或空字符'\0'(字符变量)；而自动变量若没有初始化，则其值是随机的，取未初始化的自动变量值时，系统会给出警告性错误。

(3) 静态局部变量使函数的多次调用存在关联，利用这种关联性在某些情况下可减少运算量。例如，下列程序依次计算并输出1～10的阶乘，每个数的阶乘仅需要通过一次乘法即可实现。

```
#include <iostream>
using namespace std;
void fac(int z)
{    static int x = 1;
     x = x * z;
     cout << z <<"!= "<< x << endl;
}
int main()
{    int i;
     for(i = 1;i <= 6;i++)
           fac(i);
     return 0;
}
```

程序运行结果如下：

```
1!= 1
2!= 2
3!= 6
4!= 24
5!= 120
6!= 720
```

但是，正是因为这种关联性，在程序设计时，除非必要，一般不提倡使用静态局部变量。

(4) 函数的形参是局部变量，但不能定义为静态局部变量。

(5) 若在全局变量定义前加上关键字static，则称该全局变量为静态全局变量。全局变量本来就存储在静态数据区，属于静态变量。全局变量定义前加上static不是为了定义变量的存储类型，而是为了限制其作用域，具体内容见后文外部类型变量中的说明。

3. 寄存器类型变量

CPU内部有少量被称为寄存器的存储单元，CPU读写寄存器的速度远远高于读写内存单元的速度，因此C++语言允许把少量频繁访问的变量存储到寄存器中，以提高程序的执行速度。存放在寄存器中的变量称为寄存器变量，寄存器变量通过在变量定义的前面加上关键字register来实现，因此寄存器变量也称为register变量。例如，定义一个int型的寄存器变量的语句如下：

```
register int i;
```

使用寄存器类型变量时应注意以下问题：

(1) 若变量的存储类型定义为 register，则系统会尽可能地为其分配寄存器用作存储单元。

(2) 寄存器变量必须是能被 CPU 所接受的类型。通常要求寄存器变量必须是一个单个的值，并且长度应该小于或者等于整型的长度。

(3) 一般不用取地址符"&"来获取寄存器变量的地址。

(4) 通常一个 CPU 中，通用寄存器只有几个字的存储容量，因此不能定义太多的寄存器变量。

(5) 寄存器类型实际上是兼容 C 语言的产物，现在的编译系统会根据变量的实际使用情况来决定是否把变量保存在寄存器中。如果一个变量使用极为频繁，即使未显式定义其为寄存器类型，也可能会被分配寄存器用作存储单元。同样，即使显示定义为寄存器类型的变量，也可能会被分配内存空间。例如，下列程序定义一个寄存器变量 i 和一个自动变量 j，程序输出两个变量的地址。

```
#include <iostream>
using namespace std;
int main()
{   register int i;
    int j;
    cout <<"i_add = "<< &i << endl;
    cout <<"j_add = "<< &j << endl;
}
```

程序运行结果如下(每次运行值可能不同)：

```
i_add = 004FFB30
j_add = 004FFB24
```

从运行结果来看，变量 i 尽管显式定义为 register 类型，但仍然被存储在内存中。实际上，现在许多 C++语言编译系统都会忽略 register 修饰符，自行决定是否为变量分配寄存器作为存储单元。从这个角度来看，定义变量为寄存器类型是不必要的。

4. 外部类型变量

C++语言中，定义一个全局变量后，其作用域为从定义位置开始到所在源程序文件结束。如果在作用域之外不加说明就使用该变量，则编译系统会报告错误。为此，C++语言引入了关键字 extern，用以说明变量为外部类型变量，从而扩大全局变量的作用域。若在程序中已经定义了全局变量"int x;"，则将其说明为外部变量的语句如下：

```
extern int x;
```

外部类型变量的应用主要有以下两种情况：

(1) 在一个源程序文件中，在全局变量定义位置之前使用全局变量时，需要将其说明为外部类型变量。

【例 6.13】 同一程序文件中外部类型变量示例。

```
#include <iostream>
using namespace std;
```

```
void max()
{    extern int x,y;                                              //声明外部变量
     cout <<"max("<< x <<","<< y <<") = "<<(x > y?x:y)<< endl;    //全局变量访问
}
int x = 5,y = 10;                                                 //全局变量定义
int main()
{    cout <<"x = "<< x <<",y = "<< y << endl;
     max();
     return 0;
}
```

程序运行结果如下：

```
x = 5,y = 10
max(5,10) = 10
```

程序中，全局变量 x 和 y 定义在 max()函数之后，其作用域不包括 max()函数，如果在 max()函数中使用，则需要用“extern int x,y;”说明其为外部类型变量，这样在函数中即可正常访问。如果没有外部类型变量说明，则编译系统会报告错误。

(2) 若一个程序由多个源程序文件构成，需要在一个源程序文件中使用另一个源程序文件中的全局变量，则需要将全局变量说明为外部类型变量。

【例 6.14】 不同源程序文件中外部类型变量示例。

```
//test1.cpp
#include < iostream >
using namespace std;
int x = 5,y = 10;                                              //全局变量定义
extern void Max();
int main()
{    cout <<"x = "<< x <<",y = "<< y << endl;
     Max();
     return 0;
}
//test2.cpp
#include < iostream >
using namespace std;
extern int x,y;                                                //声明外部变量
void Max()
{    cout <<"max("<< x <<","<< y <<") = "<<(x > y?x:y)<< endl;  //外部变量访问
}
```

在文件 test1.cpp 中定义了全局变量 x 和 y，在文件 test2.cpp 中说明 x 和 y 为外部变量，因此可以直接访问。程序运行结果如下：

```
x = 5,y = 10
max(5,10) = 10
```

若在文件 test2.cpp 中再次定义 x、y 为全局变量，则编译系统可能会报告错误；但若在 Max()函数中定义 x、y 为局部变量，则在局部变量的作用域内，外部变量无效。例如，把文件 test2.cpp 中的 Max()函数修改为

```
void Max()
{    cout <<"max("<< x <<","<< y <<") = "<<(x > y?x:y)<< endl;            //外部变量访问
     int x = 8,y = 16;
     cout <<"max("<< x <<","<< y <<") = "<<(x > y?x:y)<< endl;            //局部变量访问
}
```

则运行结果如下：

```
x = 5,y = 10
max(5,10) = 10
max(8,16) = 16
```

在全局变量定义前添加关键字 static，可以将全局变量定义为静态全局变量。全局变量本身就是静态变量，添加关键字 static 不是重复定义，而是限制全局变量的作用域为其所在的源程序文件，即静态全局变量只在定义它的源程序文件中有效，其他源程序文件中即使进行外部变量声明也不能使用。例如，将例 6.14 中的全局变量定义为“static int x=5,y=10;”，则编译系统会报告错误。

作用域和存储类型的内容总结如下：

(1) 无论是全局变量还是局部变量，都必须“先定义，后使用”。变量定义是为了指定变量类型，以便编译系统为其分配存储空间，且一个变量只能定义一次。

(2) 变量初始化是指给变量赋初值，尽管全局变量和静态变量在定义时未作初始化时，大多系统会将其初始化为 0(数值型变量)或空字符'\0'(字符变量)，但是建议对所有变量在定义时都进行显式初始化，以增加程序的可读性和减少未知的安全风险。

(3) 变量声明和全局变量定义密切相关，通过关键字 extern 可以扩展全局变量的作用域。变量声明时不会为其分配存储空间，也不能对变量进行初始化。

(4) 全局变量的作用域为文件作用域，其生命周期为整个程序执行期。可以在其他文件中通过关键字 extern 声明外部变量来扩展其作用域。

(5) 若要使在一个源程序文件中定义的全局变量在程序的所有源程序文件中均能使用，可以建立头文件并在其中进行外部变量声明，然后在其他源程序文件中包含该头文件。

习　　题

一、选择题

1. 以下叙述中不正确的是________。

A. 在一个函数中可以有多条 return 语句

B. 函数的定义不能嵌套，但函数的调用可以嵌套

C. 函数必须有返回值

D. 不同的函数中可以使用相同名字的变量

2. 设函数 int min(int,int)返回两参数中较小值，若求 15、26、47 三者中最小值，则下列表达式中错误的是________。

A. int m=min(min(15,26),min(15,47));

B. int m=min(15,26,47);

C. int m＝min(15,min(47,26));

D. int m ＝min(min(47,26),15);

3. 在函数的引用调用时,实参和形参应该是________。

A. 变量和变量 B. 地址值和指针

C. 地址值和引用 D. 变量和引用

4. 已有定义“int a＝5,&ra＝a;”,则下列叙述中,错误的说法是________。

A. ra 是变量 a 的引用 B. ra 的值为 5

C. ra 是 a 的地址值 D. 执行“ra＝10;”后,变量 a 的值也变为 10

5. 下列函数原型中,________不存在语法错误。

A. f1(int a, int); B. int f2(int a; int b);

C. int f3(int, int＝1); D. int f4(int a, b);

6. 已知函数 f()的定义如下,在 main()函数中若调用函数 f(3,2),得到的返回值是________。

```
int f(int a,int b)
{    if(a<b) return (a,b);
     else return (b,a);
}
```

A. 2 B. 3 C. 2 和 3 D. 3 和 2

7. 有如下函数定义:

```
void func(int &a,int b){a++; b++; }
```

若执行代码段:

```
int x = 0,y = 1;
func(x,y);
```

则 func()函数执行后,变量 x 和 y 的值分别为________。

A. 0 和 1 B. 1 和 1 C. 0 和 2 D. 1 和 2

8. 以下叙述中正确的是________。

A. 内联函数的参数传递关系与一般函数的参数传递关系不同

B. 建立内联函数的目的是提高程序的执行效率

C. 建立内联函数的目的是减少程序文件占用的内存空间

D. 任意函数均可以定义为内联函数

9. 下列________情况下适宜采用 inline 定义内联函数。

A. 函数体含有循环语句 B. 函数体含有递归语句

C. 函数代码少,频繁调用 D. 函数代码多,不常调用

10. 下列程序执行后的输出结果是________。

```
#include <iostream>
using namespace std;
int f(int x)
{    int y;
```

```
    if(x == 0||x == 1) return 3;
    y = x * x - f(x - 1);
    return y;
}
int main()
{   cout << f(2)<< endl;
    return 0;
}
```

A. 4　　B. 1　　C. 6　　D. 8

11. 重载函数是指________。

A. 函数名相同,但函数的形参个数不同或形参类型不同

B. 函数名相同,但函数的形参个数不同或函数的返回值类型不同

C. 函数名不同,但函数的形参个数和形参类型相同

D. 函数名相同,且函数的参数类型相同或函数的返回值类型相同

12. 下列对定义重载函数的要求中,________是错误的。

A. 要求参数的个数相同

B. 要求参数的类型相同时,参数个数不同

C. 函数的返回值可以不同

D. 要求参数的个数相同时,参数类型不同

13. 重载函数在调用时选择的依据中,错误的是________。

A. 函数的参数　　B. 参数的类型

C. 函数的名字　　D. 函数返回值类型

14. 下列函数不能和函数 void print(char)构成重载的是________。

A. int print(int);　　B. void print(char,char);

C. void print(int,int);　　D. int print(char);

15. 下列函数原型声明中错误的是________。

A. void fun(int x=0,int y=0);　　B. void fun(int x,int y);

C. void fun(int x,int y=0);　　D. void fun(int x=0,int y);

16. 已知递归函数 f()的定义如下,则函数调用语句 f(5)的返回值是________。

```
int f(int n)
{ if (n<=1) return 1;
  else return n * f(n-2);
}
```

A. 14　　B. 15　　C. 16　　D. 17

二、填空题

1. 下列程序第 1 行的运行结果是________,第 2 行的运行结果是________。

```
#include<iostream>
using namespace std;
void swap(int a, int &b)
{   int t = a; a = b; b = t;
```

```
    cout << a <<','<< b << endl;
}
int main()
{   int x = 5, y = 6;
    swap(x, y);
    cout << x <<','<< y << endl;
    return 0;
}
```

2. 下列程序第 1 行的运行结果是________,第 2 行的运行结果是________。

```
#include < iostream >
using namespace std;
int a;
int f(int x)
{   int b = 0;
    static int c = 0;
    x++; a++; b++; c++;
    return x + a + b + c;
}
int main()
{   for(int a = 1; a < 3; a++)
        cout << f(a)<<'\t'<< a <<'\n';
    return 0;
}
```

3. 下列程序第 1 行的运行结果是________,第 2 行的运行结果是________。

```
#include < iostream >
using namespace std;
void f1(char c)
{   if(c <'a')return;
    cout << c;
    f1(c - 1);
}
void f2(char c)
{   if(c <'a')return;
    f2(c - 1);
    cout << c;
}
int main()
{   f1('e');
    cout << endl;
    f2('e');
    cout << endl;
    return 0;
}
```

4. 下列程序第 1 行的运行结果是________,第 2 行的运行结果是________。

```
#include < iostream >
using namespace std;
int f(int n)
```

```
{    static int s;
     s += ++n;
     return s;
}
int main()
{    cout << f(1)<< endl;
     cout << f(2)<< endl;
     return 0;
}
```

5. 以下程序的运行结果是________。

```
#include < iostream >
using namespace std;
int i = 1;
int main()
{    int i = 3;
     ::i += i;
     {    int i = 4; i += ::i; cout << i <<',';   }
     cout << i <<','<<::i << endl;
     return 0;
}
```

6. 下列程序第 1 行的运行结果是________，第 2 行的运行结果是________。

```
#include < iostream >
using namespace std;
int f1(int n)
{    if (n == 1)return 1;
     return n * n + f1(n - 1);
}
int f2(int m, int n)
{    if(n == 1)return m;
     return m * f2(m, n - 1);
}
int main()
{    cout << f1(4)<< endl;
     cout << f2(2,5)<< endl;
     return 0;
}
```

三、编程题

1. 编写程序，找出 1～100 的所有孪生素数。孪生素数是指两个素数之差为 2，如 3 和 5、5 和 7、11 和 13 等都是孪生素数。判断一个数是否是素数用一个函数来实现。

2. 设三角形的 3 条边为 a、b、c，则三角形面积的计算公式如下：

$$area = \sqrt{s(s-a)(s-b)(s-c)}$$

式中，$s=(a+b+c)/2$。

编写一个函数，实现计算三角形面积的功能。在 main()函数中从键盘输入 3 边长，调用函数计算三角形的面积并输出。

3. 若将一个整数 n 的各位数字反向排列，所得的自然数与 n 相等，则称 n 是回文数，如

n=12321。编写一个函数“int symm(long n);”，验证 n 是否是回文数。主函数中调用 symm()函数，寻找并输出 11～999 的数 m，它满足 m、m^2、m^3 均为回文数。

4. 编写函数，求两个整数中的较大值。在主函数中输入 3 个整数，调用此函数，求出 3 个整数中的最大值并输出。

5. 用递归函数求 Fibonnaci 数列的前 n 项，在主函数中输入 n 的值，输出该数列的前 n 项，一行输出 5 个。其公式如下：

$$f_n=\begin{cases}1, & n=1 \text{ 或 } 2\\ f_{n-1}+f_{n-2}, & n>2\end{cases}$$

6. 编写函数，求两个正整数的最大公约数，在主函数输入两个正整数并输出它们的最小公倍数。

第7章 编译预处理

编译系统在编译一个源程序文件前，由编译预处理程序对该源程序所用的编译预处理命令进行处理，并过滤源程序中的注释和多余的空白字符，生成一个完全用C++语言表达的临时源程序文件供编译系统处理。

源程序中的编译预处理命令以#开头，以回车换行符结束，每条命令占一行，且通常放在源程序文件的开始部分，不使用分号结束。不同的C++语言编译系统提供的编译预处理命令有所不同，但通常都提供了宏定义、文件包含和条件编译。

7.1 宏 定 义

宏必须先定义后使用。宏定义分为不带参数的宏定义和带参数的宏定义，用预处理命令#define 实现。

7.1.1 不带参数的宏定义

用一个指定的标识符来代表一个字符串，该指定的标识符称为宏名。宏名通常都用大写字母组成，以区别于一般变量名、数组名和指针变量名等。不带参数的宏定义语法格式如下：

```
#define 宏名 字符串
```

例如，#define PI 3.1415926。在编译预处理时，将该define命令后所有出现PI的地方均使用3.1415926来替换。这种替换过程称为宏替换、宏扩展或宏展开。

【例7.1】 宏的定义和使用。

```
#include <iostream>
using namespace std;
#define PI 3.1415926
#define R 2.0
#define AREA PI * R * R
int main()
{   cout <<"圆面积 = "<< AREA << endl;      //宏展开后 AREA 为 3.1415926 * 2.0 * 2.0
    return 0;
}
```

程序运行结果如下：

```
圆面积 = 12.5664
```

这里有以下几点需要说明：

(1) 习惯上，宏名用大写字母；但从语法上来说，任何一个合法的标识符都可以用作宏名。

(2) 在宏定义中可以使用已经定义的宏名，称为宏定义嵌套。例如，上例中，在定义宏 AREA 时用到了已经定义的宏名 PI 和 R。在编译预处理时，先对该行中的 PI 和 R 进行替换。

(3) 宏替换时，只对宏名进行简单的字符串替换，不做任何计算，也不做任何语法检查。若宏定义时书写不正确，会得到不正确的结果或编译时出现语法错误。

```
#define A 3 + 4
#define B A * A
int x = B;      //L1
```

执行上述语句后，x 的值为 19，而不是 49，这是因为 L1 行经宏替换后为

```
int x = 3 + 4 * 3 + 4;
```

(4) 宏定义有作用域，其作用域始于宏的定义处，结束于本程序文件。但如果要提前终止使用宏，可使用编译预处理命令 #undef，此时宏的作用域从定义处到 #undef 语句。例如：

```
#define PI 3.1415926                    //定义宏 PI 为 3.1415926
…
c = 2 * PI * r;                         //宏引用
#undef PI                               //终止 PI 的作用域，其后不可以再引用宏名 PI
…
s = PI * r * r;                         //此处宏定义 PI 已取消，不可引用
```

(5) 同一个作用域内，宏名不允许重复定义。

7.1.2 带参数的宏定义

C++语言规定，定义宏时可以带有形参。程序中引用带参数的宏，在进行预处理时，除了对定义的宏名进行替换外，还要对参数进行替换。带参数宏定义的语法格式如下：

```
#define 宏名(参数表) 使用参数的字符或字符串
```

其中，若有多个形参，则形参之间用逗号隔开。每个形参都必须是合法的标识符，且字符串中要含有形参。

例如：

```
#define AREA(a) a * a
s = AREA(4.0);      //A
```

上述代码定义了求正方形面积的宏 AREA，其有一个参数 a，表示正方形的边长。引用带参数的宏称为宏调用，宏定义中的参数为形参，宏调用中的参数为实参。在对宏调用进行展开时，依次用实参代替宏定义中的形参。例如，A 行中的宏展开后为 s=4.0 * 4.0，即用实参代替宏定义中的形参。注意，宏展开仅做简单的替换，不做任何计算。

关于带参数的宏定义的几点说明如下：

(1) 宏调用中的实参可以是表达式，但要避免错误。

```
#define PI 3.1415926
#define CIRCLE(r) 2 * PI * r                    //A
float c = CIRCLE(4 + 5.5);                      //B
```

B 行经过宏展开后为“float c=2 * 3.1415926 * 4+5.5;”，并不是预期的“float c=2 * 3.1415926 * (4+5.5);”。如果想得到预期的宏展开的结果，可以用以下两种方式：

① 将 A 行改成“#define CIRCLE(r) 2 * PI * (r)”，即将宏定义的形参加上一对括号。

② 将 B 行改成“float c=CIRCLE((4+5.5));”，即将宏调用的实参加上一对括号。

(2) 带参数的宏在定义时，宏名和左括号之间不能有空格。若在宏名后面有空格，则认为其后的所有字符都作为无参宏定义的字符串，而不再是形参。

例如：

```
#define S (a,b) (a) * (b)
```

编译预处理程序认为将无参宏 S 定义成“(a,b)(a) * (b)”，而不是把(a,b)作为参数。

【例 7.2】 带参数的宏展开。

```
#include <iostream>
#include <cmath>
#define P(a,b,c) (a + b + c)/2
#define AREA(a,b,c) P(a,b,c) * (P(a,b,c) - a) * (P(a,b,c) - b) * (P(a,b,c) - c)
using namespace std;
int main()
{    double a,b,c;
     cout <<"输入三角形的三条边长:"<< endl;
     cin >> a >> b >> c;
     if(a + b > c && b + c > a && a + c > b)
           cout <<"面积为:"<< sqrt(AREA(a,b,c))<< endl;
     else
           cout <<"不能构成三角形";
     return 0;
}
```

程序运行结果如下：

```
输入三角形的三条边长:
6 7 9↙
面积为:20.9762
```

通过例 7.2 可以看出，带参数的宏实现了函数功能，但两者是有区别的：

(1) 定义形式不同。宏定义中仅给出形参，不给出形参的类型；而函数定义必须给出形参的类型。

(2) 宏替换是在编译时做“机械替换”，不做任何计算，并且在编译前由预处理程序完成替换；而函数是在编译后，在程序执行期间，先计算各实参的值，再调用函数。

(3) 多次调用同一个宏时，经宏展开后，会增加源程序的长度；而多次调用一个函数不会增加源程序的长度。

(4) 函数调用时，编译器要对实参类型进行检查，要求和对应的形参类型保持一致或兼容；而在宏调用时，只做简单的替换，不做任何检查。

带参数的宏可以用来取代功能简单、代码短小、运行时间短、调用频繁的程序代码，这与内联函数的作用极为相似。但由于带参数的宏定义在这类应用中可能会伴随一些副作用，因此C++语言引入了内联函数来取代带参数的宏的这类应用。

7.2 文件包含

文件包含是指一个源程序文件中包含另一个文件的全部内容。文件包含用#include命令，编译预处理在对源程序进行处理时，如遇到包含命令，则将指定文件的全部内容复制到当前源程序的指令处，即用指定文件内容代替#include命令行。其语法格式如下：

```
#include <文件名>
```

或

```
#include"文件名"
```

文件包含有两种格式，用#include <文件名>格式时，预编译处理器就直接到C++语言编译器指定的目录查找；用include"文件名"格式时，则从当前目录查找，若找不到，再到编译器指定的目录查找。通常情况下，包含用户自定义的文件时用双引号，包含C++语言编译器预定义的文件时用< >。例如，设min.h文件的内容如下：

```
int min(int x, int y)
{   if(x < y)
        return x;
    else
        return y;
}
```

设文件main.cpp的内容如下：

```
#include <iostream>
using namespace std;
#include"min.h"
int main()
{   int m, n;
    cout <<"输入两个数:";
    cin >> m >> n;
    cout << min(m, n);
    return 0;
}
```

编译系统在编译上述源程序文件时，先调用编译预处理程序，用iostream的内容替换包含命令#include < iostream >，用文件min.h的内容替换包含命令#include"min.h"，并在过滤源程序中的注释和多余的空白字符后，产生一个临时文件，其内容如下：

```
#include <iostream>
using namespace std;
int min(int x, int y)
{   if(x < y)
        return x;
    else
        return y;
}
int main()
{   int m,n;
    cout <<"输入两个数:";
    cin >> m >> n;
    cout << min(m, n);
    return 0;
}
```

然后编译程序再对该临时文件进行编译。

关于包含文件的几点说明如下：

(1) 一个#include命令只能包含一个文件，若要包含多个文件，则要用多个#include命令。

(2) 包含文件的扩展名推荐用.h或.hpp，因此包含文件也称头文件。标准C语言的包含文件推荐用.h，标准C++语言的包含文件推荐用.hpp，也可用其他扩展名。

(3) 包含文件的内容全部出现在源程序清单中，所以包含文件必须是C++语言的源程序清单，否则在编译时会出现错误。

(4) include命令可以出现在程序的任何位置，通常放在程序开头。

(5) 在一个包含文件中可以包含其他包含文件，即文件的包含可以嵌套。例如，头文件min.h中可以有下列文件包含命令：

```
#include"file1.h"
#include"file2.h"
```

注意，用包含文件的内容替换#include命令是在一个临时文件中进行的，原文件的内容并未发生改变。

7.3 *条件编译

通常情况下，源程序中的所有行都要被编译。但在一些大型应用程序中，可能会出现某些功能不需要的情况，而条件编译是对源程序中的某段程序通过条件控制是否参加本次编译。在条件满足时，编译程序对其进行编译；条件不满足时，则不对其进行编译。条件编译可以方便程序的逐段调试，简化程序调试工作。

条件编译指令有两大类，一类是传统的条件编译命令，即根据宏名是否已经定义来确定是否编译相关程序段；另一类是根据表达式的值来确定编译的程序段。

传统的条件编译命令用宏名作为编译条件，有以下4种形式。

(1) #ifdef 宏名

    程序段 1

  #endif

若宏名已定义,则编译该程序段;否则,不编译该程序段。

(2) #ifdef 宏名

    程序段 1

  #else

    程序段 2

  #endif

若宏名已定义,则编译程序段 1;否则,编译程序段 2。

(3) #ifndef 宏名

    程序段 1

  #endif

若宏名未定义,则编译该程序段;否则,不编译该程序段。

(4) #ifndef 宏名

    程序段 1

  #else

    程序段 2

  #endif

若宏名未定义,则编译程序段 1;否则,编译程序段 2。

其中,上述第(1)种形式中,当宏名已经定义时,则编译该程序段;否则,不编译该程序段。在编写一些通用程序或调试程序时,该条件编译很有用。其中,宏名定义可以采用无参形式,通常使用其简化形式:

#define 宏名

例如,在调试程序时,常常需要输出调试过程中的相关变量的值,而调试完成后不需要输出,此时就可以将输出调试信息的输出语句用条件编译括起来。

【例 7.3】 条件编译。

```
#include <iostream>
#define DEBUG                                          //定义宏名 DEBUG
using namespace std;
int main()
{    int n = 6, s = 1, i;
     for(i = 1; i <= n; i++)
     {    s = s * i;
         #ifdef DEBUG                                  //若 DEBUG 有定义,则编译
              cout << "i = " << i << '\t' << "s = " << s << endl;   //条件编译语句
         #endif                                        //条件编译结束
     }
     cout << n << "!= " << s << endl;
     return 0;
}
```

分析:该源程序的功能是求 6!,程序中的条件编译语句用来跟踪每一次循环时的阶乘

值是否正确。程序运行结果如下：

```
i = 1      s = 1
i = 2      s = 2
i = 3      s = 6
i = 4      s = 24
i = 5      s = 120
i = 6      s = 720
6!= 720
```

程序调试正确后，无须跟踪每一次循环的阶乘时，将 A 行语句注释或删除。

```
#include <iostream>
//#define DEBUG                                                    //A,注释该语句
using namespace std;
int main()
{   int n = 6, s = 1, i;
    for(i = 1; i <= n; i++)
    {   s = s * i;
        #ifdef DEBUG                                               //条件编译的条件不成立
            cout <<"i = "<< i <<'\t'<<"s = "<< s << endl;          //B,该行不被编译
        #endif
    }
    cout << n <<"!= "<< s << endl;
    return 0;
}
```

此时，宏名 DEBUG 未定义，B 行不被编译，也就不会被执行。所以，程序运行结果如下：

```
6!= 720
```

当条件编译的程序段很长时，用这种方法比从程序中直接删除相应的段简单得多。#ifndef 与 #ifdef 的作用相同，不同的是条件编译的条件相反。

现代条件编译命令有以下 3 种形式。

(1)
```
#if 常量表达式
    程序段
#endif
```

若常量表达式的值不等于 0，则编译程序段；否则，不编译程序段。

(2)
```
#if 常量表达式
    程序段 1
#else
    程序段 2
#endif
```

若常量表达式的值不等于 0，则编译程序段 1；否则，编译程序段 2。

(3)
```
#if 常量表达式 1
    程序段 1
#elif 常量表达式 2
```

```
    程序段 2
#elif 常量表达式 3
    程序段 3
…
#else
    程序段 n
#endif
```

若常量表达式 1 的值不等于 0,则编译程序段 1；否则,若常量表达式 2 的值不等于 0,则编译程序段 2；否则,若常量表达式 3 的值不等于 0,则编译程序段 3；…；否则,编译程序段 n。

【例 7.4】 输入一行字母,根据需要设置条件编译,将字母全部改成大写并输出,或全部改成小写并输出。

```
#include <isotream>
using namespace std;
int main()
{   char st[20] = "abcABCD",c;
    int i;
    for(i = 0;i <= strlen(st) - 1;i++)
    {   c = st[i];
        # if 1
        if(c >= 'A'&&c <= 'Z')
              c = c + 32;
        # else
        if(c >= 'a'&&c <= 'z')
              c = c - 32;
        #endif
        cout << c;
    }
    return 0;
}
```

程序运行结果如下：

```
abcabcd
```

7.4 程序的多文件组织

编写简单程序时,可将一个完整的程序放在一个源程序文件中。而在设计一个具有一定规模的程序时,为了便于程序的工程化组织、设计、调试及代码重用,通常将一个程序按功能分成若干模块,再将每个模块程序的接口和实现细节分离,分别存于指定的头文件(.h)和实现文件(.cpp)中。

头文件是模块的接口,提取的是模块实现和使用的关键信息,通常包含模块中的全局类型定义、函数原型声明、全局常量和全局变量的定义、模板和命名空间的定义、编译预处理命令、注释等。

实现文件是模块的实现细节。首先，在文件开始，用包含命令包含本模块的头文件；其次，包含模块中的函数定义、类类型的成员函数定义、编译预处理命令和注释等。

习　　题

一、选择题

1. C++语言编译系统对宏命令的处理为________。
   A. 在程序运行时进行
   B. 在程序连接时进行
   C. 与其他语句同时进行编译
   D. 在对源程序中其他语句正式编译前进行
2. 下列编译预处理命令中，正确的是________。
   A. #define N 0　　B. include <iostream>
   C. #define PI=3.14　　D. include "iostream"
3. 以下关于宏的叙述中正确是________。
   A. 宏必须位于源程序中所有语句之前　B. 宏名必须用大写字母表示
   C. 宏调用比函数调用耗费时间　　D. 宏替换没有数据类型限制
4. 设有宏定义：

```
#define f(x) - x * 2
```

执行语句“cout << f(3+4)<< endl;”，则输出为________。
   A. −14　　B. 2　　C. 5　　D. −7
5. 以下程序的运行结果是________。

```
#define N(x, y, z) x * y + z
int main()
{   int a = 1, b = 2, c = 3;
    cout << N(a + b, b + c, c + a)<< endl;
    return 0;
}
```

   A. 19　　B. 17　　C. 15　　D. 12
6. 以下程序的运行结果是________。

```
#include <iostream>
#define N 5
#define M N + 1
#define f(x) (x * M)
using namespace std;
int main()
{   int i1, i2;
    i1 = f(2);
    i2 = f(1 + 1);
    cout << i1 <<'\t'<< i2 << endl;
    return 0;
}
```

A. 12 12　　B. 11 7　　C. 11 11　　D. 12 7

7. 以下程序的运行结果是________。

```
#include <iostream>
#define MUL(z) z * z
using namespace std;
int main()
{   cout << MUL(1 + 2)<< endl;
    return 0;
}
```

A. 5　　B. 6　　C. 8　　D. 9

二、填空题

1. 以下程序的运行结果是________。

```
#include <iostream>
using namespace std;
#define P(x) (x) * (x)
int main()
{   int a = 1, b = 2, t;
    t = P(a + b);
    cout << t << endl;
    return 0;
}
```

2. 以下程序的运行结果是________。

```
#include <iostream>
#define T(x,y) (x)<(y)?(x):(y)
using namespace std;
int main()
{   cout <<(10 * T(10,15))<< endl;
    return 0;
}
```

3. 以下程序的运行结果是________。

```
#include <iostream>
using namespace std;
int main()
{   int x = 10, y = 20, z = x / y;
    #ifdef STAR
          cout << "x = " << x << ","<< "y = " << y << endl;
    #endif
    cout << "z = " << z << endl;
    return 0;
}
```

三、编程题

1. 定义一个带参的宏,使两个参数的值互换(输入两个参数作为使用宏的实参,输出交换后的两个数)。

2. 设计一个程序,定义带参数的宏 MAX(a,b)和 MIN(a,b),分别求两个数中的大数和小数。在主函数中输入 3 个数,并求 3 个数中的最大数和最小数。

3. 设计程序,分别用宏定义和函数求图的面积,其中圆的半径可以为表达式。

第8章 数　组

前面介绍的基本数据类型(整型、实型、字符型等)只能用于定义简单的单一变量。如果在程序设计中需要存储同一数据类型的、彼此相关的多个数据,基本数据类型则无法满足需求。这就要求能够定义同时存储多个值的变量,这种变量在程序设计中称为数组。数组是数目固定、类型相同的若干个变量的有序的集合,通过数组可以方便地存储和处理许多同类型数据。本章主要介绍一维数组、二维数组和字符数组的定义及应用。

8.1 一维数组的定义、初始化和引用

数组是相同类型数据的有序集合,其中的每个数据称为数组元素。通过数组可以方便地存储和处理大量同类型的数据。数组分为一维数组和多维数组。

8.1.1 一维数组的定义

一维数组的定义格式如下:

数据类型 数组名[常量表达式];

其中,数据类型说明了数组元素的类型,它可以是 C++语言预定义的数据类型或者是自定义的导出数据类型;数组名用标识符表示;常量表达式的值为一个正整数,它规定了数组的元素个数,即数组的大小。例如:

```
int a[10];
```

声明了一个一维数组。其中,a 是数组名,该数组有 10 个元素,每个元素都是整型变量。数组元素的下标从 0 开始,数组 a 的元素分别是 a[0]、a[1]、a[2]、a[3]、a[4]、a[5]、a[6]、a[7]、a[8]、a[9]。系统为数组分配一组连续的内存单元,依次存放各个元素。图 8-1 是一维数组 a 的存储情况。

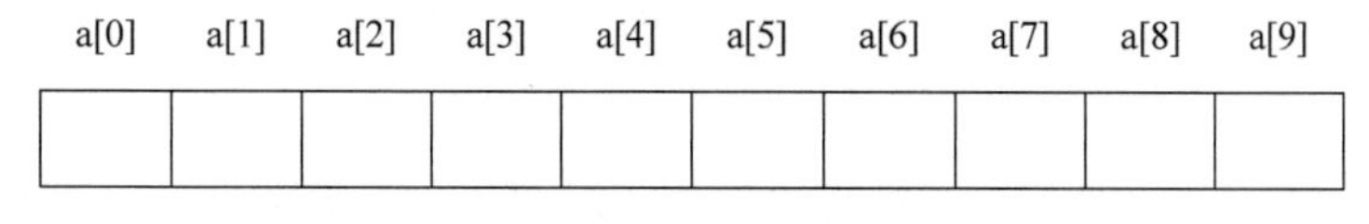

图 8-1　一维数组 a 的存储情况

数组定义的常量表达式中可以包括整型常量和符号常量,不能包含变量,即 C++语言不允许对数组的大小作动态定义,也就是说数组的大小不能依赖程序运行过程中变量的值决定。例如,下面的定义是合法的:

```
#define N 10
const int size = 20;
int a[N];
float b[2 * size];
char c['A'];
```

上述语句定义了具有10个元素的整型数组a、40个元素的浮点型数组b和65个元素的字符型数组c。应注意，数组大小在定义时必须确定，在程序执行过程中不能改变，所以不能用变量定义数组大小。例如：

```
int n;
cin >> n;
float a[n];
```

编译时将出错。

8.1.2 一维数组的初始化

在定义数组的同时，给其中的元素赋初值，称为数组的初始化。给数组初始化的方法有以下几种。

(1) 对所有数组元素初始化。例如：

```
int a[10] = {0,1,2,3,4,5,6,7,8,9};
```

将数组元素的初值依次放在一对花括号中，初值之间用逗号隔开，数值类型必须与所说明的类型一致，且所列举的初值个数与数组的元素个数相同。当所赋初值多于所定义数组的元素个数时，编译时将给出出错信息。

上例中，将a[0]、a[1]、a[2]、a[3]、a[4]、a[5]、a[6]、a[7]、a[8]、a[9]分别赋初值为0、1、2、3、4、5、6、7、8、9。对于这种全部元素都被初始化的情况，声明时可以省略数组的大小：

```
int a[] = {0,1,2,3,4,5,6,7,8,9};
```

编译器会根据初值表中元素的个数自动确定数组的大小。

(2) 对部分数组元素初始化。例如：

```
int b[5] = {0,1,2};
```

则说明数组b有5个数组元素，前3个数组元素分别初始化为0、1、2，后两个数组元素则被初始化为0。对数组中一部分元素初始化时，必须从第一个数组元素开始，依次列举出部分数组元素的值。

当希望数组元素c[3]、c[4]、c[5]的初值是3、4、5，而其余数组元素初值为0时，就必须列举出前3个数组元素为0。例如：

```
int c[8] = {0,0,0,3,4,5};
```

数组定义为全局变量或静态变量时，C++语言编译器自动将所有元素的初值置为0；而如果定义为其他类型的局部数组时，数组的元素没有确定的初值，必须由用户初始化。

8.1.3 一维数组的引用

在定义数组后，可以如同普通变量那样来使用其中的元素。使用数组中某一个元素的语法格式如下：

数组名[下标表达式];

例如：

```
int a[3];
a[0] = 1; a[1] = 2; a[2] = 3;
```

C++语言规定，数组下标从 0 开始，依次增 1，但要小于数组元素个数，因此数组 a 的 3 个元素依次为 a[0]、a[1]、a[2]。强调一下，访问数组元素时，只能在数组存储的空间范围内，否则会发生“越界”的访问错误。例如，“float b[5]; b[5]=10;”，其中语句“b[5]=10;”欲对数组 b 存储空间之外的存储单元赋值，会产生运行错误。

注意：C++语言编译系统对下标表达式的值不做越界检查，其合法性由用户自己负责。

8.1.4 一维数组程序举例

【例 8.1】 定义一个 10 个元素的整型数组，由用户输入 10 个数组元素的值，并将其输出到屏幕上。

问题分析：输入/输出是数组的基本操作之一，数组元素的输入/输出是通过访问每个下标变量来实现的。

程序如下：

```
#include <iostream>
using namespace std;
int main()
{   int a[10],i;                    //定义数组
    cout <<"请输入 10 个整数:"<< endl;
    for(i = 0;i < 10;i++)           //通过循环变量控制数组元素下标变化
          cin >> a[i];
    cout <<"输出 10 个数组元素的值:"<< endl;
    for(i = 0;i < 10;i++)
          cout << a[i]<<'\t'<< endl;
    return 0;
}
```

【例 8.2】 用一维数组存放 Fibonacci 数列前 20 项并输出。

问题分析：Fibonacci 数列的第一项和第二项分别为 0 和 1，从第三项开始，每一项是前两项的和，即 0 1 1 2 3 5 8 13…。因此，可以先初始化数组的前两项，然后从第三项开始，每一项赋值为前两项之和。

程序如下：

```
#include <iostream>
using namespace std;
int main()
```

```
{   int i,fib[20] = {0,1};                    //定义数组并初始化
    for(i = 2;i < 20;i++)                     //使用循环依次访问数组元素
          fib[i] = fib[i - 1] + fib[i - 2];   //设置当前元素为前两项之和
    for(i = 0;i < 20;i++)                     //输出数组元素
          cout << fib[i]<<" ";
    return 0;
}
```

程序运行结果如下：

```
0 1 1 2 3 5 8 13 21 34 55 89 144 233 377 610 987 1597 2584 4181
```

【例 8.3】 找出数组 a 中的最大元素的值及其位置。

问题分析：

求 n 个数中最大数的方法：定义变量 max，用来存放临时最大值，其初值为第一个数；定义变量 maxi，其初值为第一个数的下标。将其余 n－1 个数依次与 max 变量进行比较，若大于 max，则将其值赋值给 max，即替换 max 中存放的临时最大值，maxi 为当前数组元素下标。当其余的数都与 max 比较结束后，max 中所存放的是 n 个数中的最大数，maxi 中存放的是最大数的下标。若要找出 n 个数中的最小数，其方法与找最大数类似。

程序如下：

```
#include < iostream >
using namespace std;
int main()
{   int i,n,max,a[] = {10,35,2,76,89,4,5,99,46,12}; //定义数组并初始化
    n = sizeof(a)/sizeof(a[0]);                      //计算数组大小
    max = a[0];                                      //max 置初值
    maxi = 0;                                        //maxi 置初值
    for(i = 1;i < n;i++)                             //其余 n - 1 个数组元素依次与 max 比较
        if(a[i]> max) { max = a[i];maxi = i; }       //若大于 max,则 a[i]赋给 max,i 赋给 maxi
    cout <<"max = "<<"a["<< maxi <<"] = "<< max << endl;
}
```

程序运行结果如下：

```
max = a[7] = 99
```

【例 8.4】 使用冒泡法对 10 个数从小到大进行排序。

问题分析：排序是将一组无序的数据按从小到大（升序）或从大到小（降序）的顺序排列。排序是数据处理的基本操作，本书主要介绍冒泡法和直接选择排序法。

冒泡法是一种常见的排序算法，通过调整违反次序的相邻元素的位置达到排序的目的。如想使数组元素按升序排列，则冒泡法的过程如下：从首元素开始，依次比较相邻的两个元素，将小的换到前面，大的换到后面。这样经过一轮从第一个数组元素到最后一个数组元素的比较，就将最大的数组元素交换到了最后一个位置，该过程称为一趟冒泡。再从首元素开始到倒数第二个元素进行第二轮冒泡。比较相邻元素，如违反次序，则交换相邻元素。经过第二轮冒泡，则将第二大的元素放到了倒数第二的位置。以此类推，经过第 n－1 轮冒泡，将倒数第 n－1 个大的元素放入位置 1。此时，最小的元素就放在了位置 0，完成排序。

待排序的数组如图 8-2 所示。

31	2	59	15	78	36	19	99	70	1
a[0]	a[1]	a[2]	a[3]	a[4]	a[5]	a[6]	a[7]	a[8]	a[9]

图 8-2 待排序的数组

冒泡排序第一轮比较过程如图 8-3 所示。

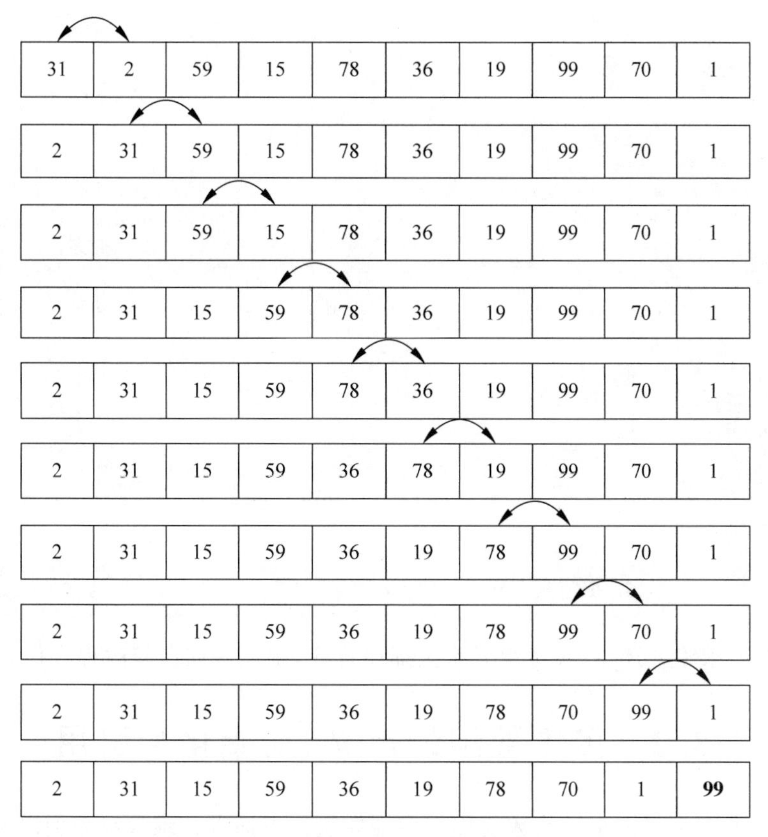

图 8-3 冒泡排序第一轮比较过程

由此可见,经过第一轮冒泡,将最大的数组元素 99 交换到最后。然后对 a[0]～a[8]这 9 个数组元素进行第二轮冒泡,将第二大的数组元素 78 交换到下标 8 的位置,如图 8-4 所示。

2	15	31	36	19	59	70	1	**78**	**99**

图 8-4 冒泡排序第二轮结果

第三轮冒泡则针对 a[0]～a[7]这 8 个数组元素进行,将第三大的数组元素 70 交换到下标 7 的位置,如图 8-5 所示。

2	15	31	19	36	59	1	**70**	**78**	**99**

图 8-5 冒泡排序第三轮结果

总结：n个数排序需要进行n－1轮冒泡，该过程可以用一个0～n－2的for循环来控制。第i次冒泡的结果是将第i大的元素交换到下标为n－i的位置。第i次冒泡就是检查下标0～n－i－1的元素，如果该数组元素和其后的元素违反了排序要求，则进行交换。冒泡排序中比较的是相邻元素，即a[j]和a[j＋1]，该过程可以用一个0～n－i－2的for循环来实现。

程序如下：

```
#include <iostream>
using namespace std;
int main()
{    int a[] = {31,2,59,15,78,36,19,99,70,1};
     int i, j, temp, n;
     n = sizeof(a)/sizeof(a[0]);                              //计算数组大小
     for(i = 0;i < n - 1;i++)                                 //外层循环控制比较的趟数
          for(j = 0;j < n - i - 1;j++)                        //内层循环控制两两比较的次数
               if(a[j]> a[j + 1])
                    { temp = a[j];a[j] = a[j + 1];a[j + 1] = temp;}    //满足条件则交换
     for(i = 0;i < n;i++)
          cout << a[i]<<'\t';
     cout << endl;
     return 0;
}
```

程序运行结果如下：

```
1  2  15  19  31  36  59  70  78  99
```

思考：若要求将上述10个数组元素按降序排序，则应该如何修改程序代码？

8.2 多维数组的定义、初始化和引用

具有两个或两个以上下标的数组称为多维数组。下面以二维数组为例说明多维数组的定义及使用方法。二维数组可以看成数学中的矩阵，由行和列组成。

8.2.1 二维数组的定义

二维数组定义的一般语法格式如下：

类型说明符　数组名[常量表达式1][常量表达式2];

例如：

```
int a[3][4];
```

定义了一个3行4列的二维数组，共12个整型数组元素。

定义二维数组后，系统会为其分配存储空间，计算机的存储结构是一维的存储空间。二维数组在内存中按行存放，即依次存放第一行的各元素(行中按列号从小到大的顺序)，再存放第二行的各元素……图8-6为二维数组a的逻辑结构，图8-7为二维数组a的存储结构。

a[0][0]	a[0][1]	a[0][2]	a[0][3]
a[1][0]	a[1][1]	a[1][2]	a[1][3]
a[2][0]	a[2][1]	a[2][2]	a[2][3]

图 8-6　二维数组 a 的逻辑结构

a[0][0]
a[0][1]
a[0][2]
a[0][3]
a[1][0]
a[1][1]
a[1][2]
a[1][3]
a[2][0]
a[2][1]
a[2][2]
a[2][3]

图 8-7　二维数组 a 的存储结构

与定义一维数组一样,在定义二维数组的行数和列数时,只能是一个常量表达式,不能含有变量,且只能是一个正整数。

在 C++语言中,允许定义多维数组,对数组的维数没有限制,可由二维数组直接推广到三维、四维和更高维数组。

8.2.2　二维数组的初始化

在定义数组的同时给数组元素赋值,即在编译阶段给数组所在的内存赋值。与一维数组类同,二维数组中可对所有的元素初始化,也可只对部分元素初始化。

(1) 分行给所有数组元素赋值:

```
int a[3][4] = {{1,2,3,4},{5,6,7,8},{9,10,11,12}};
```

上述语句将第 1 个花括号里的 1、2、3、4 依次赋给数组第 0 行的元素,使得“a[0][0]=1; a[0][1]=2; a[0][2]=3; a[0][3]=4;”; 将第 2 个花括号里的 5、6、7、8 依次赋给数组第 1 行的元素; 将第 3 个花括号里的 9、10、11、12 依次赋给数组第 2 行的元素。

(2) 按数组元素的排列顺序依次列出各数组元素的值,并只用一个花括号括起来。

```
int a[3][4] = {1,2,3,4,5,6,7,8,9,10,11,12};
```

同样,“a[0][0]=1; a[0][1]=2; …; a[2][3]=12”。尽管置初值的效果与第一种相同,但当数组比较大时,这种方法如果数据多就容易遗漏,不如第一种方法简单直观。

(3) 只对部分数组元素赋值,有两种形式。一种是以数组元素的排列顺序依次列出前面部分元素的值,即将初始化列表中的数值按行依次赋给每个数组元素,没有赋到初值的数组元素其初值为 0。例如:

```
int a[3][4] = {1,2,3,4};
```

初始化后“a[0][0]=1；a[0][1]=2；a[0][2]=3；a[0][3]=4；”,其余各数组元素为0。

另一种是以行为单位,依次列出部分元素的值。例如:

```
int a[3][4] = {{1,2},{3},{4,5}};
```

没有明确列举初值的元素,其初值均为0,等同于:

```
int a[3][4] = {{1,2,0,0}, {3,0,0,0}, {4,5,0,0}};
```

(4) 根据给定的初始化数据,自动确定数组的行数。例如:

```
int a[] [4] = {{1, 2, 3}, {4, 5, 6} , {7,8,9,10}};
```

这里定义数组a为3行4列的数组。又如:

```
int b[] [3] = {1,2,3,4,5};
```

编译器根据初值的个数确定数组为2行3列的数组。

注意:说明二维数组时,不能省略列数,因为二维数组按行存储,必须先确定列。

与一维数组类同,当说明为静态的多维数组或全局的多维数组时,其各个元素的初值置为0。

8.2.3 二维数组的引用

使用二维数组中元素的一般语法格式如下:

数组名[下标表达式 1][下标表达式 2];

其中,两个下标表达式分别表示元素所在的行号和列号。

对于一个m行n列的二维数组而言,访问其中的元素时,必须保证下标表达式1的值为0～m−1的整数,下标表达式2的值为0～n−1的整数。

二维数组中的数组元素需要同时确定行号和列号,所以在引用二维数组元素时一般通过二重循环实现。例如:

```
int a[3][4];
for(int i = 0;i < 3;i++)
    for(int j = 0;j < 4;j++)
        a[i][j] = i * 3 + j;
```

表示将i*3+j的值赋给二维数组a的第i行第j列的对应元素。多维数组的引用方法以此类推。

8.2.4 二维数组程序举例

【例 8.5】 找出二维数组中最小元素的值及其位置。

问题分析:二维数组中找最小数与一维数组中找最大最小数的算法类似,即先将min=a[0][0],同时对其位置即行列下标赋初值为0;然后遍历所有数组元素,如果a[i][j]<min,则min=a[i][j],循环结束后min中所存放的元素即为最小元素。

程序如下：

```
#include<iostream>
using namespace std;
int main()
{   int a[3][4]={3,15,70,90,9,2,1,-6,88,20,-10,18};
    int i,j,min,mini,minj;
    min=a[0][0];
    mini=0;
    minj=0;
    for(i=0;i<3;i++)
        for(j=0;j<4;j++)
            if(a[i][j]<min)  {  min=a[i][j];mini=i;minj=j;  }
    cout<<"数组 a 的最小值是:a["<<mini<<"]"<<"["<<minj<<"]="<<min<<endl;
    return 0;
}
```

程序运行结果如下：

```
数组 a 的最小值是: a[2][2]=-10
```

【例 8.6】 将一个 4 行 4 列的二维数组进行矩阵转置。

问题分析：矩阵转置是将 m 行 n 列的数组转换成 n 行 m 列的数组。该转换有两种实现方法：一是将数组 a 中的元素放到数组 b 中，数组 b 的行数为数组 a 的列数，列数为数组 a 的行数；二是在数组 a 内部交换，即将沿对角线对应位置的元素互换。

方法一：将数组 a 交换后的元素放到数组 b 中。该方法需要将数组 a 的所有元素放到数组 b 相应的位置上，所以需遍历数组 a 的所有元素。

程序如下：

```
#include<iostream>
using namespace std;
int main()
{   int a[4][4]={10,11,12,13,14,15,16,17,18,19,20,21,22,23,24,25},b[4][4];
    int i, j, t;
    cout<<"转置前:"<<endl;
    for(i=0;i<4;i++)
    {   for(j=0;j<4;j++)    cout<<a[i][j]<<'\t';
        cout<<endl;
    }
    for(i=0;i<4;i++)
        for(j=0;j<4;j++)
        {   b[i][j]=a[j][i]; }
    cout<<"转置后:"<<endl;
    for(i=0;i<4;i++)
    {   for(j=0;j<4;j++) cout<<b[i][j]<<'\t';
        cout<<endl;
    }
    return 0;
}
```

程序运行结果如下：

```
转置前:
10  11  12  13
14  15  16  17
18  19  20  21
22  23  24  25
转置后:
10  14  18  22
11  15  19  23
12  16  20  24
13  17  21  25
```

方法二：直接在数组 a 中进行，即沿对角线对应位置的 a[i][j]和 a[j][i]进行互换。值得注意的是，该方法只需循环交换一半元素即可达到要求。

程序如下：

```
#include <iostream>
using namespace std;
int main()
{    int a[4][4] = {10,11,12,13,14,15,16,17,18,19,20,21,22,23,24,25};
     int i, j, t;
     cout <<"转置前:"<< endl;
     for(i = 0;i < 4;i++)
     {    for(j = 0;j < 4;j++)     cout << a[i][j]<<'\t';
          cout << endl;
     }
     for(i = 0;i < 4;i++)
          for(j = i;j < 4;j++)                    //遍历对角线上方元素进行交换
          {    t = a[i][j];
               a[i][j] = a[j][i];                 //行列互换
               a[j][i] = t;
          }
     cout <<"转置后:"<< endl;
     for(i = 0;i < 4;i++)
     {    for(j = 0;j < 4;j++) cout << a[i][j]<<'\t';
          cout << endl;
     }
     return 0;
}
```

思考：如果要求遍历对角线下方的元素并进行交换，应该如何修改源程序？

8.3 数组作为函数的参数

数组用作函数的参数时，将数组名作为函数的实参，对形参数组的改变会影响实参数组。

8.3.1 数组元素作为函数的参数

数组元素在本质上与普通变量是一样的。若函数的形参是普通变量，则调用该函数时可以用数组元素做实参，参数按值传递。

【例 8.7】 产生 10 个 10～99 的随机数，将其中的所有素数输出。

问题分析：编写判断素数的函数 prime()，将 main()函数中产生的 10 个随机数存放在数组 a 中，并将对应的数组元素 a[i]作为参数传递给 prime()函数。当 prime()函数返回值为 1 时，则表示数组元素 a[i]为素数，将其输出。

程序如下：

```
#include <iostream>
#include <ctime>
#include <cstdlib>
using namespace std;
int prime(int x)
{    int i;
     for(i = 2;i < x;i++)
         if(x % i == 0) return 0;
     return 1;
}
int main()
{    int a[10],i;
     cout <<"所有数组元素:"<< endl;
     srand(time(NULL));                          //初始化随机数种子
     for(i = 0;i < 10;i++)
     {   a[i] = rand() % 90 + 10;                //产生随机数并存入数组
         cout << a[i]<<'\t';
     }
     cout <<"\n 随机数中所有素数:"<< endl;
     for(i = 0;i < 10;i++)
         if(prime(a[i])) cout << a[i]<<'\t';     //调用 prime()函数,若为素数则输出
     return 0;
}
```

程序运行结果如下(因为是随机数，所以每次运行时的结果是不同的)：

```
所有数组元素:
61  72  43  56  67  51  40  26  32  94
随机数中的所有素数:
61  43  67
```

8.3.2 一维数组作为函数的参数

在 C++语言中，数组名是数组在内存中存放的首地址。用数组名作为函数参数，此时参数传递的是数组在内存中的地址。内存的地址是唯一的、连续的，因此实参中的数组地址传到形参中，即实参、形参共用同一段内存空间。形参数组中的值发生变化，实参数组中的值也相应发生变化。

【例 8.8】 阅读下列程序，分析程序运行结果。

```
#include <iostream>
using namespace std;
void fact(int b[], int n)
{    int i;
     for(i = 0;i < n;i++)
          b[i] = 2 * b[i];
```

```
}
int main()
{    int a[] = {1,2,3,4};
     int i, n;
     n = sizeof(a)/sizeof(a[0]);
     cout <<"调用函数前的所有数组元素:"<< endl;
     for(i = 0;i < 4;i++)
          cout << a[i]<<'\t';                          //A
     cout << endl;
     fact(a,n);                                        //B
     cout <<"调用函数后的所有数组元素:"<< endl;
     for(i = 0;i < 4;i++)                              //C
          cout << a[i]<<'\t';
     return 0;
}
```

程序运行结果如下：

```
调用函数前的所有数组元素:
1   2   3   4
调用函数后的所有数组元素:
2   4   6   8
```

分析：

(1) main()函数中定义了一维数组 a 并进行初始化，A 行输出所有数组元素的值。

(2) 程序执行到 B 行时，转去执行 fact()函数，将数组 a 传递给形参数组 b。需要强调的是，数组名作为实参传递给对应形参数组时，因为数组名代表的是数组在内存中存储的首地址，所以数组 a 和数组 b 共用同一段存储空间。

(3) 在 fact()函数中，数组 b 中的所有元素被乘以 2，即数组元素的值发生了变化。

(4) fact()函数执行完毕，此时数组 b 中的数组元素值分别为 2、4、6、8，程序返回 main()函数。由于形参数组 b 和实参数组 a 共用存储空间，因此，fact()函数中的数组 b 的数组元素值被改变后，均已被保留下来，C 行输出所有数组元素的值。

程序运行过程中，数组 b 和 a 共用一段内存，如图 8-8 所示。

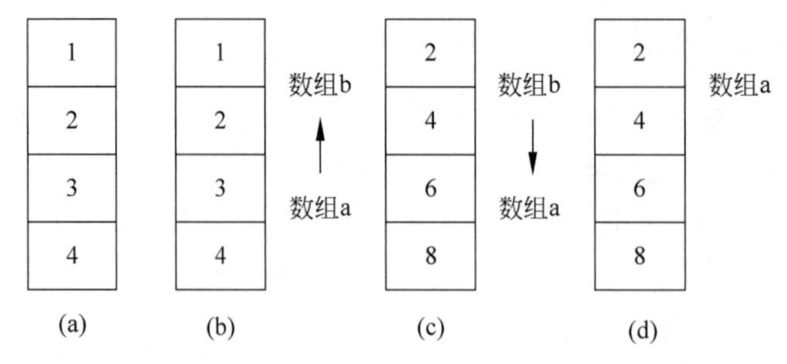

图 8-8　数组名作为函数参数，形参和实参共用一段内存

数组名作为函数参数时，需注意以下几点：

(1) 数组名作为函数参数时，形参数组和实参数组类型必须一致。

(2) 形参数组可以不指定大小，实参为数组名，函数调用时传递实参数组的首地址，即形参和实参共用内存空间，当形参数组中的值发生变化时，实参数组中的值也随之发生变化。

（3）多数情况下，定义的函数会对数组元素进行相关操作，如查找、排序等，此时需考虑数组元素个数。所以，一般情况下，需要使用一个形参来接受实参传递过来的数组元素个数。

【例 8.9】 编写顺序查找函数，查找某个数是否在数组中。

问题分析：顺序查找的思路是从数组中第一个下标为 0 的数组元素开始，依次与待查找数据进行比较，直到找到该待查找数或遍历整个数组元素未找到。

程序如下：

```
#include <iostream>
using namespace std;
void seqsearch(int a[],int size,int find)      //顺序查找函数
{    int i;
     for(i = 0;i < size;i++)
          if(find == a[i])                    //若待查找的数和 a[i]相等,则找到
          {    cout <<"找到了!是数组中第"<< i + 1 <<"个数"<< endl;
               break;
          }
          if(i == size) cout <<"未找到"<< endl;//查找不成功
}
int main()
{    int a[] = {90,78,56,37,92,86,33,25,80,100};
     int i,n,num;
     cin >> num;
     n = sizeof(a)/sizeof(a[0]);
     seqsearch(a,n,num);                      //实参分别为数组 a、数组大小、待查数据
     return 0;
}
```

程序运行结果如下：

```
92↙
找到了!是数组中第 5 个数!
```

当数据很多时，顺序查找的速度会很慢。最坏情况下，要比较到最后一个元素才能确定是否查找成功。如果序列中元素已经排列，则可以采用较快的查找算法，即二分法查找。

【例 8.10】 用二分法在升序排列的数组中查找指定值。

问题分析：二分法查找也称折半查找，从一组升序的 n 个数据中寻找某一个特定的数据。首先将待查找数与数组中第 n/2 个数据进行比较，若不相等，则判断待查找数与第 n/2 个数的大小。若待查找数小于第 n/2 个数，则要查找的数据在第 0～n/2－1 个数之间；否则，要查找的数据在第 n/2＋1～n－1 个数据之间。这样可将寻找数据的范围缩小一半，然后继续循环，将待查找的数与新的数据范围中间的数据比较，则又可以将查找范围缩小一半，直到查找成功或不成功。

图 8-9 是二分法查找过程。在序列中查找 72，只需要经过 3 次比较。

程序如下：

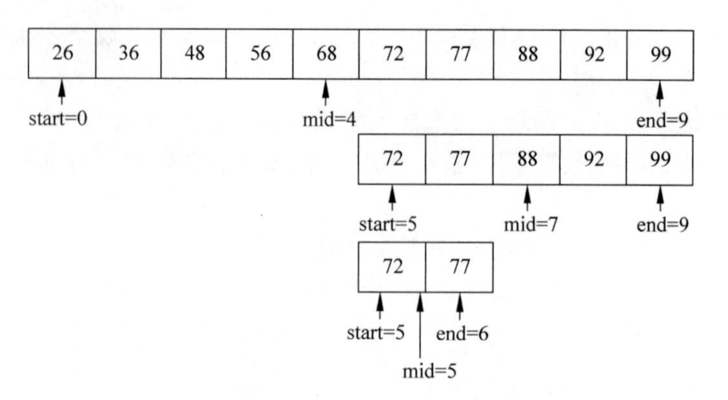

图 8-9　二分法查找过程

```
#include <iostream>
using namespace std;
int halfsearch(int arr[],int size,int key)
{   int start = 0,end = size - 1,mid;
    while(start <= end)
    {   mid = (start + end)/2;
        if(key < arr[mid])
            end = mid - 1;
        else if(key > arr[mid])
            start = mid + 1;
        else
            return mid;
    }
    return -1;
}
int main()
{   int i,a[10],find,n;
    cout <<"请输入 10 个升序整数:"<< endl;
    for(i = 0;i < 10;i++)
        cin >> a[i];
    cout <<"请输入待查找的整数:"<< endl;
    cin >> find;
    n = halfsearch(a,10,find);
    if(n!= -1)
        cout <<"数组中找到"<< find <<",是第"<< n + 1 <<"个元素"<< endl;
    else
        cout <<"数组中没有要找的数"<< endl;
    return 0;
}
```

程序运行结果如下：

```
请输入 10 个升序整数:
1 2 3 8 11 35 66 80 100 120
请输入待查找的整数:
66
数组中找到 66,是第 7 个元素
```

【例 8.11】 使用选择法对 10 个数从小到大进行排序。

问题分析：①编写 main()函数，完成数组元素的输入；②编写 selectsort()函数，该函数有两个形参，即形参数组和数组大小，实现选择法排序；③将数组名和数组元素个数作为实参，调用 selectsort()函数；④输出排序后的结果。具体排序的算法在 selectsort()函数中实现。选择法是不断找出数组的最小值，并将其依次与数组前面第 i 个元素调换，其中 i＝0～n－2。

待排序序列如图 8-10 所示。

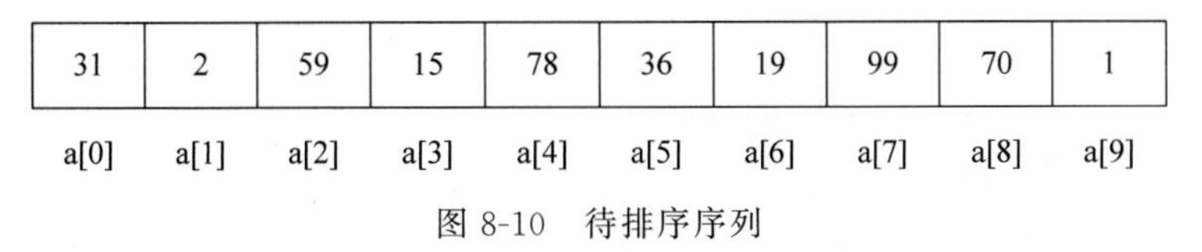

图 8-10　待排序序列

第 1 趟 i＝0 时，min 指向 a[0]～a[9]中最小值所在的位置，如图 8-11 所示。

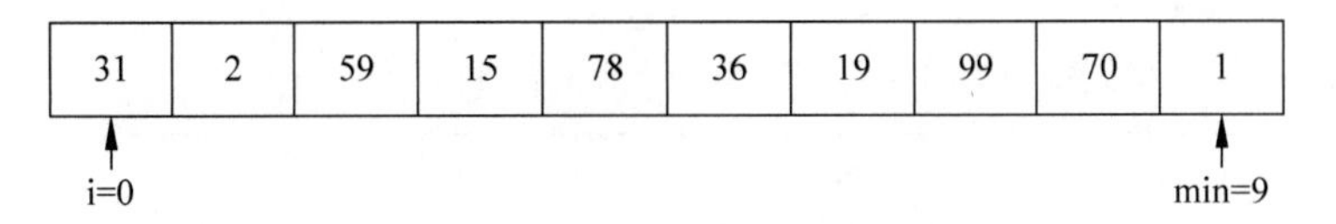

图 8-11　第 1 趟中 min 所指的位置

第 1 趟，10 个数组元素中的最小数为 1，下标 min＝9，交换 a[0]和 a[min]，第 1 趟排序结束。此时 10 个数组元素的顺序如图 8-12 所示。

1	2	59	15	78	36	19	99	70	31

图 8-12　选择排序第 1 趟排序的结果

第 2 趟，i＝1 时，min 指向 a[1]～a[9]中最小值所在的位置，如图 8-13 所示。

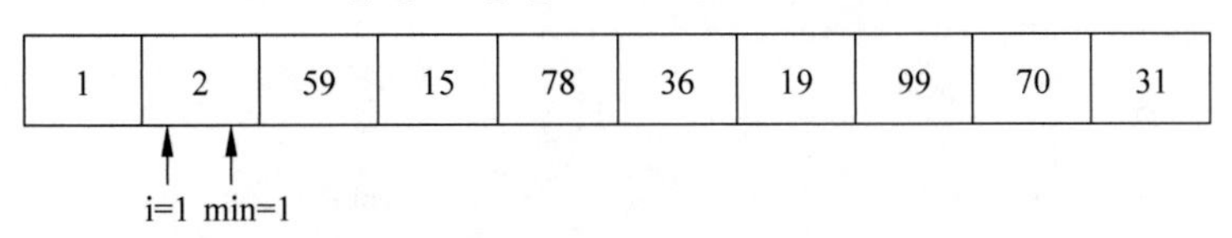

图 8-13　第 2 趟中 min 所指的位置

第 2 趟，未排序的 9 个数组元素中最小数为 2，下标 min＝1，无须交换，第 2 趟排序结束。此时 10 个数组元素的顺序如图 8-14 所示。

1	**2**	59	15	78	36	19	99	70	31

图 8-14　选择排序第 2 趟排序的结果

经过前 2 趟的排序，10 个数组元素中的前两个元素已经有序，接下来第 3 趟排序时只需针对除前两个元素外的 8 个数组元素进行即可。

第 3 趟，i＝2 时，min 指向 a[2]～a[9]中最小值所在的位置，如图 8-15 所示。

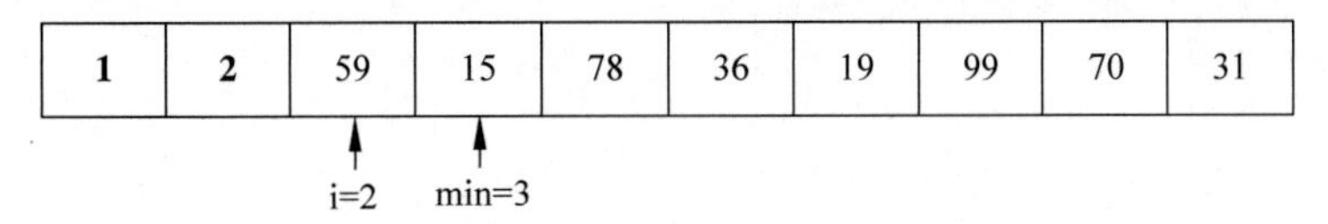

图 8-15　第 3 趟中 min 所指的位置

第 3 趟，未排序的 8 个数组元素中最小数为 15，下标 min=3，交换 a[i]和 a[min]，第 3 趟排序结束。此时 10 个数组元素的顺序如图 8-16 所示。

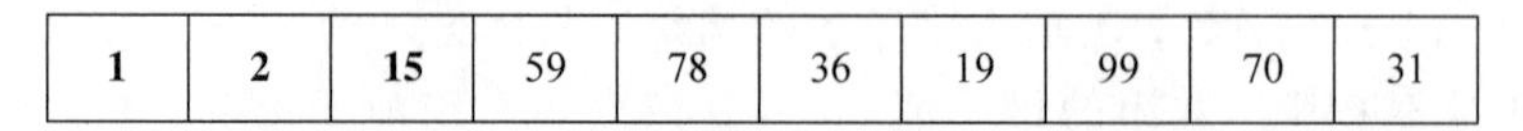

1
2
15
59
78
36
19
99
70
31

图 8-16　选择排序第 3 趟排序的结果

第 4 趟，i=3 时，min 指向 a[3]～a[9]中最小值所在的位置，如图 8-17 所示。

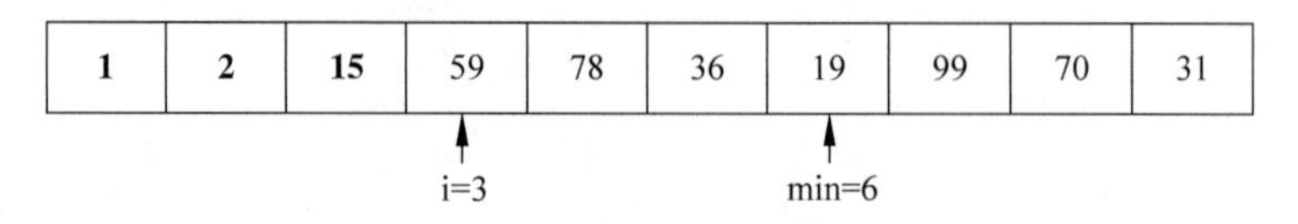

图 8-17　第 4 趟中 min 所指的位置

第 4 趟，未排序的 7 个数组元素中最小数为 19，下标 min=6，交换 a[i]和 a[min]，第 4 趟排序结束。此时 10 个数组元素的顺序如图 8-18 所示。

1	**2**	**15**	**19**	78	36	59	99	70	31

图 8-18　选择排序第 4 趟排序的结果

由此可见，经过 4 趟排序，前 4 个数组元素已经是有序的。对一个有 N 个数组元素的一维数组来说，当进行了 N−1 趟排序后，N 个数组元素均已排好序。在第 i 趟中，要比较 N−i 个数组元素，找出最小数组元素，将其对应的数组元素下标存放在 min 中，然后交换 a[i]和 a[min]。该排序用双重循环来实现，外层循环表示比较的趟数，内层循环表示每一趟的次数。

程序如下：

```
#include < iostream >
using namespace std;
void selectsort(int a[ ], int n)                    //选择法排序
{   int i, j, min, temp;
    for(i = 0; i < n - 1; i++)
    {   min = i;                                    //设置 min 的初值
        for(j = i + 1; j < n; j++)                  //找出最小的数组元素,并将其下标赋给 min
          if(a[j]< a[min]) min = j;
        temp = a[i];                                //交换 a[i]和 a[min]
        a[i] = a[min];
        a[min] = temp;
    }
}
int main()
{   int b[ ] = {31,2,59,15,78,36,19,99,70,1}, i, n;
    n = sizeof(b)/sizeof(b[0]);
    selectsort(b, n);                               //调用 selectsort()函数
    cout <<"排序后的数组元素:"<< endl;
    for(i = 0; i < n; i++)                          //输出排序后的数组元素
         cout << b[i]<<'\t';
    cout << endl;
    return 0;
}
```

程序运行结果如下：

```
排序后的数组元素：
1    2   15   19   31   36   59   70   78   99
```

选择排序函数 selectsort()中用数组作为形参，对应的实参用数组名，参数传递方式为传地址，即实参数组和对应的形参数组共用一段存储空间。当 selectsort()函数中的形参数组 a 发生改变时，即从无序变成了有序，实参数组 b 也随之改变。

8.3.3 二维数组作为函数的参数

二维数组作为函数形参时，必须明确指出二维数组的列数。这是因为从实参传送来的是数组的起始地址，而根据数组在内存中的排列规则，若在形参中不说明列数，则系统无法确定该数组的行数和列数。行数可以省略，与一维数组作为函数的形参类似，为了使函数更具有通用性，通常设置一个整型参数表示二维数组的行数，其实际取值在调用该函数时，由实参传递而获得。

【例 8.12】 二维数组作函数的参数，完成数组元素的输入、输出、对角线元素求和、四周元素求和。

问题分析：①编写函数 input()，产生二维数组元素，利用随机数生成公式，生成 10～99 的随机数；②编写函数 output()，对二维数组中所有数组元素进行输出；③编写函数 hs1()，对二维数组的主对角线元素求和；④编写函数 hs2()，对二维数组的所有靠边元素求和；⑤编写函数 main()，在 main()函数中实现对上述 4 个用户自定义函数的调用。

程序如下：

```
#include <iostream>
#include <ctime>
#include <cstdlib>
using namespace std;
void input(int a[][4],int size)                    //输入数组元素
{    int i, j;
     srand((unsigned int)time(NULL));              //初始化种子
     for(i = 0;i < size;i++)
           for(j = 0;j < 4;j++)
                a[i][j] = rand() % 90 + 10;         //产生随机数
}
void output(int a[][4],int size)                   //输出数组元素
{    int i, j;
     for(i = 0;i < size;i++)
     {    for(j = 0;j < 4;j++)
               cout << a[i][j]<<" ";
          cout << endl;
     }
}
int hs1(int a[][4],int size)                       //对角线元素和
{    int i, j, sum = 0;
     for(i = 0;i < size;i++)
           for(j = 0;j < 4;j++)
                if(i == j) sum += a[i][j];
```

```
        return sum;
    }
    int hs2(int a[][4],int size)              //四周元素和
    {   int i, j, sum = 0;
        for(i = 0;i < 4;i++)
            for(j = 0;j < 4;j++)
                if(i == 0||i == 3||j == 0||j == 3)   sum += a[i][j];
        return sum;
    }
    int main()
    {   int a[4][4];
        input(a,4);
        output(a,4);
        cout << hs1(a,4)<< endl;
        cout << hs2(a,4)<< endl;
        return 0;
    }
```

8.4 字符数组

字符数组是指数组中的每个数组元素都是char类型,每个数组元素存放一个字符。使用字符数组可以方便地存储和处理大量的字符型数据。

8.4.1 字符数组的定义

字符数组的定义格式和前面定义的数值型数组相同,如下:

类型说明符 数组名[常量表达式];

例如:

```
char ch[5];
```

上述语句定义了一个一维字符数组ch,该数组有5个数组元素,每个数组元素都是字符型。

又如,"char s[4][5];"定义了一个二维字符数组s,该数组有4行5列共20个数组元素,每个数组元素都是字符型。

8.4.2 字符数组的初始化

(1) 在初始化列表中依次列出所有数组元素的值,各初值之间用逗号分隔。例如:

```
char ch[5] = {'h', 'e', 'l', 'l', 'o'};
```

该初始化语句使得ch[0]='h',ch[1]='e', ch[2]='l',ch[3]='l' ,ch[4]='o'。

(2) 如果初始化列表中的字符个数小于数组长度,即仅列出数组前一部分数组元素初值时,其余元素由系统自动置为'\0'。例如:

```
char ch[10] = {'h', 'e', 'l', 'l', 'o'};
```

即 ch[0]='h',ch[1]='e', ch[2]='l',ch[3]='l',ch[4]='o',其余数组元素均为'\0'。

注意：如字符个数大于数组长度,则做出错处理。

(3) 如省略数组长度,则字符个数即为数组长度。例如：

```
char ch[] = {'h', 'e', 'l', 'l', 'o', 'w', 'o', 'r', 'l', 'd'};
```

(4) 用字符串常量初始化数组。例如：

```
char ch[] = {"hello"};
```

其中,花括号也可省略,即可以写为

```
char ch[] = "hello";
```

注意：用这种方法给字符数组初始化时,系统自动将字符串中的每个字符依次存放到字符数组中,并自动添加字符串结束符'\0',等价于：

```
char ch[] = {'h', 'e', 'l', 'l', 'o', '\0'};
```

此时,编译器自动根据初始化列表中的字符个数确定字符数组的长度为 6。其存储情况如图 8-19 所示。

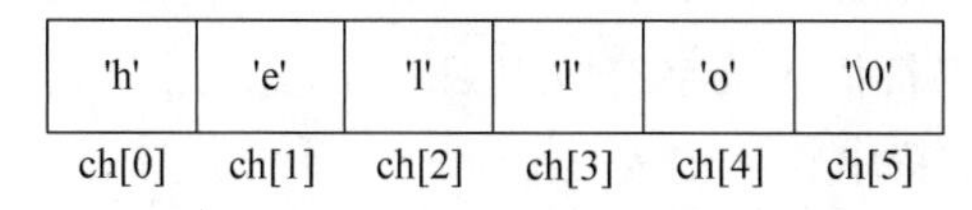

图 8-19 字符串“hello”在内存中的存储情况

在编程处理字符串时,通常通过检查字符串结束符'\0'来判断字符串是否结束,而不是由字符数组的长度来决定。使用字符串对一维字符数组初始化时,应保证字符数组长度大于字符串的实际长度。例如：

```
char ch[5] = "hello";
```

该初始化语句是错误的,因为字符数组 ch 仅有 5 个字符数组元素,但初始化时有 6 个字符作为其初值,编译时出错。同理,对于二维字符数组,可以存放若干个字符串,即使用由若干个字符串组成的初始化列表给二维字符数组初始化。

```
char ch[4][8] = {"hello", "world", "study","hard"};
```

字符数组 ch 中存放 4 个字符串,每个字符串的长度不大于 7。

8.4.3 字符数组与字符串

字符数组可以用来存放多个字符。字符数组中存放的是字符还是字符串,其区别在于数组中是否有字符串结束符'\0'。字符数组中各元素存放的字符中没有字符串结束符'\0'时,则该字符数组中存放的是多个字符；若字符数组中各元素存放的字符中有字符串结束符'\0',则该字符数组中存放的是字符串。

实际应用中,通常使用字符数组存放字符串。一维数组存放一个字符串,二维数组每行存放一个字符串。

```
char ch[4][8] = {"hello", "world", "study","hard"};
```


该二维字符数组 ch 有 4 行,每行具有 8 个字符空间,每行可以用来保存一个字符串。可以把二维字符数组 ch 看成一个特殊的一维数组,有 4 个数组元素 ch[0]、ch[1]、ch[2]、ch[3],每个元素对应 ch 的一行,每一行又是一个一维字符数组。上述语句在定义 ch 时对其进行了初始化,把 4 个字符串分别存放在二维字符数组的 4 行中。

C++语言将字符串作为字符数组来处理,约定用'\0'作为字符串的结束标志,它占内存空间,但不计入串长度。

8.4.4 字符数组的输入/输出

1. 逐个字符输入/输出

该操作方法和数值数组一样,一般使用循环语句来实现。例如:

```
char ch[10];
int i;
cout <<"输入 10 个字符: ";
for(i = 0;i < 10;i++) cin >> ch[i];      //A
```

A 行语句将输入的 10 个字符依次给字符数组 ch 中的各元素。

2. 将字符数组看作字符串整体输入/输出

【例 8.13】 输入字符串给字符数组。

问题分析:定义字符数组,使用 cin 和 cout 对字符数组整体输入/输出。

程序如下:

```
#include < iostream >
using namespace std;
int main()
{    char ch[20];
     cout <<"输入字符串:";
     cin >> ch;
     cout <<"ch = "<< ch << endl;
     return 0;
}
```

程序运行结果如下:

```
输入字符串:hello world↙
ch = hello
```

需要注意的是,对字符数组输入字符串时,如遇到换行或空格字符,则认为字符串输入结束,其后的非空格字符则认为是新字符串的开始。把一个字符数组中的字符作为字符串输出时,遇到'\0'则认为字符串结束。

如果需要把包含空格在内的字符串输入字符数组中,则需要使用函数 cin.getline()。该函数有两个参数,其中,第一个参数为字符数组名,第二个参数为允许输入的最多字符个数。

【例 8.14】 使用 cin.getline()实现字符串的输入。

```
#include <iostream>
using namespace std;
int main()
{    char ch[20];
     cout <<"输入字符串:";
     cin.getline(ch,20);
     cout <<"ch = "<< ch << endl;
     return 0;
}
```

程序运行结果如下：

```
输入字符串:hello world↙
ch = hello world
```

8.5 字符串处理函数

字符串的操作主要有复制、合并、比较等，而 C++语言中没有对字符串进行赋值、合并及比较的运算符，为方便编程，C++语言提供了处理字符串的函数库 cstring。下面介绍几个常用的字符串处理函数。需要注意的是，字符串处理函数的所有参数都是字符数组名或字符类地址。

1. 字符串长度函数 strlen()

格式：

```
strlen(字符数组名 ch);
```

功能：返回字符串的长度。

字符串长度是指字符串中有效字符的个数，即字符串中第一个字符串结束符'\0'之前的所有字符的个数。例如：

```
#include <iostream>
#include <cstring>
using namespace std;
int main()
{    char ch[40] = "hello world";                    //A
     cout << strlen(ch)<< endl;                      //B
     return 0;
}
```

程序运行结果如下：

```
11
```

若将 A 行语句改为"char ch[40]="hello world\0abcd\0ef";"，则程序输出结果仍为 11。

注意 strlen(字符数组名)和 sizeof 的区别。sizeof 求出的是系统分配给数组的所有字节数。若将 B 行语句改为“cout << sizeof(ch)<< endl;”,则程序输出结果为 40,在实际使用过程中要严格区分两者的区别。

2. 字符串复制函数 strcpy()

格式:

```
strcpy(字符数组名 ch1,字符数组名 ch2);
```

功能:将字符数组 ch2 中的字符串连同'\0'复制到字符数组 ch1 中,并返回 ch1。

应注意,ch1 所指内存要足够大,确保字符串复制后不出现越界问题。例如:

```
char c1[12] = "hello world";
char c2[6] = "study ";
cout << strcpy(c1,c2);
```

使用 strcpy()函数进行字符串复制时,会将字符串结束符'\0'一起复制,所以“strcpy(c1,c2);”执行后,字符数组 c1 的存储情况如图 8-20 所示。把一个字符数组中的字符作为字符串输出时,遇到'\0 则认为字符串结束,所以上述代码的运行结果为 study。

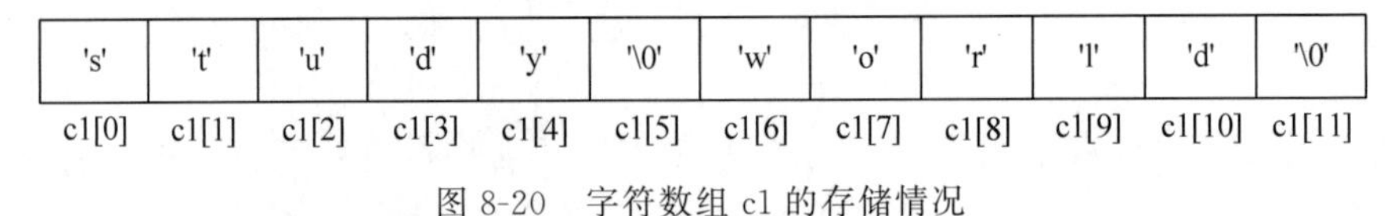

图 8-20 字符数组 c1 的存储情况

使用 strcpy()函数进行字符串复制时,第二个参数也可以是字符串常量。例如:

```
char ch1[10] ;
strcpy(ch1, "study");      //将字符串"study"复制到 ch1 中
```

3. 字符串连接函数 strcat()

格式:

```
strcat(字符数组名 ch1,字符数组名 ch2) ;
```

功能:将字符数组 ch2 中的字符串拼接到字符数组 ch1 字符串的后面,产生一个新的字符串,返回 ch1。

应注意,ch1 所指内存要足够大,以确保能容纳连接后的新字符串。例如:

```
char ch1[10] = "study";
char ch2[ ] = "hard";
cout << strcat(ch1,ch2)<< endl;
```

字符数组 ch1 和 ch2 在内存中的存储情况如图 8-21 所示。

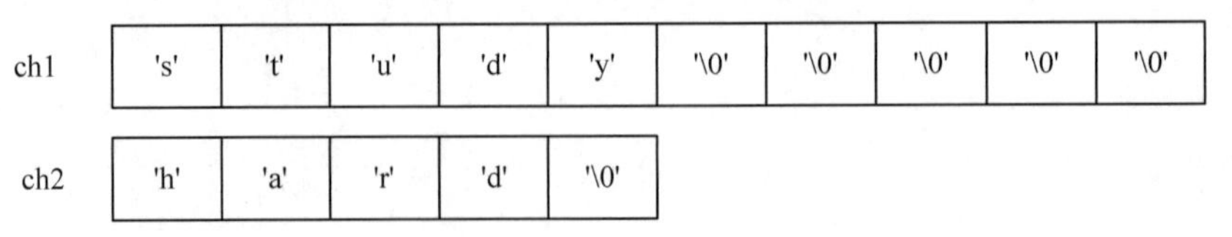

图 8-21 字符数组 ch1 和 ch2 在内存中的存储情况

合并后的字符串在内存中的存储情况如图 8-22 所示。

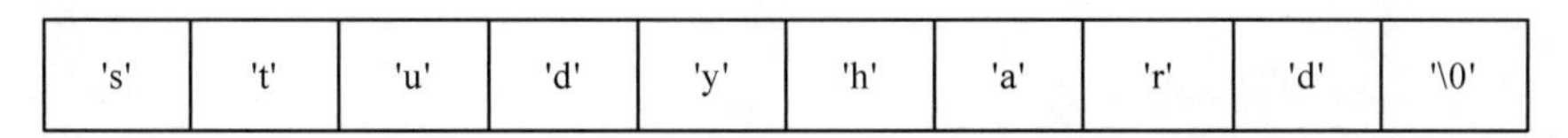

's'	't'	'u'	'd'	'y'	'h'	'a'	'r'	'd'	'\0'

图 8-22　合并后的字符串在内存中的存储情况

4. 字符串比较函数 strcmp()

格式：

```
strcmp(字符数组名 1,字符数组名 2);
```

功能：按照 ASCII 码顺序比较两个数组中的字符串，返回值为比较结果。

比较规则：对两个字符串从左到右对应字符进行比较，直到出现一对不同的字符或遇到字符串结束符'\0'为止。此时第一对不相同的字符的比较结果即为两个字符串的比较结果。

例如：

```
"a"<"b"    "THAT"<"that" "this">"these"
```

需要说明的是，字符串比较函数与前面几个函数的返回值类型不同，字符串比较函数的返回值是整型值，有 3 种可能：

(1) 字符串 1 大于字符串 2，返回值为正整数。

(2) 字符串 1 等于字符串 2，返回值为 0。

(3) 字符串 1 小于字符串 2，返回值为负整数。

注意：两个字符串不能直接使用关系运算符比较大小。例如，下面的写法是错误的：

```
if(ch1 == ch2) cout <<"yes"<< endl;      //其中 ch1 和 ch2 为字符数组名
```

因为 ch1 和 ch2 为字符数组名，代表字符数组的首地址，是常量。所以对字符串的比较只能使用 strcmp()函数。

5. 大写字母转换成小写字母函数 strlwr()

格式：

```
strlwr(字符数组名)
```

功能：将字符数组中所有的大写字母转换成小写字母，其他字符保持不变。

6. 小写字母转换成大写字母函数 strupr()

格式：

```
strupr(字符数组名)
```

功能：将字符数组中所有的小写字母转换成大写字母，其他字符保持不变。

【例 8.15】 输入 3 个字符串，按降序排序后输出。

问题分析：3 个字符串排序和 3 个数排序一样，可以采用冒泡法两两比较。两两比较的过程中，若非降序则交换。其与 3 个数值型数据排序不一样的是，由于操作对象是字符串，因此比较和交换等操作都要使用字符串处理函数。

程序如下：

```
#include <iostream>
#include <cstring>
using namespace std;
void swap(char ch1[],char ch2[])                    //交换字符串
{   char t[80];
    strcpy(t,ch1);
    strcpy(ch1,ch2);
    strcpy(ch2,t);
}
int main()
{   char s1[80],s2[80],s3[80];
    cout <<"输入三行字符串:"<< endl;
    cin.getline(s1,80);                             //输入字符串
    cin.getline(s2,80);
    cin.getline(s3,80);
    if(strcmp(s1,s2)<0)    swap(s1,s2);             //比较字符串大小
    if(strcmp(s1,s3)<0)    swap(s1,s3);
    if(strcmp(s2,s3)<0)    swap(s2,s3);
    cout <<"排序后:"<< endl;
    cout << s1 << endl << s2 << endl << s3 << endl;
    return 0;
}
```

程序运行结果如下：

```
输入三行字符串:
chinese
pysics
math
排序后:
pysics
math
chinese
```

【例 8.16】 编写一个函数“void strcat(char a[],char b[]);”,将 b 中的字符串拼接到数组 a 中的字符串后面,构成一个字符串(要求不使用 C++语言库函数 strcat())。

问题分析：拼接是指将字符数组 b 中的字符串连接到字符数组 a 字符串的后面,产生一个新的字符串,即 a[i]='\0'时,将字符数组 b 中的字符依次存放到字符数组 a 中。

程序如下：

```
#include <iostream>
using namespace std;
void strcat(char a[],char b[])
{   int i = 0, j = 0;
    while(a[i]) i++;
    while(a[i++] = b[j++]);
}
int main()
{   char a[80], b[80];
    cout <<"请输入两个字符串: "<< endl;
    cin.getline (a,80);
```

```
    cin.getline(b,80);
    cout <<"字符串 a 为: "<< a << endl;
    cout <<"字符串 b 为: "<< b << endl;
    strcat(a,b);
    cout <<"字符串 a + b 为:"<< a << endl;
    return 0;
}
```

程序运行结果如下：

```
请输入两个字符串:
Hello! ↙
World! ↙
字符串 a 为: Hello!
字符串 b 为: World!
字符串 a + b 为: Hello! World!
```

【例 8.17】 有一份待发的电文，请按照下面的规律译成密文。

A→Z　　a→z

B→Y　　b→y

C→X　　c→x

…

由以上规律可知，第一个字母变成第 26 个字母，第 i 个字母变成第(26－i＋1)个字母，非字母字符保持不变。要求编程实现上述功能，输入原文，输出密文，然后解密并显示解密后的效果。

问题分析：若原字符是大写字母，则原字符和密码字符之和等于'A'＋'Z'；若原字符是小写字母，则原字符和密码字符之和等于'a'＋'z'。

程序如下：

```
#include <iostream>
#include <cstring>
using namespace std;
void translate(char str[],int size)
{   int i;
    for(i = 0;i < size;i++)
         if(str[i]> = 'A'&&str[i]< = 'Z')
              str[i] = 'A' + 'Z' - str[i];
         else if(str[i]> = 'a'&&str[i]< = 'z')
              str[i] = 'a' + 'z' - str[i];
}
int main()
{   char text[1000],len;
    cout <<"输入明文:";
    cin.getline(text,1000);
    len = strlen(text);
    translate(text,len);
    cout <<"密文为:"<< text << endl;
    translate(text,len);
    cout <<"解密后为:"<< text << endl;
    return 0;
}
```

程序运行结果如下：

```
输入明文:hello world!
密文为:svool dliow!
解密后为:hello world!
```

习　　题

一、单选题

1. 下列一维数组的声明中正确的是________。

A. int a[]; B. int n=10, a[n];

C. int a[10+1]={0}; D. int a[3]={1,2,3,4};

2. 若有定义"int a[10];",则对数组 a 中元素的正确引用是________。

A. a[10] B. a(10) C. a[10-10] D. a[10.0]

3. 下列对二维数组的定义和初始化中,正确的是________。

A. int a[2][3]={{1,2},{3,4},{5,6}};

B. int a[][3]={1,2,3,4,5,6};

C. int a[2][]={1,2,3,4,5,6};

D. int a[2][]={{1,2},{3,4}6};

4. 若定义"int a[3][3];",则对数组 a 中元素的正确引用的是________。

A. int a(1,2) B. a[3][0] C. a[1>2][0] D. a[0,0]

5. 若有定义"int a[][3]={1,2,3,4,5,6,7};",则数组 a 第一维的大小是________。

A. 2 B. 3 C. 4 D. 不确定

6. 设有说明语句"int a[4][3]={3,4,5,6,7,8,9,10,11,12};",则 a[3][0]的初值是________。

A. 9 B. 10 C. 11 D. 12

7. 以下能正确定义字符串的语句是________。

A. char str='\x43'; B. char str[]="\0";

C. char str=''; D. char str[]={'\064'\};

8. 以下选项中,不能正确赋值的是________。

A. char s1[10]; s1="world"; B. char s2[]={'w', 'o', 'r', 'l', 'd'};

C. char s3[10]="world"; D. char s4[10]={"world"};

9. 已知"int a[3][2]={3,2,1};",则表达式 a[0][0]/a[0][1]/a[0][2]的值是________。

A. 0.166667 B. 1 C. 0 D. 错误的表达式

10. 若有下列语句,则输出结果是________。

```
char s1[20],s2[] = "copy\0right";cout << strcpy(s1,s2);
```

A. copy\0right B. copyright C. copy D. 不确定

二、填空题

1. 以下程序的运行结果是________。

```
#include <iostream>
using namespace std;
int main()
{    int a[] = {2,3,5,4},i;
     for(i = 0;i < 4;i++)
     switch(i % 2)
     {    case 0: switch(a[i] % 2)
                  {    case 0: a[i]++; break;
                       case 1: a[i]--;
                  } break;
          case 1: a[i] = 0;
     }
     for(i = 0;i < 4;i++) cout << a[i]<< '\t';
     return 0;
}
```

2. 以下程序段的运行结果是________。

```
char s[] = "Rep\0ch";
cout << s <<','<< sizeof(s)<< ','<< strlen(s)<< endl;
```

3. 以下程序运行结果的第 1 行是________,第 2 行是________。

```
#include <iostream>
using namespace std;
void f(int x)   {  x += x;  }
void f(int x[])  {  x[0] += x[0];  }
int main()
{    int x[] = {1,2};
     f(x[0]);
     cout << x[0]<<','<< x[1]<< endl;
     f(x);
     cout << x[0]<<','<< x[1]<< endl;
     return 0;
}
```

4. 以下程序的运行结果是________。

```
#include <iostream>
using namespace std;
int f(int a[],int n)
{    int s = 0,i;
     for(i = 0;i < n;i++)
          if(a[i] % 2!= 0)s += a[i];
     return s;
}
int main()
{    int a[] = {1,2,3,4,5,6,7,8,9,10};
     cout << f(a,sizeof(a)/sizeof(int))<< endl;
     return 0;
}
```

5. 以下程序的运行结果是________。

```
#include <iostream>
using namespace std;
void fun(int a[],int n)
{    int i,t;
     for(i=0;i<n/2;i++) {  t=a[i];a[i]=a[n-1-i];a[n-1-i]=t; }
}
int main()
{    int k[10]={1,2,3,4,5,6,7,8,9,10},i;
     fun(k,5);
     for(i=2; i<8;i++) cout<<k[i]<<' ';
     return 0;
}
```

6. 以下程序的运行结果是________。

```
#include <iostream>
using namespace std;
int f(int a[][3],int n)
{    int s=0,i;
     for(i=0;i<n/3;i++)
          s+=a[i][i];
     return s;
}
int main()
{    int a[][3]={1,2,3,4,5,6,7,8,9};
     cout<<f(a,sizeof(a)/sizeof(int))<<endl;
     return 0;
}
```

7. 以下程序的运行结果是________。

```
#include <iostream>
#include <string>
using namespace std;
int main()
{    char b[30];
     strcpy(b,"GH");
     strcpy(&b[ 1], "DEF");
     strcpy(&b[ 2], "ABC");
     cout<<b<<endl;
     return 0;
}
```

8. 以下程序的运行结果是________。

```
#include <iostream>
using namespace std;
int main()
{    char ch[]={"652ab31"};
     int i, s= 0;
     for(i=0;ch[i]>= '0'&&ch[i]<= '9';i+=2)
          s=s*10+ch[i]-'0';
```

```
    cout << s << endl;
    return 0;
}
```

9. 以下程序的功能是计算数组 a 中所有素数的和。其中,isprime()函数用来判断 x 是否是素数。素数是只能被 1 和本身整除且大于 1 的自然数。

```
#include <iostream>
using namespace std;
int isprime(int x)
{   int i;
    if(x == 1) return 0;
    for(i = 2;i <= x/2;i++)
        if(x % i == 0) return 0;
    ________;
}
int main()
{   int i,a[10],sum = 0;
    cout <<"输入 10 个正整数:"<< endl;
    for(i = 0;i < 10;i++) cin >> a[i];
    for(i = 0;i < 10;i++)
        if(________)
        {   sum += a[i];
            cout << a[i]<<'\t';
        }
    cout <<"\n 素数和 = "<< sum << endl;
    return 0;
}
```

10. 以下程序的功能是寻找并输出 11～999 所有的整数 m,满足条件 m、m^2、m^3 均为回文数(回文数是指其各位数字左右对称的整数,如 121、12321 都是回文数)。

```
#include <iostream>
using namespace std;
int f(int n)
{   int i = 0,j = 0,a[10];
    while(n!= 0)
    {   a[j++] = n % 10;
        n = ________;
    }
    j--;
    while(________)
    {   if(a[i] == a[j]) i++,j--;
        else return 0;
    }
    return 1;
}
int main()
{   int m;
    for(m = 11;m < 1000;m++)
    if(f(m)&&f(m * m)&&f(________))
    cout <<"m = "<< m <<",m * m = "<< m * m <<",m * m * m = "<< m * m * m << endl;
    return 0;
}
```

三、编程题

1. 从键盘输入 20 个学生的成绩存放到一维数组中,求出学生的平均成绩并输出高于平均分的学生成绩。

2. 编写函数,将一个十进制数转换成十六进制数。

3. 用筛选法求出 2~200 的所有素数。

4. 输出以下杨辉三角形(前 8 行)。

```
1
1  1
1  2  1
1  3  3  1
1  4  6  4  1
1  5  10 10 5  1
…
```

5. 编写一个函数"void strcpy(char a[],char b[]);",将 b 中的字符串复制到数组 a 中。(要求不使用 C++语言中的库函数 strcpy()。)

6. 编写一个程序,从键盘输入一个整型数,把该整型数的各位数按升序输出。例如,输入整型数 34126,输出 12346。

第 9 章 指　　针

在 C++语言程序中，每个变量在使用前都会被分配在内存某个位置上，即具有内存地址。C++语言程序的指针可以获取变量内存地址和操纵内存地址，这对计算机底层的程序设计是至关重要的。

正确使用指针，能有效使用各种复杂的数据结构、动态分配内存、高效使用数组和字符串、高效传递函数参数、编写通用的程序等；使用指针不当，容易导致程序运行时出错，或导致系统崩溃。

9.1 指针概述

C++语言程序通过指针可以获取变量内存地址，并对内存地址进行运算。使用指针间接引用变量，可以使程序简洁、紧凑、高效。指针的功能很强大，但又最“危险”，使用不当会带来严重的后果。

9.1.1 地址的概念

执行计算机程序时，程序和数据都存放在计算机内存中，为了区分不同内存单元，为每一内存单元指定唯一编号，该编号称为内存单元的地址。需要说明的是，内存单元的地址不占用内存。多数计算机以 1 字节(8 个二进位)作为一个最小的内存单元。

在程序中经常需要定义各种类型的变量。要定义一个变量，就要为该变量分配连续的内存单元，用来存储该变量的数值。变量的类型不同，系统为变量分配的连续内存单元个数也不同。例如，系统为字符型变量分配 1 字节的内存单元，为整型变量分配 4 字节的连续内存单元等。变量地址是指连续内存单元的第一个内存单元的地址，也称为变量的首地址。对于一个变量，需要区分变量的地址和变量的值，变量的地址是内存单元的编号，而变量的值是内存单元中的数据。

设有说明语句：

```
char c = 'a';
int i = 100;
```

在程序执行时，系统要为变量 c 和 i 分配内存单元，设分配的内存单元分别为 20220 和 30000～30003，如图 9-1 所示。系统为字符变量 c 分配了 1 字节的内存单元，其地址为 20220；为变量 i 分配了 4 字节的内存单元，其首地址为 30000。变量 c 的值为'a'，即存放在地址 20220 的内存单元中的值为'a'；变量 i 的值为 100，即存放在地址 30000 开始的连续 4 字节的内存单元中的值为 100。

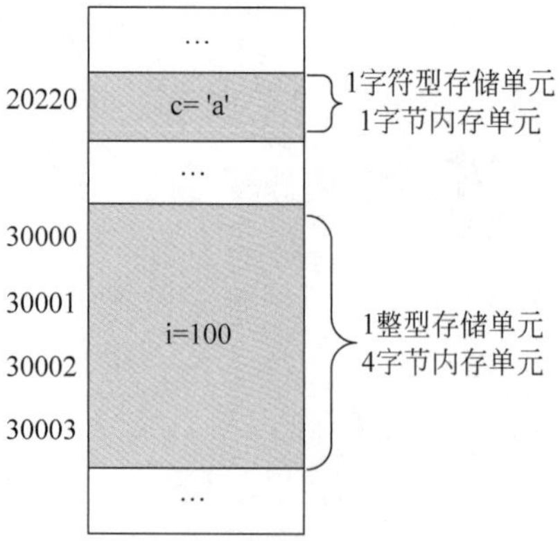

图 9-1　变量的内存单元、地址和值

在变量 c 和 i 的生存期内，为其分配的内存单元地址不变，当改变变量的值时，存储在所在地址的内存单元中的值也随之变化。

注意：应区分变量的地址和变量的值。变量的内存单元的编号(地址)称为变量的地址。

9.1.2　指针的概念

由于地址仅能指示和定位存储单元的开始位置，而无法确定多少个连续内存单元组成一个存储单元，因此通过一个存储单元的地址来存取该存储单元是困难的，为此 C++语言中引入了指针。

指针作为新类型数据，其值代表存储单元的地址，其型代表指针所指存储单元占用多少个连续字节。注意指针与地址的区别，不能将二者混为一谈。指针分为常量指针、变量指针和函数指针。

9.1.3　指针变量

存放指针的变量称为指针变量。说明指针变量的语法格式如下：

```
[存储类型] <类型> * <变量名 1 >[, * <变量名 2 >, …, * <变量名 n>];
```

其中，存储类型任选；变量名前的“ * ”指明所说明的变量为指针变量；类型则指出指针变量所指向的数据类型，即指针所指向的存储单元中存放的数据的类型。例如：

```
int *p1, *p2, i, j;
```

说明了两个整型指针变量 p1、p2，两个整型变量 i、j。

说明：

(1) 由于指针变量用于存放指针，其值是一个地址，取值范围是内存地址范围，在计算机中通常用 4 字节来存放地址值，因此不同类型的指针变量所分配的内存单元大小相同。

(2) 定义指针变量时，其类型定义了指针变量所指向的数据类型，该类型确定了指针所指数据占用的存储空间大小。例如，p1、p2 所指数据类型为整型。

(3) 与普通变量相似，指针变量也只有在具有确定的初值后方可使用。指针变量的初值通常只能是所指类型的某个变量的指针。例如：

```
int j, *p;
p = &j;
```

此处，一元运算符“&”称为取指针运算符，该运算符的操作数只能是一个变量，其运算结果是取变量的指针。这样，指针变量 p 就指向了整型变量 j。

当然，在说明指针变量时也可同时对其初始化。例如：

```
int j, *p = &j;
```

说明了整型变量 j 和整型指针变量 p，同时将变量 p 的初值设置为 j 的指针。

9.1.4 指针的运算

指针的运算有赋值、算术、关系等。

1. 指针的赋值运算

将一个指针赋给一个指针变量称为指针的赋值。

(1) 将与指针变量同类型的任一变量的指针赋给指针变量。例如：

```
int a = 1, * p1, * p2;
p1 = &a;                              //将变量 a 的指针赋给 p1
p2 = p1;                              //同类型的指针变量之间的赋值
```

即指针变量 p1 和 p2 都指向变量 a，如图 9-2 所示。

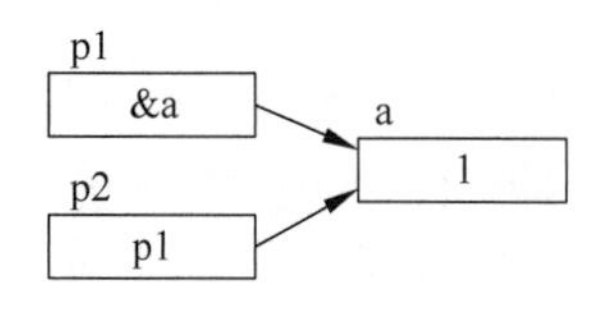

图 9-2 两个指针变量指向同一变量

定义指针变量，并对其赋初值后，就可在程序中访问指针变量。对指针变量的访问有两种形式：一是访问指针变量的值，二是访问指针变量所指向的变量。对指针值的访问通常是将一个指针变量的值赋给另一个指针变量或者进行指针的运算。访问指针变量所指向的变量时，要用一元运算符“*”。该运算符称为取变量运算符，要求一个指针变量作为它的操作数，其运算结果为取其操作数所指向的变量。如：

```
int * ip1, * ip2, i = 100, j;         //定义了指针变量 ip1、ip2,整型变量 i、j
ip1 = &i, ip2 = &j;
* ip1 = 200, * ip2 = 300;             //L1
```

注意到，L1 行中 * ip1 运算取的是 ip1 所指的变量，即变量 i；* ip2 运算取的是 ip2 所指的变量，即变量 j。

(2) 在 C++语言中，可以将 0 赋给任一指针变量，其作用是初始化指针变量，使其值为“空”。这实际上是告诉系统指针值为 0 的指针变量不指向任一存储单元，即不指向任何变量。例如：

```
#include <iostream>
using namespace std;
int main()
{   int * pt = 0;
    * pt = 100;                       //L1
    cout << * pt << '\n';
}
```

该程序能正确编译和链接，但在执行时，当运行到 L1 行时，系统提示“该程序执行了非法的操作”，并终止程序的执行。这是因为 pt 不指向任一存储单元，当然就不允许向 pt 所指向的存储单元赋值。

当指针变量被说明为静态存储类型或全局类型时，其默认的初值为 0。

C++语言允许将一个整型常数经强制类型转换后赋给一个指针变量。例如：

```
float * fp;
fp = (float * )5000;
```

表示将整型值5000强制转换成单精度浮点型指针后赋给指针变量fp。这种初始化方法仅在设计系统程序或对计算机内存分配非常清楚，且有明确的目的和约定时才有意义，否则可能产生极为严重的后果。

必须强调，向一个未初始化的指针变量所指向的存储单元赋值是极其危险的。例如：

```
#include <iostream>
using namespace std;
int main()
{    int * pp ;
     cout <<"输入一个整数:";
     cin >> * pp;                                     //L1
     cout << * pp <<'\n';
}
```

该程序可被编译和连接，但在编译时，程序行L1会有一个警告"warning C4700：local variable 'pp' used without having been initialized"，即使用了未初始化的局部变量pp。

上述程序中，指针变量pp为局部变量，系统为pp分配内存时，并不对其初始化，pp的值是随机的，pp所指向的内存单元可能是未分配的内存，也可能是已分配的内存。若是后者，则把数据写入该存储单元时，轻者导致程序运行结果出错，重者导致系统出错或崩溃。上机调试程序时，要重视警告信息，把警告视为错误，以弥补编程时的疏忽。

（3）语法上，不同类型的指针变量之间的赋值经强制类型转换后是允许的，但实际使用时应有明确的目的和意义。例如：

```
#include <iostream>
using namespace std;
int main()
{    int *p1;
     float x = 2.5, *p3 = &x;
     cout <<"*p3 = " << *p3 << '\n';                  //L1
     p1 = (int *)p3;                                  //L2
     cout << "*p1 = " << *p1 <<'\n';                  //L3
}
```

程序运行结果如下：

```
*p3 = 2.5
*p1 = 1075838976
```

L1行取p3所指变量时，按实数格式解释，正确输出2.5；经L2行赋值后，p1和p3的值相同，但p1的指针类型是整型，故L3行取p1所指变量时，应按整数格式解释，输出的值不是2.5，而是1075838976。

2. 指针的算术运算

指针的算术运算分为3种：一是指针变量的"++"或"--"操作；二是指针变量值加或减一个整数值；三是两个同类型指针相减。

（1）指针变量执行"++"或"--"操作，其含义是使指针变量指向下一个或上一个变量，而指针变量的值实际加或减sizeof(<指针变量类型>)。

(2) 指针变量加或减一个整型值 n,即

```
<指针变量> = <指针变量> ± n
```

使指针变量指向其后或其前的第 n 个变量,指针变量的值实际增减为

```
<指针变量> = <指针变量> + sizeof (<该指针变量的类型>) * n
```

(3) 两个同类型指针值相减,代表两个指针间的变量个数,主要用于数组应用中。

【例 9.1】 指针变量的算术运算。

```
#include<iostream>
using namespace std;
int main()
{   int a[10] = {10,20,30,40,50,60}, *p1 = &a[0], *p2 = &a[5];
    cout<<"*p1 = "<<*p1<<",  *p2 = "<<*p2;
    p1++; p2--;
    cout<<"\n*p1 = "<<*p1<<",  *p2 = "<<*p2;
    p1 += 2;
    cout<<"\n*p1 = "<<*p1<<" *(p2 + 1) = "<<*(p2 + 1);
    cout<<"\np2 与 p1 之间整型变量的个数 = "<< p2 - p1;
    return 0;
}
```

程序运行结果如下:

```
*p1 = 10,  *p2 = 60
*p1 = 20,  *p2 = 50
*p1 = 40,  *(p2 + 1) = 60
p2 与 p1 之间整型变量的个数 = 1
```

3. 指针的关系运算

所有关系运算均可用于指针。指针的关系运算主要用于数组方面的应用。指针的关系运算依据指针值的大小(作为无符号整数)来进行。通常只有同类型的指针比较才有意义,相等比较的含义是判断两个指针是否指向相同的变量,即两个指针值是否相同;而不等比较的含义是判断两个指针是否指向不同的变量;当指针与 0 比较时,表示指针的值是否为空。

【例 9.2】 指针变量的关系运算。

```
#include<iostream>
using namespace std;
int main()
{   int a[5] = {100,200,300,400,500}, *p1, *p2,sum = 0;
    for(p2 = &a[0];p2 <= &a[4];p2++)                //L1
         cout<<*p2<<'\t';
    p1 = &a[0] + 5;                                 //L2
    p2 = &a[0];                                     //L3
    while (p2!= p1)                                 //L4,此处条件还可表示为 p2 < p1
         sum += *p2++;                              //L5
    cout<<"\n元素之和为:"<< sum <<'\n';
    return 0;
}
```

程序运行结果如下：

```
100     200     300     400     500
元素之和为:1500
```

程序输出数组 a 的所有元素值，并计算数组 a 的总和。L1 行的循环语句执行完后，p2 指向数组 a 最后元素的后面；L2 行使指针 p1 指向数组 a 的最后元素的后面；L3 行使 p2 重新指向数组 a 的第 0 个元素；L4 行中的条件成立时，表示还没有遍历数组 a 中的所有元素；L5 行中的"* p2++;"语句，因运算符"++"和"*"的优先级相同，故按从右到左的顺序计算，先进行 p2++的运算，即取出 p2 的值参加后续运算，然后使 p2 加 1，因此"* p2++;"等同于语句"sum+= * p2,p2++;"。

C++语言中，同一个运算符可能表示不同的运算。例如，"*"既是乘法运算符，又是取变量运算符，编译器会根据运算符的操作数个数来区分。作为乘法运算符时，"*"应有两个操作数；而作为取变量运算符时，"*"只有一个操作数。同样，"&"可表示"按位与"，又可表示取指针。C++语言中，每个运算符都有优先级，应特别注意以下几种运算符的混合运算。

(1) 取变量运算符"*"和取指针运算符"&"的优先级相同，按自右向左的方向结合。设有说明语句：

```
int a[5] = {100,200,300,400,500}, * p1 = &a[0],b;
```

对于表达式 & * p1，其求值顺序是先做"*"运算，再做"&"运算，即先取 p1 所指变量，再取该变量的指针。因此，该表达式的值为变量 a[0]的指针，它等同于 &a[0]或 p1 的值。对于表达式 * &a[0]，则是先做"&"运算，得到变量 a[0]的指针；再做"*"运算，取该指针所指变量，即等同于 a[0]。

(2) "++"运算符、"--"运算符、取变量运算符"*"和取指针运算符"&"的优先级相同，按自右向左的方向结合。下面举例说明。

① p1=&a[0],b= * p1++;

对于 * p1++，先做"++"运算，再做"*"运算。因"++"是后置运算符，故其等同于取 * p1 的值参加运算，再使指针 p1 的值加 1。其运行结果是：b 的值为 100，p1 指向 a[1]。

② p1=&a[0],b= * ++p1;

对于 * ++p1，先做"++"运算，再做"*"运算。因"++"是前置运算符，故先使指针 p1 的值加 1，再取 * p1 的值参加运算。其运行结果是：b 的值为 200，p1 指向 a[1]。

③ p1=&a[0],b=(* p1)++;

对于(* p1)++，先做"*"运算，再做"++"运算，即先取出 * p1 的值参加后续运算，再完成 * p 的值加 1 的运算。其运行结果是：b 的值为 100，p1 仍指向 a[0]，并把 a[0]的值修改为 101。

④ *(p1++);

*(p1++)表达式等同于表达式 * p1++。

⑤ p1=&a[1],b=++ * p1;

表达式++ * p1 等同于(++(* p1))。其运行结果是：b 的值为 201，a[1]的值修改为

201，p1 仍指向数组 a 的第 1 个元素。

4. 指针值的输出

【例 9.3】 指针变量值的输出。

```
#include<iostream>
using namespace std;
int main()
{   int i = 10, * pi = &i;
    char c[] = "program", * pc = &c[0];
    cout <<" * pi = "<< * pi <<'\t'<<"pi = "<< pi <<'\n';
    cout <<" * pc = "<< * pc <<'\t'<<"pc = "<<(int * )pc <<'\n';      //输出 pc 的值
    cout <<"c[] = "<< c <<'\n';
    cout <<"c[] = "<< pc <<'\n';                                     //输出 pc 所指的字符串
    return 0;
}
```

程序运行结果如下：

```
* pi = 10   pi = 0085FD4C
* pc = p    pc = 0085FD30
c[] = program
c[] = program
```

通常用 cout 直接输出指针时输出的是指针的十六进制值，但由于用 cout 输出字符型指针时，系统规定的输出是其所指的字符串，因此若要输出字符指针的值，需要将其强制转换成其他类型的指针后再用 cout 输出。

9.2 指针与数组

指针与数组关系密切，可用指针访问数组中的任一元素。使用指向数组的指针变量访问数组元素，可使程序紧凑，提高程序运算速度。

C++语言规定，在说明一个数组后，该数组名便作为一个常量指针来使用，其值为该数组在内存中的起始地址，即数组的第 0 个元素的起始地址；其类型为该数组元素类型。

9.2.1 指针与一维数组

若说明了一个与一维数组的类型相同的指针变量，并使该指针变量指向数组首元素，就可用该指针变量存取所指数组的所有元素。例如：

```
int a[10], * pa;
pa = a;              //或 pa = &a[0];
```

指针变量 pa 指向数组 a 的首元素，其后可用 pa 存取数组 a 的所有元素。

【例 9.4】 用指针访问数组元素。

```
#include<iostream>
using namespace std;
int main()
```

```
{   int a[10],i, * p;
    for(p = a,i = 0;i < 10;i++,p++)                       //指针变量法初始化数组 a
        * p = i;
    //输出数组 a 的所有元素,有以下 3 类 4 种方法
    for(p = a,i = 0;i < 10;i++)                           //①指针变量法
        cout <<"a["<< i <<"] = "<< * p++<<'\t';
    for(cout <<'\n',p = a,i = 0;i < 10;i++)               //②指针常量法
        cout <<"a["<< i <<"] = "<< * (p + i) <<'\t';
    for(cout <<'\n',i = 0; i < 10; i++)                   //③指针常量法
        cout <<"a["<< i <<"] = "<< * (a + i) <<'\t';
    for(cout <<'\n', i = 0; i < 10; i++)                  //④下标法
        cout <<"a["<< i <<"] = "<< p[i]<<'\t';
    cout <<'\n';
    return 0;
}
```

程序运行结果如下：

```
a[0] = 0 a[1] = 1 a[2] = 2 a[3] = 3 a[4] = 4 a[5] = 5 a[6] = 6 a[7] = 7 a[8] = 8 a[9] = 9
a[0] = 0 a[1] = 1 a[2] = 2 a[3] = 3 a[4] = 4 a[5] = 5 a[6] = 6 a[7] = 7 a[8] = 8 a[9] = 9
a[0] = 0 a[1] = 1 a[2] = 2 a[3] = 3 a[4] = 4 a[5] = 5 a[6] = 6 a[7] = 7 a[8] = 8 a[9] = 9
a[0] = 0 a[1] = 1 a[2] = 2 a[3] = 3 a[4] = 4 a[5] = 5 a[6] = 6 a[7] = 7 a[8] = 8 a[9] = 9
```

由例 9.4 可见：

(1) 设 p=a,则 p+i、a+i、&a[i]均为 a[i]的指针，*(p+i)、*(a+i)、p[i]和 * &a[i]均为 a[i]。

(2) 访问数组 a 中元素的方法有 3 类,均可实现输出数组的各个元素,但效率不同,差别在更新指针值的计算上。

指针变量法：p++等价于 p+4。

指针常量法：p+i 等价于 p+i*4,a+i 等价于 a+i*4。

下标法：p[i]等价于 *(p+i)。

由于指针变量法在更新指针值时仅做一次加法,而其他方法均要额外多做一次乘法,因此指针变量法的效率最高。

(3) 下标法指针值更新的算式表明 C++语言中数组下标从 0 开始能提高运行效率。假设整型数组 a 的下标从指定整型值 m 开始、n 结束,这样数组 a 的元素依次为 a[m]、a[m+1]、…、a[n],而元素 a[i](n≥i≥m)的指针的算式为

```
a + (i - m) * 4
```

除了各做一次乘法和加法外,还要多做一次减法。

(4) C++语言中,不对数组下标和指针越界做检查,这是为了提高运行效率,因此编程时应特别关注数组下标和指针是否越界。

9.2.2 指针与二维数组

下面以二维数组为例,讨论用指针访问多维数组元素的方法,三维或更多维数组的情形可类推。

1. 将二维数组作为一维数组使用

在C++语言中,由于二维数组元素在内存中按行逐列连续存放,因此可将二维数组分配的连续内存空间作为一维数组来使用。例如,设有如下说明:

```
int a[3][3] = {{1,2,3}, {4,5, 6}, {7,8, 9}}, i, j, *p;
```

则下列两段程序均可输出二维数组 a 的所有元素。

(1) 常量指针法:

```
for(p = &a[0][0], i = 0; i < 3; i++, cout <<'\n')
     for(j = 0; j < 3; j++, cout <<'\t')
          cout << * (p + 3 * i + j);
```

可见,若 p=&a[0][0],则 a[i][j]的指针还可表示为

```
p + 3 * i + j
```

但其算式复杂,运行效率低且未充分体现二维数组的特点,通常较少使用。

(2) 变量指针法:

```
for(p = &a[0][0], i = 0; i < 3; i++, cout <<'\n')
     for(j = 0; j < 3; j++, cout <<'\t')
          cout << * p++;
```

或

```
for(p = &a[0][0], i = 0; i < 3 * 3; i++)
{    cout << * p++;
     if((i + 1) % 3) cout <<'\t'; else cout <<'\n';
}
```

该方法运行效率高,比较常用,但未体现二维数组的特点。

2. 指针与二维数组的关系

下面进一步讨论指针与二维数组的关系。设有如下数组说明:

```
int a[3][3] = {{1,2,3},{4,5,6},{7,8,9}};
```

在C++语言中,可将二维数组的每一行看成一个元素,即数组 a 包含 3 个元素 a[0]、a[1]、a[2],数组名 a 是该一维数组 a 的指针,即 a[0]元素的指针,a+1 是 a[1]元素的指针,a+2 是 a[2]元素的指针,如图 9-3(a)所示。

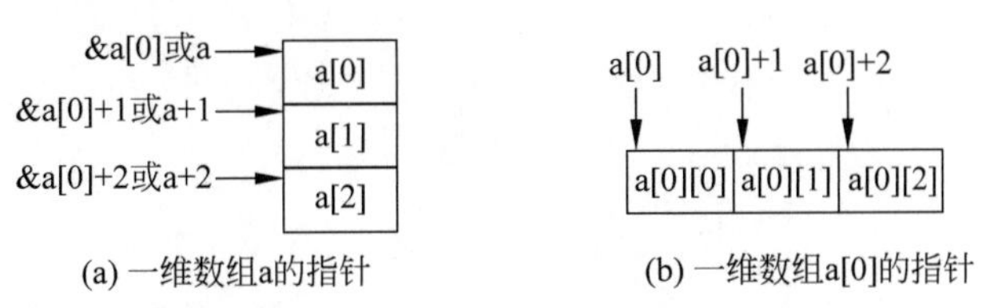

图 9-3　二维数组中的一维数组指针

由于 a[0]又是一个一维数组,包含 3 个元素 a[0][0]、a[0][1]、a[0][2],因此 a[0]就是

一维数组 a[0]的指针，即数组元素 a[0][0]的指针，a[0]+1 是数组元素 a[0][1]的指针，a[0]+2 是数组元素 a[0][2]的指针，如图 9-3(b)所示。a[1]、a[2]类推。

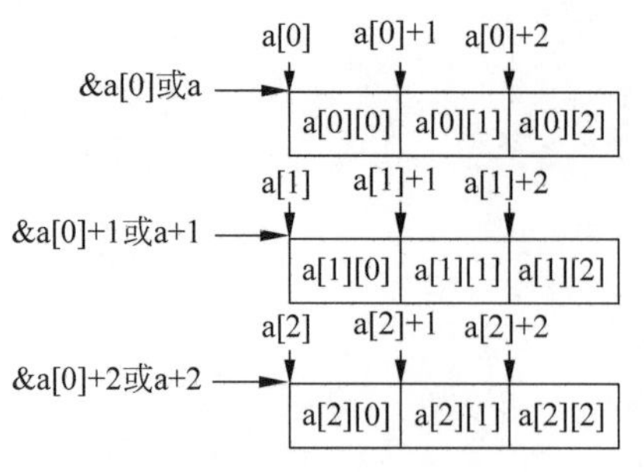

图 9-4　指针与二维数组的关系

综上所述，指针与二维数组的关系可用图 9-4 概括。其中，行方向的指针 a、a+1 和 a+2 俗称行指针，是指向一维数组的指针(后面介绍)，其指针类型为含有 3 个整型元素的一维数组；列方向的指针 a[0]、a[0]+1、a[0]+2、…、a[2]+2 俗称列指针，其指针类型为整型。尽管 a 与 a[0]、a+1 与 a[1]、a+2 与 a[2]的值相同，但类型不同，若有必要，可使用强制类型转换进行相互转换。

推而广之，设有说明“int a[M][N];”(M、N 均为符号常量)，则元素 a[i][j](0⩽i<M，0⩽j<N)的指针如下：

(1) a[i]+j，如图 9-5 所示。

(2) *(a+i)+j，a[i]等价于 *(a+i)。

(3) *(&a[i])+j，a+i 等价于 &a[i]。

(4) &a[i][j]。

&a[0]+i或a+i →

a[0][0]	…	a[0][j]	…	a[0][N-1]
…	…	a[i]+j …	…	…
a[i][0]	…	a[i][j]	…	a[i][N-1]
…	…	…	…	…
a[M-1][0]	…	a[M-1][j]	…	a[M-1][N-1]

图 9-5　二维数组元素的指针

元素 a[i][j]也有如下等价表示：

(1) *(a[i]+j)。

(2) *(*(a+i)+j)。

(3) (*(a+i))[j]。

【例 9.5】 用指针输出二维数组的元素值。

```
#include <iostream>
#include <iomanip>
using namespace std;
int main()
{   int a[3][3] = {{1,2,3},{4,5,6},{7,8,9}},i,j, *p;
    cout <<"用指针输出数组的各个元素:\n";
    for(p = (int *)a,i = 0;i < 9;i++)                //将二维数组当作一维数组
    {   if(i&&i % 3 == 0) cout <<'\n';
        cout << *p++<<'\t';
    }
    cout <<"\n 用指针输出数组的全部元素:\n";
    for(i = 0,p = a[0];p <= a[2] + 2;p++,i++)        //将二维数组当作一维数组
    {   if(i&&i % 3 == 0) cout <<'\n';
        cout << setw(4)<< *p;
```

```
    }
    cout <<"\n 用四种不同方法输出数组的元素:\n";
    for(i = 0;i < 3;i++)
        for(j = 0;j < 3;j++)
            cout << * (a[i] + j)<<'\t'<< * ( * (a + i) + j)<<'\t'<<( * (a + i))[j]<<'\t'<< a[i][j]<
<'\n';
    return 0;
}
```

程序运行结果如下:

```
用指针输出数组的全部元素:
1       2       3
4       5       6
7       8       9
用指针输出数组的全部元素:
1       2       3
4       5       6
7       8       9
用四种不同方法输出数组的元素:
1       1       1       1
2       2       2       2
3       3       3       3
4       4       4       4
5       5       5       5
6       6       6       6
7       7       7       7
8       8       8       8
9       9       9       9
```

9.2.3 指针与字符串

字符串存储在字符数组中,对字符数组中的字符处理可用指针,用指针来处理字符串更加高效和简便。当用指向字符的指针处理字符串时,并不关心存放字符串的数组的大小,而只关心是否已处理到了字符串的结束字符。

【例 9.6】 用指针实现字符串的复制。

```
#include < iostream >
#include < cstring >
using namespace std;
int main()
{   char s1[] = "I am a student!";
    char * s2 = "You are a student!"; //将"You are a student!"首字符的指针赋给指针变量 s2
    char s3[30],s4[30],s5[30], * p1, * p2;
    for(p1 = s3,p2 = s1; * p1++ = * p2++;);                  //①用指针复制
    for(unsigned i = 0;i < = strlen(s1);i++)                  //②用数组复制
        s4[i] = s1[i];
    strcpy(s5,s2);                                           //③用库函数复制字符串
    cout <<"s3 = "<< s3 <<"\ns4 = "<< s4 <<"\ns5 = "<< s5 <<"\ns2 = "<< s2;
    return 0;
}
```

程序运行结果如下：

```
s3 = I am a student!
s4 = I am a student!
s5 = You are a student!
s2 = You are a student!
```

从例 9.6 可见，字符型指针变量与字符数组均可处理字符串，但两者在使用上有所不同，应注意以下几点。

(1) 两者语法定义不同。例如：

```
char   * pc, s[100];
```

字符数组 s 有 100 字节内存，指针变量 pc 仅有 4 字节内存。

(2) 尽管赋初值的形式类同，但含义不同。例如：

```
char s[ ] = "I am a student! ";
char * pc = "You are a student! ";
```

对于字符数组 s，是把字符串初值送到其内存中；而对于字符型指针 pc，是先把字符串常量存放到内存中，然后将该字符串的首字符的指针送到指针变量中。

(3) 赋值方式不一样。对字符数组赋值，必须逐个元素赋值；对于字符型指针，可将任一指针值赋给字符指针变量。例如：

```
char s[ ] = "I am a student! ", t[100], * p;
t = s;                      //错误:因数组名为常量指针,可改为"strcpy (t, s);"
p = "I love China! ";       //正确
```

(4) 可以给字符数组直接输入字符串；而在给字符指针变量赋初值前，不允许将输入的字符串送到指针变量所指向的内存区域。例如：

```
char s1[50], s2[200], * p;
cin >> s1;                  //正确
cin >> p;                   //警告:p 指向随机内存单元,潜存危险
p = s2;
cin >> p;                   //正确,此时 p 指向已分配的内存单元
```

(5) 字符数组名是常量指针，不能改变；而字符指针变量的值可变。例如：

```
p = s1 + 5;                 //正确
p = p + 5;                  //正确
s1 = s1 + 2;                //错误: 数组名是常量指针,不能改变
```

9.3 指针数组和指向指针的指针变量

9.3.1 指针数组

每个元素均为同类型指针变量的数组称为指针数组，定义格式如下：

[存储类型] <类型> *<数组名>[<整型常量表达式>];

由于“[]”的优先级高于“*”,因此<数组名>与[<整型常量表达式>]构成一个数组,再与*结合,指明是一个指针数组,类型指明指针数组中每个元素所指变量的类型。例如:

```
int *p[4];
```

说明 p 为一个整型指针数组,由 4 个整型指针元素组成。

【例 9.7】 用指针数组输出数组中各元素的值。

```
#include<iostream>
using namespace std;
int main()
{    float a[]={10,20,30,40}, *p[]={a,a+1,a+2,a+3};
     for(int i=0;i<4;i++) cout<<*p[i]<<'\t';
     return 0;
}
```

程序运行结果如下:

```
10    20    30    40
```

程序中说明了一个指针数组 p,它的每个元素依次指向数组 a 中的每个元素,其相互关系如图 9-6 所示。

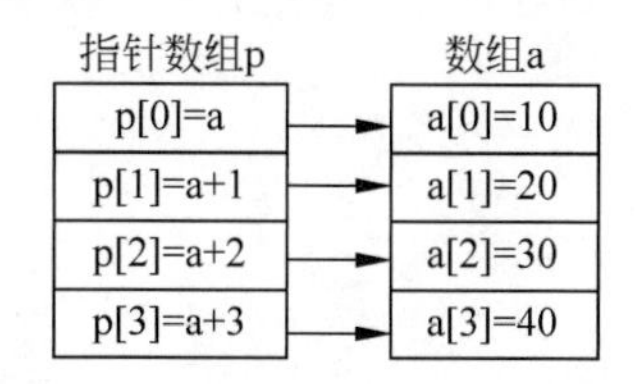

图 9-6 指针数组 p 与数组 a 的关系

【例 9.8】 使用指针数组,将若干字符串按升序排序后输出。

分析:如图 9-7 所示,定义一个指针数组 sp,它的每个元素指向一个字符串。首先在 sp[0]~sp[4]指针所指范围找到最小的字符串,并使该指针值与 sp[0]中的指针交换,使 sp[0]指向最小的字符串;接着在 sp[1]~sp[4]指针所指范围找到最小的字符串,使 sp[1]指向最小的字符串。以此类推,直到在 sp[4]指针所指范围为止。图 9-7 中,虚、实指向线分别为排序前和排序后指针变量的指向。由于算法中使用了指针数组,排序时仅交换指针,不交换字符串,排序效率极高。

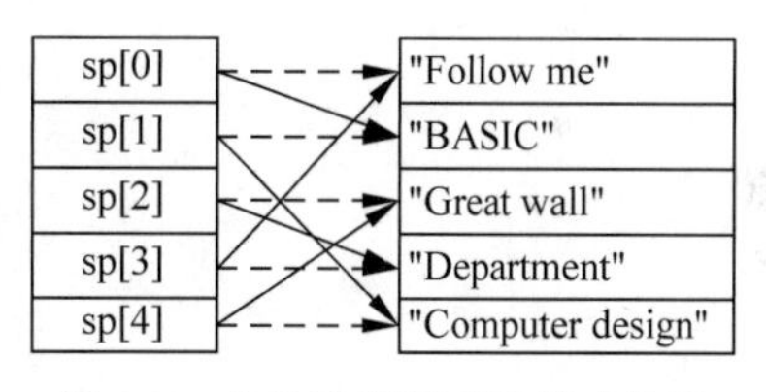

图 9-7 指针数组用于字符串排序

程序如下:

```
#include<iostream>
#include<cstring>
using namespace std;
int main()
{   char *p, *sp[]={"FORTRAN","BASIC","PYTHON", "PASCAL","C++"};
    int i, j,k,n;                    //i 和 j 为循环变量,sp[k]指向最小字符串
    n=sizeof(sp)/sizeof(sp[0]);
    for(i=0;i<n-1;i++)               //选择法排序
    {   for(k=i,j=i+1;j<n;j++)
             if(strcmp(sp[k],sp[j])>0) k=j;
        if(k!=i)                     //若 sp[i]所指不是最小字符串,则使 sp[i]指向最小字符串
             p=sp[k],sp[k]=sp[i],sp[i]=p;
```

```
    }
    for(i = 0;i < n;i++)                    //输出排序后的字符串
        cout << sp[i]<<'\n';
    return 0;
}
```

程序运行结果如下：

```
BASIC
C++
FORTRAN
PASCAL
PYTHON
```

【例 9.9】 使用指针数组访问二维数组。

思路：先用二维数组的列指针初始化指针数组元素，再用指针数组访问二维数组。

```
#include < iostream >
using namespace std;
int main()
{   int i,j, * p[3],a[3][3] = {{1,2,3},{4,5,6},{7,8,9}};
    for(i = 0;i < 3;i++)
      for(p[i] = a[i],j = 0;j < 3;j++)
         cout << * (p[i] + j)<<','<< * ( * (p + i) + j)<<','<<( * (p + i))[j]<<','<< p[i][j]<<'\n';
    return 0;
}
```

程序运行结果如下：

```
1,1,1,1
2,2,2,2
3,3,3,3
4,4,4,4
5,5,5,5
6,6,6,6
7,7,7,7
8,8,8,8
9,9,9,9
```

由此可见，假设有以下语句：

```
int a[3][3], * p[3], i, j;
for(i = 0; i < 3; i++) p[i] = a[i];
```

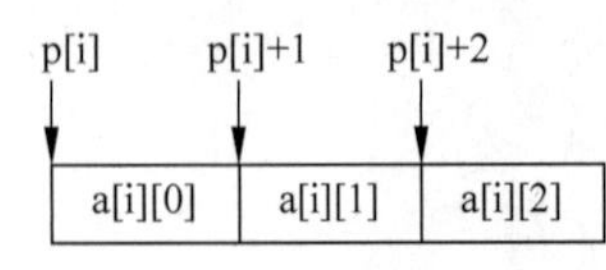

图 9-8 指针 p[i]与二维数组 a 第 i 行的关系

则指针 p[i]与二维数组 a 第 i 行的关系如图 9-8 所示。这样，二维数组元素 a[i][j]($0\leqslant i<3, 0\leqslant j<3$)的访问形式还可表示如下：

(1) * (p[i]+j)

(2) * (* (p+i)+j)

(3) (* (p+i))[j]

(4) p[i][j]

9.3.2 指向一维数组的指针变量

在指针与二维数组的讨论中,已对指向一维数组的指针常量(二维数组的行指针常量)有所了解。同样,C++语言也可声明指向一维数组的指针变量(二维数组的行指针变量)。例如:

```
int (*p) [4];
```

其中,(*p)指明 p 是一个指针变量,再与[4]结合,表示该指针变量指向一个含有 4 个元素的一维数组。

注意:以上说明中的圆括号不可少,否则 p 就是一个指针数组。

因 p 是行指针,故 *p、*p+1、*p+2、*p+3 依次为 p 所指一维数组的 4 个元素的指针,对 p 所指一维数组的 4 个元素的访问形式为 *(*p)、*(*p+1)、*(*p+2)、*(*p+3),再等价写成一维数组元素形式:(*p)[0]、(*p)[1]、(*p)[2]、(*p)[3],如图 9-9 所示。

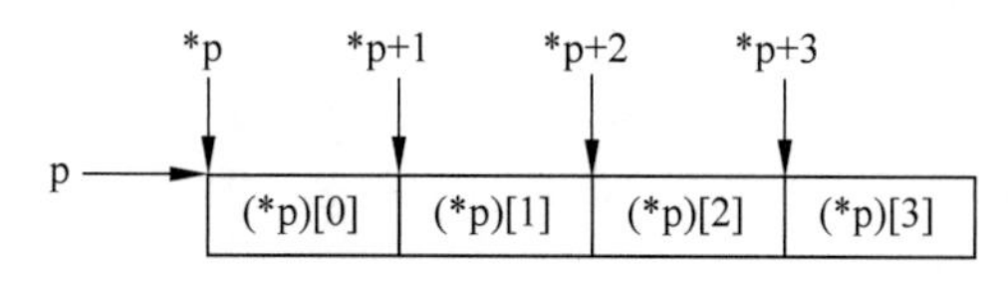

图 9-9 行指针与二维数组的关系

若有如下说明:

```
int a[3][4], (*p)[ 4] = a;
```

则任一元素 a[i][j](0≤i<3,0≤j<4)的访问形式还可表示如下:

(1) *(p[i]+j)

(2) *(*(p+i)+j)

(3) (*(p+i))[j]

(4) p[i][j]

【例 9.10】 向一维数组的指针变量输出二维数组中的元素。

```
#include <iostream>
using namespace std;
int main()
{   int a[3][3] = {{1,2,3},{4,5,6},{7,8,9}},i,j,(*p)[3];
    cout <<"用行指针输出数组的各个元素:\n" ;
    for(i = 0;i < 3;i++)                                          //L1
    {   p = &a[i];
        cout <<(*p)[0]<<','<<(*p)[1]<<','<<(*p)[2]<<'\n';          //L2
    }
    cout <<"用四种不同的方法输出数组的各个元素: \n ";
    for(p = a,i = 0;i < 3;i++)
        for(j = 0; j < 3;j++)
            cout << *(*(p + i) + j)<<','<< *(p[i] + j)<<','<<(*(p + i))[j]<<','<< p[i][j]<<'\n';
    return 0;
}
```

程序运行结果如下：

```
用行指针输出数组的各个元素:
1,2,3
4,5,6
7,8,9
用四种不同的方法输出数组的各个元素:
1,1,1,1
2,2,2,2
3,3,3,3
4,4,4,4
5,5,5,5
6,6,6,6
7,7,7,7
8,8,8,8
9,9,9,9
```

例 9.10 说明：

(1) 程序行 L1～L2 的代码也可以写为

```
for(p = a, i = 0; i < 3 ;i++, p++)
cout <<( * p)[0]<< '\t'<<( * p)[1]<<, '\t'<<( * p)[2]<< '\n';
```

其中，p++指向二维数组的下一行，比 p=&a[i]的运行效率更高。

(2) 程序行 L2 的(*p)[0]就是 a[i][0]。由于 p=&a[i]，因此(*p)[0]就是(*&a[i])[0]、(a[i])[0]和 a[i][0]。

到目前为止，访问二维数组的方法有如下几种：

(1) 下标法。

(2) 常量指针法(特别注意行指针与列指针的关系)。

(3) 变量指针法。其中，行指针变量与二维数组的行指针常量配合使用，或指针数组与二维数组的列指针常量配合使用均可。

类似地，也可说明指向二维、三维数组的指针变量。例如：

```
int( * ptr) [20] [50];
```

定义了一个指向 20 行 50 列的二维数组的指针变量 ptr。

9.3.3 指向指针的指针变量

若有如下说明语句：

```
int x = 10,  * p = &x,  ** pp = &p;
```

即指针变量 p 存放变量 x 的指针，而变量 pp 存放指针变量 p 的指针，则称 pp 为指向指针的指针变量，简称二级指针。定义二级指针的一般格式如下：

```
[存储类型] <类型> ** pp;
```

注意：定义一个二级指针变量时，应在其前面加 2 个“*”。类似地，定义一个三级指针变量，则在指针变量前加3个“*”。在C++语言中，对定义指针的级数并无限制。通常一级（定义时指针变量前仅有一个“*”）、二级指针变量较为常用，三级以上的指针变量很少使用。

【例9.11】 多级指针的简单使用。

```
#include <iostream>
using namespace std;
int main()
{   int i = 10, *p1 = &i, **p2 = &p1, ***p3 = &p2;
    cout << i <<','<< *p1 <<','<< **p2 <<','<< ***p3 <<'\n';
    return 0;
}
```

程序运行结果如下：

```
10,10,10,10
```

例9.11中指针变量的指向关系如图9-10所示。

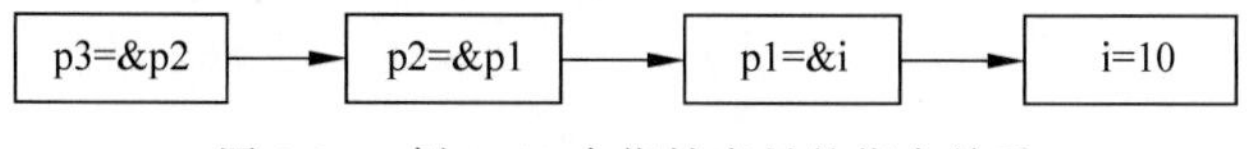

图9-10　例9.11中指针变量的指向关系

从图9-10及例9.11的运行结果可见，在二级指针变量前加一个“*”得到的是一个指针，加两个“*”才能得到最终的普通变量。这种规则可以推广到任意多级的指针变量。

9.4　指针与函数

指针与函数的联系：①作函数参数；②作函数返回值；③作函数的指针。

9.4.1　指针作函数的参数

【例9.12】 实现两个数据的交换。

```
#include <iostream>
using namespace std;
void swap(int *p1, int *p2) {int t = *p1; *p1 = *p2; *p2 = t; }
int main()
{   int a = 2,b = 3;
    cout <<"a = "<< a <<",b = "<< b <<'\n';
    swap(&a, &b);
    cout <<"a = "<< a <<",b = "<< b <<'\n';
    return 0;
}
```

例9.12程序运行过程中，变量变化分析如图9-11所示。

图9-11中，p1指向a，p2指向b，表示形参指针变量指向相应的实参。

在main()函数中调用swap(&a,&b)函数时，系统为swap()函数分配内存，并完成以下任务。

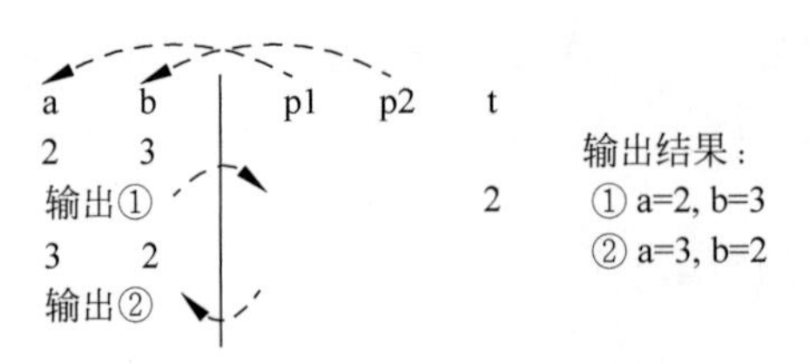

图 9-11　例 9.12 的变量变化分析

(1) 指针参数的值传递：实参 &a、&b，即 main()函数中局部变量 a、b 的指针赋值给形参 p1、p2 指针变量，如图 9-12(a)所示。

(2) 对块作用域外的变量 a、b 间接互换：虽然 swap()函数在变量作用域范围内，无法直接访问 main()函数中的局部变量 a、b，但因其形参 p1、p2 分别获得 main()函数中的局部变量 a、b 的指针，故可通过指针变量 p1、p2 间接访问 a 和 b，实现 main()函数中局部变量 a、b 的互换，如图 9-12(b)所示。由此可见，在变量生存期内，指针对所指变量的访问不受变量作用域的限制。

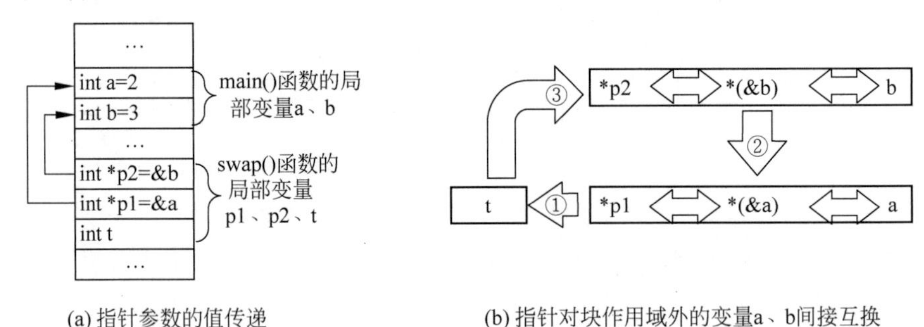

图 9-12　指针变量作 swap()函数的参数

swap(&a,&b)函数调用结束后，指针变量 p1、p2、t 生存期结束，系统回收分配给 swap()的内存，但 swap()函数调用对 main()函数中的局部变量 a、b 的互换已经完成。

因此，函数可以通过指针变量参数的间接访问机制突破变量作用域限制，间接访问指针变量所指的变量，即指针参数使函数能改变该函数作用域外的一个或一个以上变量的值。

作为比较，若将例 9.12 的 swap()函数的两个指针参数改为两个整型参数，并把程序改为

```
#include<iostream>
using namespace std;
void swap(int x,int y)  {int t=x; x=y; y=t;}
int main ()
{   int a=2, b=3;
    cout<<"a="<<a<<",b="<<b<<'\n';
    swap(a,b);
    cout<<"a="<<a<<",b="<<b<<'\n';
    return 0;
}
```

那么主函数中的 swap(a,b)函数调用能否实现 a、b 两数的交换呢？

答案是否定的，原因是 swap()函数的形参 x、y 得到 a、b 实参后，仅分别得到实参 a、b

的值 2 和 3,其后虽进行了形参 x、y 的互换,但 swap(a,b)函数调用结束后,局部变量 x、y 和 t 的存储空间也被系统收回,如图 9-13 所示。由此可见,主函数中的 swap(a,b)函数调用对主函数中的 a、b 无任何影响。

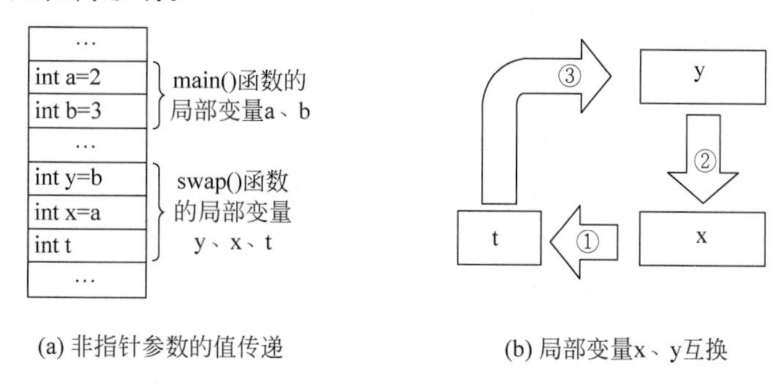

(a) 非指针参数的值传递　　(b) 局部变量x、y互换

图 9-13　非指针变量作 swap()函数的参数

【例 9.13】 使用数组或指针作函数的参数,实现数组的排序。

因数组名为数组的指针,故用数组名作函数的参数时,其作用与指针相同。数组或指针作函数的参数有 4 种可能:①函数的形参为数组,调用函数时的实参为数组名;②形参为指针型变量,而实参用数组名;③形参为数组,而实参为指针;④形参和实参都用指针型变量。这 4 种形式的效果相同。

```
#include<iostream>
using namespace std;
void sort1(int *p, int n)
{   int i,j,t;
    for(i=0;i<n-1;i++)
        for(j=i+1;j<n;j++)
            if(*(p+i)>*(p+j)) t=p[i],p[i]=p[j],p[j]=t;
}
void sort2(int b[], int n)
{   int i,j,t;
    for(i=0;i<n-1;i++)
        for(j=i+1;j<n;j++)
            if(b[i]>b[j]) t=*(b+i),*(b+i)=b[j],b[j]=t;
}
void print(int *p, int n)
{   for(int i=0;i<n-1;i++,p++) cout<<*p<<',';
    cout<<*p<<'\n';
}
int main()
{   int a[6]={4,67,3,45,34,78};
    int b[6]={4,67,3,45,34,78}, *pb=b;
    int c[6]={4,67,3,45,34,78}, *pc=c;
    int d[6]={4,67,3,45,34,78};
    sort1(a,6); print(a,6);
    sort1(pb,6); print(b,6);
    sort2(d,6); print(d,6);
    sort2(pc,6); print(c,6);
    return 0;
}
```

程序运行结果如下：

```
3,4,34,45,67,78
3,4,34,45,67,78
3,4,34,45,67,78
3,4,34,45,67,78
```

二维数组作函数参数的方法如下：

（1）函数形参定义为二维数组，调用时函数的实参为二维数组名。

（2）把二维数组当作一维数组处理，即函数的形参定义为一维数组或一级指针变量，对应的实参为多维数组的第一个元素的指针。

（3）用指向一维数组的指针变量作为函数的形参，调用时函数的实参为二维数组名。

（4）用指针数组或二级指针作函数的形参，调用时函数的实参为指针数组名。

【例 9.14】 设计一个程序，求二维数组的平均值。

```
#include<iostream>
using namespace std;
float av1(float *p, int n)
{   float sum=0.0f;
    for(int i=0;i<n;i++) sum+= *p++;                    //等同于 sum+= *p,p++;
    return sum/n;
}
float av2(float p[][4], int n)
{   float sum=0.0f;
    for(int i=0;i<n;i++)
        for(int j=0;j<4;j++) sum+=p[i][j];
    return sum/(n*4);
}
float av3(float(*p)[4], int n)                          //p是指向含有4个元素的数组的指针
{   float sum=0.0f;
    for(int i=0;i<n;i++,p++)
        for(int j=0;j<4;j++) sum+=(*p)[j];
    return sum/(n*4);
}
float av4(float *p[], int n)                            //或 float av4(float **p,int n)
{   float sum=0.0f;
    for(int i=0;i<n;i++)
        for(int j=0;j<4;j++) sum+= *(p[i]+j);
    return sum/(n*4);
}
int main()
{   float s[3][4]={{60,70,80,90},{10,10,20,30},{40,50,60,70}};
    float *p[3]={s[0],s[1],s[2]};                       //分别指向二维数组s每行的第1个元素
    cout<<"均值="<<av1(s[0],12)<<'\n';                   //实参还可:*s、&s[0][0]、(float*)s
    cout<<"均值="<<av2(s,3)<<'\n';                       //实参还可:&s[0]、(float(*)[4])s[0]
    cout<<"均值="<<av3(s,3)<<'\n';                       //实参还可:&s[0]、(float(*)[4])s[0]
    cout<<"均值="<<av4(p,3)<<'\n';
    return 0;
}
```

程序运行结果如下：

```
均值 = 49.1667
均值 = 49.1667
均值 = 49.1667
均值 = 49.1667
```

9.4.2 返回值为指针的函数

在函数中,用 return 语句最多可返回一个值,该值也可以是一个指针。例如,定义返回普通指针值的函数的语法格式如下:

```
<类型标识符> *<函数名>(<形式参数表>){<函数体>}
```

其中,"*"说明函数返回一个指针,该指针所指向的数据的类型由类型标识符指定。

例如:

```
float *f (…) {…}
```

说明函数要返回一个指向实数的指针。

【例 9.15】 将输入的一个字符串按逆序输出。

分析:如图 9-14 所示,若输入的字符串为"ABCDEFG",使字符型指针变量 p1 和 p2 分别指向字符串的第 0 个字符和最后一个字符。

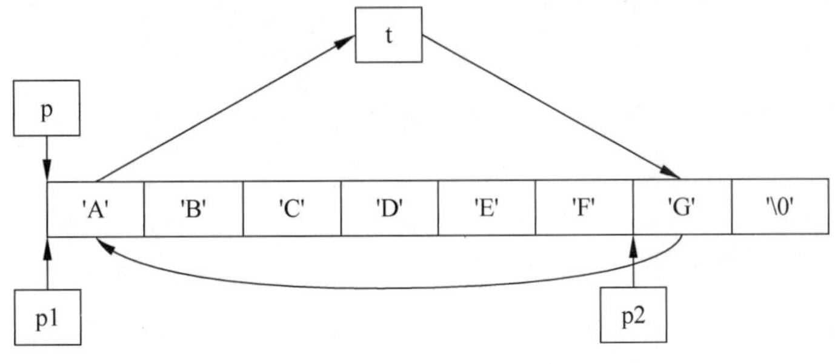

图 9-14 将字符串逆序

(1) 将 p1 和 p2 所指向的字符互换(将 A 与 G 互换)。

(2) 使 p1 指向后一字符,p2 指向前一字符,即 p1++和 p2--。

(3) 若 p1 小于 p2,则重复(1);否则表明字符串中的字符已逆序,结束交换。

程序如下:

```
#include <iostream>
using namespace std;
char *invert(char *p)
{   char *p1 = p, *p2 = p,t;
    while( *p2) p2++;                    //使 p2 指向串尾'\0'处
    p2--;                                //使 p2 指向串尾的有意义字符
    while(p1 < p2) { t = *p1; *p1 = *p2; *p2 = t;p1++;p2--; }
    return p;
}
int main()
{   char s[] = "ABCDEFG";
```

```
    cout << invert(s)<< endl;           //L
    return 0;
}
```

程序运行结果如下：

```
GFEDCBA
```

invert()函数的返回值类型定义为“char * ”更便于调用，但并非必需。若将其改为 void 类型也可，但这样会使该函数的调用与输出分成两个语句，L 行语句需写为

```
invert(s);
cout << s << endl;
```

【例 9.16】 分别定义字符串复制和连接的函数，并在 main()函数中调用和测试。

```
#include < iostream >
using namespace std;
char * strcopy(char * to,char * from)
{   for(char * p = to; * p++ = * from++;);
    return to;
}
char * strcat(char * to,char * from)
{   char * p;
    for(p = to; * p; p++);
    while( * p++ = * from++);
    return to;
}
int main()
{   char s1[100] = "程序设计",s2[200];
    strcopy(s2,"C++");                                  //L1
    cout <<"拼接后的字符串为:"<< strcat(s2,s1)<<'\n';      //L2
    return 0;
}
```

程序运行结果如下：

```
拼接后的字符串为:C++程序设计
```

strcat()函数的返回值类型为“char * ”，返回字符型指针，主函数中输出 strcat(s2,s1)，即输出该字符指针所指向的字符串。本程序也可将 L1、L2 行改写为

```
cout <<"拼接后的字符串为:"<< strcat(strcopy(s2,"C++"),s1)<<'\n';
```

9.4.3 指向函数的指针

在 C++语言中，函数也有指针，一个函数的指针用该函数的名称表示。同样，也可定义指向函数的指针变量，格式如下：

```
<类型标识符> ( * <变量名>)([参数表]);
```

其中,类型标识符是所指函数返回值的类型,([参数表])是所指函数的参数表。因括号运算符优先,故"(* <变量名>)"表明是一个指针变量,而"([参数表])"表示是一个函数。所以,两者结合表示该变量是一个指向函数的指针变量。例如:

```
float ( * fp) (void);
```

定义了一个指向函数的指针变量 fp,所指函数无参且返回值类型为 float。

说明:

(1) 指向函数的指针变量只能指向与该指针变量具有相同返回值类型和相同参数(个数及顺序一致)的任一函数。

(2) 指向函数的指针变量只能做赋值和关系运算,其他操作无意义。

(3) 指向函数的指针变量赋值后,可用该指针变量调用函数。调用函数格式如下:

(* <指针变量名>)(<实参表>)

或

<指针变量名>(<实参表>)

(4) 指向函数的指针变量主要用作函数的参数。

【例 9.17】 编程完成两个数的加、减、乘、除四则运算。

```
#include < iostream >
using namespace std;
float add(float x,float y){return x + y;}
float sub(float x,float y){return x - y;}
float mul(float x,float y){return x * y;}
float div(float x,float y){return x/y;}
int main()
{    float a, b, ( * p)(float,float); char c;           //定义函数指针 p
     cout <<"输入数据格式:操作数 1 运算符 操作数 2\n";
     cin >> a >> c >> b;
     switch(c)
     {    case '+': p = add;break;                       //为函数指针 p 赋初值
          case '-': p = sub;break;
          case '*': p = mul;break;
          case '/': p = div;break;
          default: p = NULL;
     }
     if(p) cout << a << c << b <<' = '<<( * p)(a,b)<<'\n';   //L:用函数指针 p 调用所指函数
     else cout <<"数据的格式不对!\n";
     return 0;
}
```

程序运行结果如下:

```
输入数据格式:操作数 1 运算符 操作数 2
12 + 13
12 + 13 = 25
```

上述程序定义了指向函数的指针变量 p,其类型为 float(*)(float,float),与 add()、sub()、 mul()、div()函数的返回值类型、参数类型一致,故可用 add、sub、mul、div 对指针 p 赋初值。调用函数时,可用 L 行的(* p)(a,b)形式,也可用 p(a,b)形式。

【例 9.18】 已知一个一维数组的各个元素值,分别求出数组的各个元素之和、最大元素值、下标为奇数的元素之及各元素的平均值。

```
#include<iostream>
using namespace std;
float sum(float * p, int n)
{   float sum = 0;
    for(int i = 0;i<n;i++) sum += * p++;
    return sum;
}
float max(float * p,int n)
{   float m = * p++;
    for(int i = 1;i<n;i++,p++)
         if( * p>m) m = * p;
    return m;
}
float oddsum(float * p,int n)
{   float sum = 0;
    for(int i = 1;i<n;i += 2,p += 2) sum += * p;
    return sum;
}
float ave(float * p,int n) {  return sum(p,n)/n; }
float process(                              //函数功能:调用 fp 所指函数,处理 p 所指数组
    float * p,                              //p 为指向数组的指针
    int n,                                  //n 为 p 所指数组中元素的个数
    float( * fp)(float * ,int)              //fp 为函数指针变量
) {  return fp(p,n);  }                     //返回值为处理结果
int main()
{   float x[] = { 2.3f,4.5f,7.8f,34.6f,56.9f,77.f,3.34f,7.87f,20.0f};
    int n = sizeof(x)/sizeof(float);
    cout << n <<"个元素\t 之和 = "<< process(x,n,sum)
         <<"\n\t 之最大值 = "<< process(x,n,max)
         <<"\n\t 之平均值 = "<< process(x,n,ave)
         <<"\n\t 之奇下标元素和 = "<< process(x + 1,n,oddsum);
}
```

程序运行结果如下:

```
9 个元素之和 = 214.31
        之最大值 = 77
        之平均值 = 23.8122
        之奇下标元素和 = 123.97
```

由同类型函数指针组成的数组称为函数指针数组。其一维函数指针数组的定义格式如下:

[存储类型] 类型(* 数组名[数组大小])([参数表]);

同样,可定义多维函数指针数组,但一维的较常用。例如:

```
float ( * funarr[20]) (float * , int);
```

括号内的部分“ * fimarr[20]”优先，说明 funarr 是一个指针数组；“(float * ,int)”指明是函数。两者结合，说明 fimarr 是一个函数指针数组，函数的返回值为实型。

9.5 new 和 delete 运算符

为了提高程序的通用性和内存的利用率，实际编程时，经常出现在程序运行过程中，根据程序对内存的实际需求来分配存储空间的情况。例如，保存一个班级学生的数学课程的成绩，而班级人数事先无法确定，下列程序段希望在程序实际运行时根据输入的学生人数确定一个数组的大小并定义相应数组：

```
int n;
cin >> n;
float a[n];      //L
```

但编译时 L 行出错，原因是定义数组时下标表达式的值必须是编译时有明确值的常量。不过，C++语言允许用 new 运算符申请动态内存的方法解决上述程序 L 行的问题，即将 L 行改为

```
float * a = new float[n];
```

在 C++语言中，new 和 delete 运算符分别用于为指针变量申请分配动态内存空间和收回指针所指向的动态内存空间。

9.5.1 new 运算符

new 运算符为指针变量动态分配内存空间的常用语法格式如下：

```
type * p = new type;                //格式 1
type * p = new type(value);         //格式 2
type * p = new type[size];          //格式 3
```

其中，type 是一个已定义的类型名。

第 1 种格式的功能是申请分配由类型 type 确定大小的一片连续的内存空间，并把所分配内存空间的指针赋给 p。当申请分配不成功时，p 的值为 0。第 2 种格式除了完成第一种格式的功能外，还将 value 的值作为 p 所指内存空间的初值。对于这种格式，type 不一定局限于基本数据类型。第 3 种格式是分配指定类型的一维数组空间。例如：

```
float * fp1, * fp2; char * cp;
fp1 = new float(2.5f);                                         //L1 使用格式 2
fp2 = new float[10];                                           //L2 使用格式 3
cp = new char;                                                 //L3 使用格式 1
 * cp = 'A';                                                   //L4 初始化申请的动态内存
if (fp2 == 0) { cout <<"申请动态内存失败! \n"; exit (3); }     //L5
for (int i = 0; i < 10; i++) fp2[i] = * cp + i;                //L6 初始化申请的动态内存
```

对于 new 运算符，使用时应注意以下几点：

(1) 指针变量指向的用 new 申请分配的动态内存所代表的变量的初值是随机的(如在

L3 程序行，此时“ * cp”的值是随机的），因此在使用前必须初始化（如程序行 L1、L4 和 L6）。

（2）实用编程时，用 new 申请分配动态内存后，必须判断申请是否成功。若 new 运算符申请的结果为 0，则表示申请动态内存失败，此时应终止程序执行或出错处理，如程序行 L5。

（3）为数组或结构体申请分配动态内存时，不能在分配内存的同时初始化。例如，下列语句是错误的：

```
int * pi = new int[10] (1,2,3,4,5,6,7,8,9);
```

（4）有时会出现用 new 运算符申请分配所得的指针类型与所赋值指针变量类型不一致的情况。例如：

```
float ( * pt) [20];
pt = new float[20];
```

其中，pt 是指向含有 20 个浮点元素的一维数组的指针，而 new 运算的结果为浮点指针，因指针类型不一致而编译出错。为了使两者类型一致，此时有两种处理方法。一是做强制类型转换：

```
pt = (float ( * ) [20])new float[20];
```

二是调整 new 运算：

```
pt = new float[1] [20];
```

其中，方法一会在编译时产生额外代码，在运行时占用额外时间，同时也会降低程序的可读性；方法二则没有上述不足。再如：

```
int * p3 = new int[10][20];
```

是错误的，正确的表示如下：

```
int * p3 = (int * )new int[10][20];
```

或

```
int * p3 = new int[10 * 20];
```

9.5.2 delete 运算符

delete 运算符用来将动态分配到的内存空间还给系统，使用格式如下：

```
delete pointer;
```

或

```
delete [ ]pointer;
```

或

```
delete [size]pointer;
```

其中,pointer 的值应为由 new 分配的内存空间的指针。

第 1 种格式是把 pointer 所指向的内存空间还给系统;第 2、3 种格式是把 pointer 所指向的动态数组的内存空间还给系统,可用 size 指明动态数组的元素个数,也可不用。

对于 delete 运算符,使用时应注意以下几点:

(1) 用 new 运算符分配的内存空间的指针值必须保存起来,以便用 delete 运算符归还给系统,否则会出错。例如:

```
float *fp, i;
fp = new float(24.5f);
fp = &i;          //L1
delete fp;
```

由于 L1 行改变了 fp 的值,在使用 delete 时,fp 已不再指向动态分配的存储空间,导致程序在执行过程中出错。

注意:在程序中用 delete 运算符及时释放用 new 运算符申请分配但已不再使用的动态分配是程序员的职责,原因是及时释放已不再使用的动态分配可提高内存利用率;否则,这部分内存将不会自动归还系统,严重时系统会因内存短缺而导致崩溃,直到重新启动计算机,系统才能重新利用这部分内存。

对于动态分配的多维数组内存的释放,可用 delete 的第 2 或第 3 种格式,推荐使用第 2 种格式。例如:

```
int( *p1)[100] = new int[30][100];
int ( *p2)[100][200] = new int[40] [100] [200];
...
delete [ ]p1;                    //L 或 delete [30]p1;
delete [ ]p2;                    //或 delete [40]p2;
```

但若把 L 行写为

```
delete p1;
```

这时仅释放二维数组的第 0 行所占用的存储空间。

(2) 一旦用 delete 运算符释放了指针所指向的动态内存,就不能再对其赋值。例如:

```
float *p = new float;
delete p;
*p = 5;      //p 值虽未变,但 p 所指内存已被释放,再对 p 所指内存访问便不合法
```

【例 9.19】 根据学生人数动态分配存储空间,计算学生的平均成绩。

```
#include <iostream>
using namespace std;
int main()
{    int *p,n;
     double ave = 0;
     cout <<"请输入班级学生人数:";
```

```
    cin >> n;
    p = new int[n];                //根据班级人数动态申请存储空间,p为存储空间首地址
    if(p == 0)                     //申请失败
    {   cout <<"申请存储空间失败,程序退出";
        exit(1);                   //程序中止
    }
    for(int i = 0;i < n;i++)       //申请成功,依次输入学生成绩
    {   cout <<"请输入第"<< i + 1 <<"个学生的数学成绩:";
        cin >> p[i];               //指针指向的连续空间存放学生成绩
        ave = ave + p[i];
    }
    cout <<"全班学生的数学平均成绩是:"<< ave/n << endl;
    delete [ ]p;                   //释放连续存储空间
    return 0;
}
```

程序运行结果如下：

```
请输入班级学生人数:4↙
请输入第 1 个学生的数学成绩:66↙
请输入第 2 个学生的数学成绩:82↙
请输入第 3 个学生的数学成绩:97↙
请输入第 4 个学生的数学成绩:83↙
全班学生的数学平均成绩是:82
```

9.6 引用和指针

9.6.1 指针变量引用的定义

引用就是变量的别名。定义指针变量的引用类型变量格式如下：

<类型> & <引用变量名> = <指针变量名>;

其中,指针变量名必须是已定义的指针变量。例如：

```
int a, * p = &a;
int * &rp = p;
```

对指针相关的引用类型变量的几点说明如下：

(1) 可用动态内存的指针初始化指针变量的引用。例如：

```
float * &rp = new float[10];
for (int i = 0; i < 10; i++) rp[i] = i + 20.0f, cout << rp[i] <<'\t';
delete rp;
```

(2) 可用动态分配的内存初始化一个引用变量。例如：

```
float &rf = * new float;
rf = 20.0f;
cout << rf;
delete &rf;
```

由于 new 运算符的运算结果是一个指针，因此在其前面必须加一个“ * ”，原因是此处引用类型变量 rf 的初值是一个 float 型变量，而不是一个 float 型指针。另外，delete 运算符的操作数必须是一个指针，所以用 delete 释放动态内存空间时，要在引用类型变量 rf 前加一个取指针运算符“&”。

(3) 不能说明引用类型数组，但可以引用数组中的某一个元素。例如：

```
int a[10];
int &ra = a;                  //错误
int &ra[10] = a;              //错误
int &ra2 = a[2];              //正确
```

(4) C++语言中，“&”有 3 种含义：按位与运算符“&”，是一个二元运算符；取指针运算符“&”，是一个一元运算符；引用运算符，用于定义引用类型变量。

9.6.2 指针变量引用和函数

C++语言引入引用类型主要是为了更加便于函数之间传递数据。引用类型主要用作函数参数或函数的返回值。

1. 指针变量的引用作为函数参数

【例 9.20】 用指针变量的引用实现字符串指针的交换。

```
#include < iostream >
using namespace std;
void swap(char * &x,char * &y)  {   char * t = x;x = y;y = t;   }
int main()
{    char * a = "上海", * b = "江苏";
     swap(a,b);
     cout << a <<','<< b << endl;
}
```

程序运行结果如下：

```
江苏,上海
```

2. 函数的返回值为引用类型

函数的返回值类型定义为引用类型时，其所返回的一定是某个变量的别名。因此，它相当于返回了一个变量，所以可对其返回值进行赋值操作。这一点类似于函数的返回值为指针类型。

【例 9.21】 函数返回值为引用类型。

```
#include < iostream >
using namespace std;
int &f(void)
{    static int count;
     return ++count;
}
int main()
```

```
{   f() = 100;                    //A
    cout << f()<<'\n';            //B
}
```

程序运行结果如下：

```
101
```

函数 f()返回局部静态变量 count 的引用。A 行中的“f()=100”,因赋值运算符的优先级低于函数调用,为此先执行对函数 f()的调用。函数的返回值为 count 的引用,等同于 count 的一个别名,然后执行赋值运算,实际上是将 100 赋给 count。B 行中调用函数 f(),先使 count 的值加 1,然后返回 count 的引用,即取出 count 的值并输出。

注意：在主函数中不能直接使用局部变量 count 的值,但通过函数 f()可以对其赋值或使用其值。对于自动存储类型或寄存器类型的局部变量,函数不能返回这种变量的引用,因为这种类型的变量在函数执行结束时就已不存在,所以对它的引用是无效的。

9.7 常值变量

在定义时用 const 修饰的变量称为常值变量。

1. 定义常值变量

例如：

```
const int MaxLine = 1000;
const float Pi = 3.1415926;
```

用 const 修饰的常值变量必须在定义时初始化,定义后不得改变。从使用效果看,常值变量与用编译预处理指令 define 定义的符号常量是相同的。但两者仍有以下区别：

(1) 处理方式不一样。符号常量是在编译之前,由编译预处理程序处理；而常值变量由编译程序处理,因此在调试程序时,可用调试工具查看其值。

(2) 作用域不一样。常值变量的作用域与一般变量的作用域相同；符号常量的作用域始于定义,终于文件结束之前。

2. const 型指针

const 有 3 种不同的方式修饰指针。

(1) const 位于指针变量的“*”之前。例如：

```
float x, y;
const float * Pf = &x;      //或 float const * Pf = &x;
```

在定义时可给指针变量赋初值,也可不赋初值。此处,表示不允许通过指针变量 Pf 改变其所指向的变量的值,但可改变指针变量 Pf 的指向。例如：

```
* Pf = 25;                  //错误
x = 200;                    //正确
Pf = &y;                    //正确
```

(2) const 位于指针变量的“ * ”之后。例如：

```
int n, i;
int * const pn = &n;
```

此处表示指针变量 pn 的值是一个常量。因此，不能改变这种指针变量的值，但可以改变指针变量所指向的数据值。例如：

```
* pn = 25;                                    //正确
pn = &i;                                      //错误
```

用这种形式定义的指针变量，在定义时必须赋初值。

(3) const 位于指针变量的“ * ”前后。例如：

```
int j, k;
const int * const pp = &j;                    //或 int const * const pp = &j;
```

表明指针变量 pp 的值是常量，所指变量的值也不允许通过 pp 指针改变。例如，以下用法是错误的：

```
* pp = 25;                                    //错误
pp = &k;                                      //错误
```

用这种形式定义的指针变量，在定义时必须赋初值。

说明：

(1) 因引用与指针相似，故以上用法也适用于引用型变量。

(2) 因指针使用灵活，但用 const 修饰指针后，若再使用不当，则编译程序可做相应语法检查，提高使用指针的安全性。

(3) const 型指针主要用作函数的参数，以限制在函数体内对指针变量的值的修改，或对指针所指向的数据值的修改。

【例 9.22】 const 型指针形参用于防止函数修改它的参数。

```
#include < iostream >
using namespace std;
void sp_to_dash(const char * s)               //将 s 所指字符串中的空格转成连字符输出
{   while( * s)
    {   if( * s == ' ') * s = '_';            //L
        cout << * s++;
    }
}
int main()
{  sp_to_dash("Hello! ");
   return 0;
}
```

在程序编译时，L 行出现报错信息，诸如“error C3892: "s": 不能给常量赋值”。其原因是 sp_to_dash()函数的参数是 const 修饰的指针，不允许该指针所指的数据在函数体内改变，而 L 行的语句“ * s='_';”违反了规则。根据 sp_to_dash()函数的功能和 const 型指针

的限定，可将 sp_to_dash()函数改写为

```
void sp_to_dash(const char * s)
{   while( * s)
    {   if( * s == ' ') cout <<'_';
        else cout << * s;
        s++;
    }
}
```

习　　题

一、选择题

1. 若有语句“int x=9，* p= &x;”，则以下表达式值为 10 的是________。

A. (* p) ++　　B. ++ (* p)　　C. * p++　　D. * ++p

2. 以下程序的运行结果是________。

```
#include < iostream >
using namespace std;
void f(int * n)   {  ( * n)++;  }
int main()
{   int i = 10;
    f(&i);
    cout << i << endl;
    return 0;
}
```

A. 8　　B. 9　　C. 10　　D. 11

3. 以下程序的运行结果是________。

```
#include < iostream >
using namespace std;
void f(int m, int * n)
{   m = m + 1;  * n =  * n + 1;  }
int main()
{   int a = 1, b = 2,  * c =  &a;
    f(b, c);
    cout << a <<','<< b << endl;
    return 0;
}
```

A. 1,2　　B. 2,2　　C. 2,3　　D. 2,4

4. 以下程序的运行结果是________。

```
#include < iostream >
using namespace std;
void f(int &m, int * n)
{  m = m + 1;  * n =  * n + m;  }
```

```
int main()
{    int a = 1,b = 2;
     f(a, &b);
     cout << a <<','<< b << endl;
     return 0;
}
```

A. 1,2　　B. 2,2　　C. 2,3　　D. 2,4

5. 若有语句“int a[]={1,2,3,4,5,6,7,8,9,10}, * p=&a[4];”,则 *(p+2)的值是________。

A. 6　　B. 7　　C. 8　　D. 9

6. 若有语句“char ch[30], * p=ch;”,则能将字符串"I am a student!"存储到数组 ch 中的是________。

A. ch="I am a student!";　　B. p="I am a student!";

C. ch[]="I am a student!";　　D. strcpy(p, "I am a student!");

7. 若有语句“char ch[30]="I am a student!", * p=ch+2;”,则(++p)的值为________。

A. am a student!　B. bm a student!　C. m a student!　D. n a student!

8. 以下程序的运行结果是________。

```
#include <iostream>
using namespace std;
int main()
{    char ch1[10] = "abcd", ch2[20] = "1234";
     char *c = "3456";
     strcat(ch2 + 2,c);
     strcpy(ch2 + 4,ch1);
     cout << ch2 << endl;
     return 0;
}
```

A. 123456abcd　　B. 1234abcd　　C. 12abcd　　D. 以上都不对

9. 若有语句:

```
int add( int a, int b) { return a + b; }
int main()
{    int k, ( *f) (int, int), a = 5, b = 10;
     f = add;
     return 0;
}
```

则以下函数调用语句错误的是________。

A. k=add(a, b);　　B. k=(* f)(a, b);

C. k= * f(a, b);　　D. k=f(a, b);

10. 若有语句“int a[3][4]={1,2,3,4,5,6,7,8,9,10,11,12}; int(* p)[4]=a, * q=&a[0][0];”,则以下能够正确表示数组元素的表达式是________。

A. *((p+2)[1])　　B. *(*(p+3))

C. (*p+1)+2　　D. *(q+10)

二、填空题

1. 以下程序的运行结果是________。

```
#include <iostream>
using namespace std;
void f2(int& x, int& y)  {  int z = x; x = y; y = z;  }
void f3(int * x, int * y)  {  int * z = x; * x = * y; y = z;  }
int main()
{    int x = 10, y = 26;
     f2(x,y);
     cout <<"x = "<< x <<", y = "<< y << endl;
     x++; y--;
     f3(&x,&y);
     cout <<"x = "<< x <<", y = "<< y << endl;
     return 0;
}
```

2. 以下程序的运行结果是________。

```
#include <iostream>
using namespace std;
int f(int *a, int n)
{    int sum = 0;
     for(int i = 0;i < n;i++)
     {  sum += a[i];  }
     return sum;
}
int main()
{    int a[][3] = {1,2,3,4,5};
     cout << f(&a[0][0],5)<< endl;
     cout << f( * (a + 1),2)<< endl;
     return 0;
}
```

3. 以下程序的运行结果是________。

```
#include <iostream>
using namespace std;
int main()
{    char * ch1, * ch2 = "tomorrow";
     ch1 = ch2;
     while( * ch2) ch2++;
     cout <<(ch2 - ch1)<< endl;
     return 0;
}
```

4. 以下程序的运行结果是________。

```
#include <iostream>
using namespace std;
int main()
{    int a[3][4] = {1,2,3,4,5,6,7,8,9,10,11,12};
     int n, * p;
```

```
    p = &a[0][2];
    n =  * p * ( * (p + 4));
    cout << n << endl;
    return 0;
}
```

5. 以下程序的运行结果是________。

```
#include < iostream >
using namespace std;
int f(char ch[ ])
{   int n = 0;
    while( * ch < = '9'&& * ch > = '0')
    {  n = 10 * n + * ch - '0';ch++;  }
    return n;
}
int main()
{   char c[20] = {"123abc456def"};
    cout << f(c)<< endl;
    return 0;
}
```

三、编程题

1. 按下列要求编写程序。

(1) 设计一个无返回值的函数 swap(),实现两个实数的交换,其中,swap()函数的两个参数分别为待交换实数的指针。

(2) 设计一个无返回值的函数 sort3(),实现 3 个实数的升序排序,其中,sort3()函数的 3 个参数分别为待升序排序的实数的指针。

(3) 设计一个无返回值的函数 sortn(),实现 n 个实数的升序排序,其中,sortn()函数的第一个参数为待升序排序的 n 个实数的指针,第二个参数为待升序排序的实数的个数。

(4) 编写 main()函数,输入 10 个实数,前 3 个实数用 sort3()函数排序后输出,后 7 个实数用 sortn()函数排序后输出。

2. 设计一个通用的升序插入排序函数 Insert_Sort(),完成若干实数的升序排序。Insert_Sort()函数的原型如下:

```
void Insert_Sort(                  //功能:实现升序插入排序
  float * p,                       //指向已升序排序的实数数组
  int n,                           //已升序排序的实数数组的元素个数
  float x                          //待插入的数据
);
```

在主函数中输入若干个实数,每输入一个实数,调用一次上述插入排序函数完成数据的排序,最后输出已排好序的数据。

3. 设计一个函数 sLength(),求字符串的长度,其中函数的参数为指向待求长度的字符串的指针。在主函数中输入一个字符串,调用 sLength()函数计算该字符串的长度并输出。

4. 设计一个函数 sAppend(),将一个字符串拼接到一个字符串的尾部。在主函数中输入两个字符串,使用 sAppend()函数将它们拼接后输出。

第10章　结构体、共用体和枚举类型

在前面的章节中，C++语言程序中使用基本数据类型(char、int、float 等)定义变量。除了基本数据类型外，C++语言允许自定义数据类型，包括结构体、共用体、枚举和类等。本章介绍结构体(包括单向链表)、共用体和枚举类型的定义及应用，有关类类型的定义及应用将在第11章介绍。

10.1　结　构　体

在实际应用中，常将不同类型、相互联系的数据作为一个整体处理。例如，描述一个学生的数据可包括学号、姓名、性别、年龄和成绩等数据项，其中姓名为字符型数组，成绩为实型数据等。这些逻辑上相关的不同类型数据的集合称为结构体。

结构体是一种用户自定义数据类型，必须先定义后使用。一旦定义了结构体类型，就可以像基本数据类型一样，定义结构体变量、结构体数组、结构体指针和结构体引用等。

结构体具有以下优点：

(1) 数据的逻辑关系清晰。

(2) 便于处理复杂数据结构问题。

(3) 便于函数间传递不同类型数据。

10.1.1　结构体类型的定义

声明结构体类型的一般语法格式如下：

```
struct 结构体类型名{
    类型名 1   成员 1;
    类型名 2   成员 2;
    …
    类型名 n   成员 n;
};
```

其中，结构体类型名由标识符组成，花括号中依次列举变量的类型和变量名，每一变量类型可以是基本数据类型或者自定义数据类型。花括号中所定义的变量称为结构体的成员，同一结构体中的成员不能重名。应当注意，每个结构体类型定义都以一个分号结束。

由于数据类型仅是为变量分配存储空间的存储模型，编译程序并不为任何数据类型分配存储空间，因此在定义结构体的成员时，不能指定成员的存储种类为 auto、register 或 extern，但可指定成员的存储种类为 static。

例如，描述学生基本情况的结构体类型可定义如下：

```
struct student{
     unsigned id;                    //学号
     char name[10];                  //姓名
     char sex ;                      //性别
     unsigned age ;                  //年龄
};
```

程序中一旦定义了一个结构体类型，此后就可用该结构体类型说明变量。

10.1.2 结构体类型变量的定义

与基本数据类型的变量一样，结构体类型的变量也应先定义后使用。

定义结构体类型变量的方法有3种。

1. 先声明结构体类型再定义变量

结构体类型定义如10.1.1小节所述，结构体变量的定义格式如下：

存储类别 结构体类型名 变量名1，变量名2，…，变量名n;

或者

存储类别 struct 结构体类型名 变量名1，变量名2，…，变量名n;

第一种格式是C++语言增加的，本书使用这种格式；第二种格式是C语言使用的格式，对于用C++语言编写C语言程序的程序员来说，用这种格式便于和C语言及编译系统兼容。

例如，使用10.1.1小节定义的结构体类型student定义变量：

```
student s1, s2 [10], * p;
```

其中，s1为student类型的变量，s2为student类型的数组，p为student类型的指针。编译程序要为这3个变量分配内存，为s1分配的内存如图10-1所示。

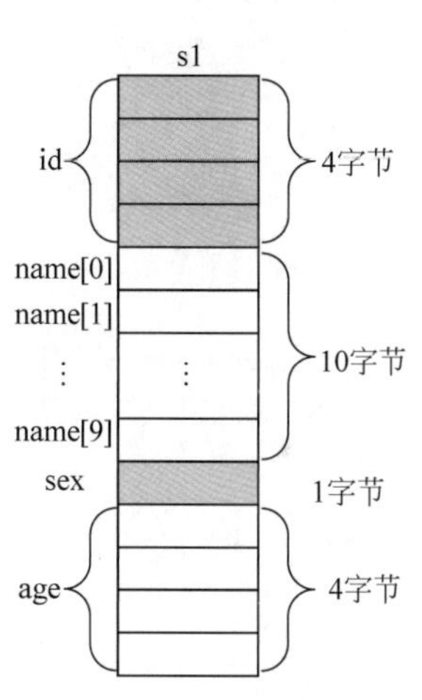

图10-1 结构体变量s1所占存储空间

在定义结构体类型变量时，可初始化结构体类型变量。其初始化方法是用花括号将每一个成员的值括起来。例如：

```
student s1 = {200710101u, "张三",'f', 18u};
```

表示s1的成员id初始化为200710101u，成员name初始化为字符串“张三”，成员sex初始化为字符'f'，成员age初始化为18u。

但应注意，为结构体变量初始化时，在花括号中列出的数据的类型及顺序必须与该结构体类型定义中所说明的结构体成员一一对应，否则编译时会出错。例如：

```
student s2 = {"张三", 200710103, 'f', 18u};
```

将在编译时出现编译错误。

在定义结构体类型变量时，可指定其存储种类。例如：

```
static student s3;
auto student s4;
extern student s5 ;
```


2. 在声明结构体类型的同时定义变量

上述变量可以定义为

```
struct student{
      unsigned id;                                   //学号
      char name[10];                                 //姓名
      char sex;                                      //性别
      unsigned age;                                  //年龄
} s1, s2 [10], * p;
```

3. 直接定义无结构体类型名的变量

上述变量可以定义为

```
struct {
      unsigned id;                                   //学号
      char name[10];                                 //姓名
      char sex;                                      //性别
      unsigned age;                                  //年龄
} s1, s2 [10], * p;
```

【例 10.1】 用以上 3 种方法定义结构体类型变量。

```
#include <iostream>
using namespace std;
struct complex                                       //定义全局结构体类型 complex: 描述复数
{     float real,                                    //实部
      image;                                         //虚部
};
struct point                                         //定义全局结构体类型 point:描述二维坐标点
{     float x, y; } pl, p2;                          //全局变量
int main ()
{     complex cl, c2;                                //局部变量
      point p3,p4;
      struct {
            int year, month, day;
      }dl,d2;                                        //局部变量
      return 0;
}
```

10.1.3 结构体类型变量的使用

1. 使用结构体变量的成员

其语法格式如下：

结构体变量名.成员名

其中,“.”称为成员运算符。

2. 同类型结构体变量之间可直接赋值

这种赋值等价于各成员依次赋值。例如：

```
student s,t;                    //定义 student 类型的结构体变量 s 和 t
s.id = 200710101u;              //使用变量 s 的成员
strcpy(s.name,"张三");
s.sex = 'f ';
s.age = 18u ;
t = s;                          //同类型结构体变量直接赋值
```

3. 结构体变量的输入/输出

结构体变量不能直接输入/输出，其成员能否直接输入/输出取决于其成员的类型，若是基本类型或字符数组，则可以直接输入/输出。

4. 定义指向结构体变量的指针

结构体指针变量是指向结构体变量的指针变量，其值是它所指结构体变量的指针。通过结构体指针变量，可访问它所指结构体变量及其成员。结构体指针变量声明的语法格式如下：

```
结构体类型名 * 结构体指针变量名;
```

或

```
struct 结构体类型名 * 结构体指针变量名;
```

其中，后一种是 C 语言程序定义结构体指针变量所采用的形式。

结构体指针变量也必须在初始化后才能使用。例如：

```
student s, * p = &s;      //定义指向 student 类型结构体变量 s 的指针 p
```

有了结构体指针变量，就可以通过其访问它所指结构体变量的成员。访问的语法形式如下：

```
( * 结构体指针变量名).成员名
```

或

```
结构体指针变量名 -> 成员名
```

例如：

```
( * p). id
```

或

```
p -> id
```

注意：(* p)两侧的圆括号不可少，因为圆点运算符“.”的优先级高于“ * ”。若去掉括号写成 * p.id，则其相当于 * (p.id)。

这样，对结构体变量 s 的成员 id 的访问形式就有 3 种：s.id、(* p).id 或 p-> id。

5. 作函数的参数或返回值

结构体变量、结构体指针变量和结构体引用变量可作函数的参数，也可作函数的返回值。

【例 10.2】 结构体变量的使用。

```
#include <iostream>
using namespace std;
struct complex                          //定义全局结构体类型 complex:描述复数
{ float real, image; };                 //复数的实部和虚部
void swap1(complex &c1, complex &c2)  {  complex t = c1; c1 = c2; c2 = t;  }
void swap2(complex *c1, complex *c2) {  complex t = *c1; *c1 = *c2; *c2 = t;  }
complex add(complex &c1, complex &c2 )
{   complex t;
    t.real = c1.real + c2.real; t.image = c1.image + c2.image;
    return t;
}
void show(const complex &c)
{   cout << c.real;
    if(c.image >= 0 ) cout <<'+';
    cout << c.image <<'i';
}
int main()
{   complex c1 = {1.0f,2.5f},c2 = {2.0f,3.5f};
    show(c1);    cout <<',';
    show(c2);    cout << endl;
    swap1(c1,c2);                       //A
    show(c1);    cout <<',';
    show(c2);    cout << endl;
    swap2(&c1, &c2 );                   //B
    show(c1);    cout <<',';
    show(c2);    cout << endl;
    complex sum = add(c1,c2);           //C
    show(sum);   cout << endl;
    return 0;
}
```

程序运行结果如下：

```
1+2.5i,2+3.5i
2+3.5i,1+2.5i
1+2.5i,2+3.5i
3+6i
```

6. 定义结构体数组

与基本数据类型一样，也可以定义结构体数组。定义结构体数组的方法与定义结构体变量的方法类似，其也有 3 种方法，只要在每种方法的基础上增加数组维数的说明即可。例如：

```
student s[2] = {{200710101u ,"张三", 'f', 18u },{200710102u,"李四", 'm', 18u}};
```

7. 结构体中成员的类型

结构体中的成员为已定义的数据类型，也可为结构体类型。例如：

```
struct Date {int year, month , day;};
struct Person
{    char name [10];
     unsigned id;
     Date birthday;
};
Person p;
p. birthday. year = 1999; p. birthday.month = 12; p. birthday. day = 2;
```

当要访问嵌套在内层的结构体成员时，同样使用嵌套的成员运算符“.”。在结构体中，嵌套结构体的次数没有限制。

【例 10.3】 定义全班学生学习成绩的结构体数组，每个元素包括姓名、学号、C++语言成绩、英语成绩和这两门课程的平均成绩（通过计算得到）。设计 4 个函数，分别完成以下任务：

（1）输入全班学生的数据。

（2）求每位学生的平均成绩。

（3）按平均成绩的升序排序。

（4）输出全班成绩表。

分析：参见源程序中的注释。

程序如下：

```
#include < iostream >
using namespace std;
struct Student                                    //定义一个描述学生数据的全局结构体类型
{    char name[9];                                //姓名
     unsigned No;                                 //学号
     float cpp;                                   //C ++语言成绩
     float eng;                                   //英语成绩
     float ave;                                   //平均成绩
};
void Input(Student * p, int n) //p 指向全班学生数据的结构体数组首元素，n 为班级人数
{    for(int i = 0; i < n; i ++,p++)
     {    cout <<"输入第"<< i + 1 <<"个学生数据(姓名 学号 C++英语成绩): ";
          cin >>( * p).name >>( * p). No >>( * p).cpp >>( * p).eng;
     }
}
void Average(Student * p, int n)
{    for(int i = 0; i < n;i++,p++)
          p -> ave = ( p -> cpp + p -> eng)/2;
}
void Output( const Student * p,int n)
{    cout <<"\t 全班成绩表\n"                      //输出表名
          <<"姓名\t 学号\tC++\t 英语\t 平均\n";   //输出表头
     for(int i = 0; i < n; i++,p++)
          cout << p -> name <<'\t'<< p -> No <<'\t'
               << p -> cpp <<'\t'<< p -> eng <<'\t'<< p -> ave <<'\n';
}
void Sort(Student * p, int n)
```

```
{   Student t;
    for(int i = 0; i < n - 1; i++)
    {   int k = i, j = i + 1;
        for(; j < n; j++)
            if( p[j].ave < p[k].ave) k = j;
        if(k!= i) {t = p[i]; p[i] = p[k]; p[k] = t;}
    }
}
int main()
{   int num;                              //班级人数
    Student *p;                           //存放学生数据的动态结构体数组的指针
    cout <<"输入班级人数:";
    cin >> num;
    p = new Student[num];
    if(!p) {cout <<"未申请到足够的动态内存!\n"; return 1; }
    Input(p,num);                         //输入全班学生数据
    Average(p, num);                      //计算全班学生平均分
    Sort(p,num);                          //按平均分升序排序全班学生数据
    Output(p,num);                        //输出全班学生数据
    delete []p;                           //释放动态内存
    return 0;
}
```

程序运行结果如下：

```
输入班级人数: 3 ↙
输入第 1 个学生数据(姓名 学号 C++英语成绩): Wang 101 88 93
输入第 2 个学生数据(姓名 学号 C++英语成绩): Liu 102 83 79
输入第 3 个学生数据(姓名 学号 C++英语成绩): Sun 103 99 89
                全班成绩表
姓名      学号      C++      英语      平均
Liu       102       83       79        81
Wang      101       88       93        90.5
Sun       103       99       89        94
```

10.2 单向链表

单向链表是一种广泛使用的动态数据结构，正确理解与灵活运用单向链表是实际编程的需要。

10.2.1 单向链表的概念

有时，程序所处理的数据的增减是逐个进行的，此时存储空间的静态分配和一次性动态分配难以满足需求。而单向链表是满足上述需求的一种数据结构，其结构如图 10-2 所示。

单向链表由若干同类型结点串接而成。每个结点包含两个域，即数据域和指针域。数据域描述某一问题所需的实际数据，如描述学生成绩的数据包括姓名和成绩；指针域指向下一个结点。每个单向链表都有一个首指针(头指针)指向其首结点。单向链表结点串接原则如下：当前结点通过指针域指向下一结点；尾结点的指针域为空，表示链表结束。若尾

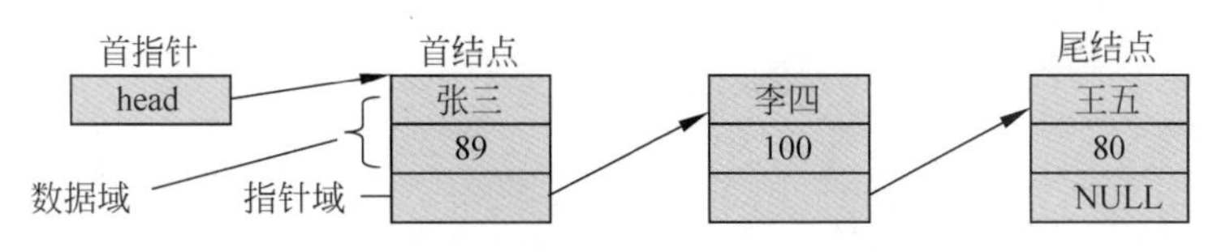

图 10-2　单向链表的结构

结点的指针域指向首结点，则构成环形链表。

使用单向链表编程的一般步骤如下：

(1) 定义结点的数据类型，如图 10-2 中结点数据类型定义为

```
struct node {
    char name[20];                //数据域
    int score;
    node * next;                  //指针域
}
```

其中，next 为指向这种结构体类型的指针，它存放指向下一个结点的指针。

(2) 创建单向链表。

(3) 根据解题需要对链表进行有关操作，如插入或删除一个结点，对链表进行排序、查找、输出和释放等。

10.2.2　单向链表的建立和基本操作

下面通过一个完整的例子说明单向链表的建立和基本操作，包括以下内容：

(1) 建立一条无序链表。

(2) 建立一条有序链表(升序排序)。

(3) 输出该链表上各结点的数据。

(4) 删除链表上的某个结点。

(5) 释放链表各结点占用的内存空间。

为了便于叙述、突出重点且不失一般性，设每个结点的数据域只包含一个整数。结点类型定义如下：

```
struct node {
    int data;
    node * next;
};
```

1. 建立链表

单向链表的建立是通过向空链表不断插入新结点实现的。按新结点插入单向链表的位置分，有首结点插入法、尾结点插入法和结点有序插入法 3 种，其中前两种方法产生的链表是无序的，最后一种方法产生的链表是有序的。

1) 首结点插入法

设指针 n 指向新结点，head 指向单向链表首结点。新结点插入链表分两种情况：一是空链表，如图 10-3(a)所示；二是非空链表，如图 10-3(b)所示。图 10-3 中虚线部分是在原有基础上所做的操作，数字序号①②等代表操作顺序。

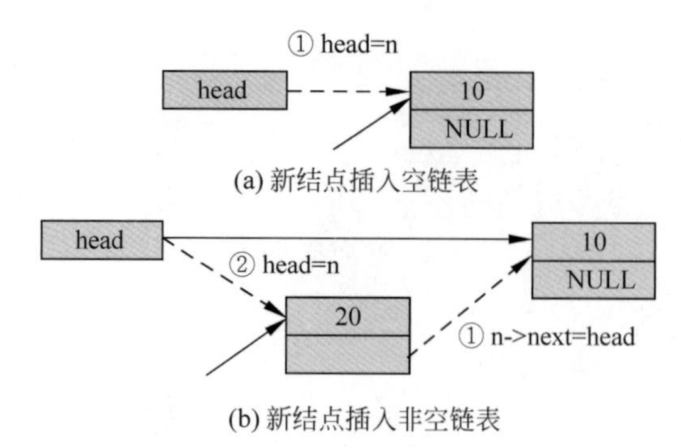

图 10-3　首结点插入法创建链表

程序如下：

```
node * Head_Create()
{    node * head, * n;
     int a;
     head = NULL;                                    //空链表
     cout <<"首结点插入法产生链表,输入数据(-1结束):";
     for(cin >> a; a!= -1; cin >> a)
     {    n = new node;
          n -> data = a;
          if(!head) head = n, n -> next = NULL;      //如图 10-3(a)所示
          else n -> next = head, head = n;           //如图 10-3(b)所示
     }
     return head;
}
```

2）尾结点插入法

设指针 n 指向新结点，head 指向单向链表首结点，tail 指向单向链表尾结点。新结点插入链表分两种情况：一是空链表，如图 10-4(a)所示；二是非空链表，如图 10-4(b)所示。图 10-4 中虚线部分是在原有基础上所做的操作，数字序号①②等代表操作顺序。

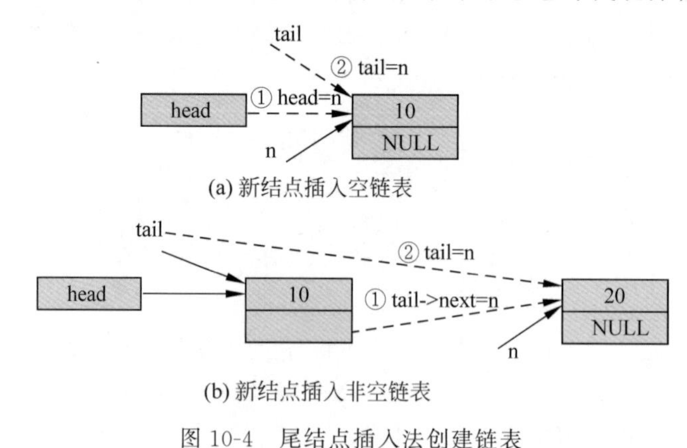

图 10-4　尾结点插入法创建链表

程序如下：

```
node * Tail_Create()
{    node * head, * n, * tail;
```

```
    int a;
    head = NULL;                                    //空链
    cout <<"尾结点插入法产生链表,输入数据(-1结束):";
    for(cin >> a; a!= -1; cin >> a)
    {   n = new node;
        n->data = a;
        if(!head) tail = head = n;                  //如图 10-4(a)所示
        else tail->next = n, tail = n;              //如图 10-4(b)所示
    }
    if(head) tail->next = NULL;
    return head;
}
```

3）结点有序插入法

设指针 n 指向新结点，head 指向单向链表首结点。

程序如下：

```
node *Sort_Create(void)
{   node *head, *n;
    int a;
    head = NULL;                            //空链表
    cout <<"有序插入法产生链表,输入数据(-1结束):";
    for(cin >> a; a!= -1; cin >> a)
    {   n = new node;
        n->data = a;
        head = Insert(head,n);              //将新结点 n 插入有序链表后,使链表仍保持有序
    }
    return head;
}
```

2. 将新结点插入有序链表，并保持链表有序

设指针 n 指向新结点，head 指向单向链表首结点，指针 p1 指向插入位置前结点，指针 p2 指向插入位置后结点，在 p1 和 p2 之间插入结点，如图 10-5 所示。图 10-5 中虚线部分是在原有基础上所做的操作，数字序号①、②等代表操作顺序。

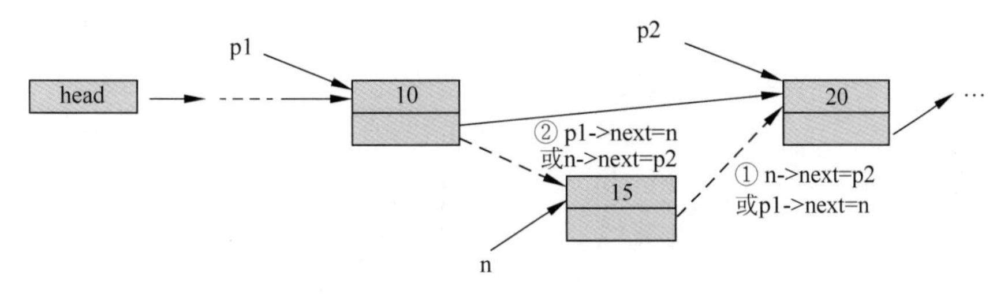

图 10-5　新结点插入 p1 所指结点后、p2 所指结点前

程序如下：

```
node *Insert(node *head, node *n)           //升序插入
{   node *p1, *p2;
    if(head == NULL)                        //若为空链,则如图 10-3(a)所示
    {   head = n; n->next = NULL; return head;   }
```

```
    if(head->data>=n->data)    //新结点插入首结点前,如图 10-3(b)所示
    {   n->next=head; head=n; return head;   }
    p2=p1=head;
    while(p2->next&&p2->data<n->data) { p1=p2;p2=p2->next;   }
    if(p2->data<n->data)        //新结点插入尾结点后,如图 10-4(b)所示
    {   p2->next=n; n->next=NULL;   }
    else                        //新结点插入 p1 和 p2 所指结点之间,如图 10-5 所示
    {   n->next=p2; p1->next=n;   }
    return head;
}
```

3. 输出链表上各个结点的值

```
void Print(const node *head)
{   cout<<"链表上各结点的数据为:\n";
    while(head)
    {   cout<<head->data<<'\t';
        head=head->next;
    }
    cout<<'\n';
}
```

4. 释放链表的结点空间

设指针 h 指向释放的结点,释放 h 所指向的结点如图 10-6 所示。图 10-6 中虚线部分是在原有基础上所做的操作,数字序号①、②等代表操作顺序。

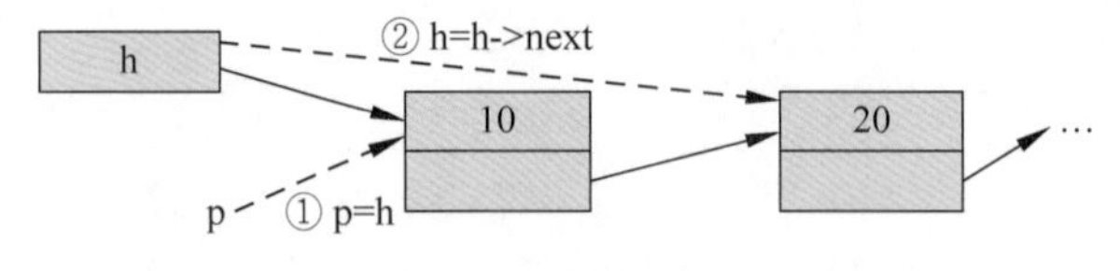

图 10-6　释放链表的结点空间

```
void deletechain(node *h)
{   node *p;
    while(h) { p=h; h=h->next; delete p; }      //如图 10-6 所示
}
```

5. 删除链表上具有指定值的结点

删除链表上某个结点的步骤如下:首先查找到要删除的结点,然后删除已找到的结点。设指针 p1 指向待删除结点前一个结点,指针 p2 指向查找到的待删除结点,删除 p2 所指向的结点如图 10-7 所示。图 10-7 中虚线部分是在原有基础上所做的操作。

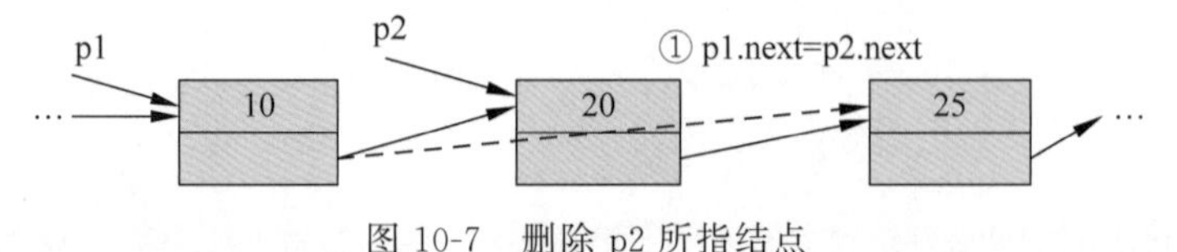

图 10-7　删除 p2 所指结点

```
node *Delete_one_node(node *head,int num)
{   node *p1,*p2;
```

```
    if(head == NULL)
    {    cout <<"链表为空,无结点可删!\n";
         return NULL;
    }
    if(head -> data == num)                              //正好是首结点
    {    p1 = head;
         head = head -> next;
         delete p1;
         cout <<"删除了一个结点!\n";
    }
    else
    {    p1 = head;p2 = p1 -> next;
         while(p2 -> data!= num&&p2 -> next!= NULL)     //在链表上查找待删除结点
         { p1 = p2; p2 = p2 -> next; }
         if(p2 -> data == num)                           //如图 10 - 7 所示
         {    p1 -> next = p2 -> next;
              delete p2;
              cout <<"删除了一个结点!\n";
         }
         else cout <<"链表上没有找到要删除的结点!\n";
    }
    return head;
}
```

6. 主函数

```
int main()
{    node * head; int num;
     head = Head_Create();                     //头结点插入法产生链表
     Print (head);                             //输出链表上的各结点值
     cout <<"输入要删除结点上的整数:\n";
     cin >> num;
     head = Delete_one_node(head, num);        //删除指定结点
     Print (head);                             //输出链表上的各结点值
     deletechain( head);                       //释放链表各结点占用内存
     head = Tail_Create();                     //尾结点插入法产生链表
     Print(head);                              //输出链表上的各结点值
     deletechain(head);
     head = Sort_Create();                     //产生一条有序链表
     Print(head);                              //输出链表上的各结点值
     deletechain(head);
     return 0;
}
```

10.3 * 共　用　体

共用体允许几个不同(或相同)类型的变量共用同一组内存单元。共用体也是一种用户自定义数据类型,需要先定义后使用。一旦定义了共用体类型,就可以像对基本数据类型一样,定义共用体变量、共用体数组、共用体指针和共用体引用等。

从定义形式上看,共用体与结构体非常相似,即都是用户自定义数据类型,都由多个成

员组成，成员的类型可以不同，从使用形式上看，共用体与结构体完全相同；从内存分配上看，共用体与结构体有本质区别，即结构体的每个成员都有自己的独占内存，而共用体的每个成员共用同一块内存。

10.3.1 共用体类型的定义

共用体类型的定义与结构体类型的定义相似，其定义格式如下：

```
union 共用体类型名{
    类型名  成员名 1;
    类型名  成员名 2;
    …
    类型名  成员名 n;
};
```

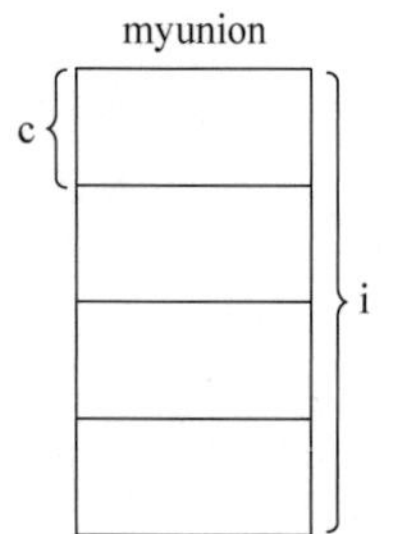

图 10-8 myunion 的存储空间

其中，共用体类型名由标识符构成，成员名也由标识符构成。例如：

```
union myunion {
    char c;
    int i;
};
```

共用体类型 myunion 有一个字符型成员 c 和一个整型成员 i，共用 4 字节内存，如图 10-8 所示。

10.3.2 共用体类型变量的定义和使用

1. 共用体类型变量的定义

与说明结构体变量类似，说明共用体类型变量的方法也有 3 种。

(1) 先定义共用体类型，再定义其变量。例如：

```
union myunion {
    char c;
    int i;
};
myunion d, * p = &d, a[10];
```

(2) 定义共用体类型时定义其变量。例如：

```
union myunion {
    char c;
    int i;
}d, * p = &d, a[10];
```

(3) 定义无名共用体类型时定义共用体变量。例如：

```
union {
    char c;
    int i;
}d, * p = &d, a[10];
```

2. 共用体类型变量的使用

共用体类型变量的用法与结构体类型变量的用法相同。例如：

```
d. c = 'a';
cout << d. c;
```

但在使用共用体类型变量时，还应注意以下几点。

（1）同一共用体内的所有成员共用同一存储区域，其存储区域的大小由占用最大存储区的成员所决定。例如：

```
union myunion {
    char c;
    int i;
}d;
```

因成员 c 占 1 字节，i 占 4 字节，故变量 d 占 4 字节内存（可用 sizeof(d)计算）。

（2）在共用体类型变量内，起作用的成员总是最新存放的成员，原有成员的值被覆盖。

（3）共用体类型中的成员可为已定义的任一类型，当然也可以是共用体或结构体。结构体中的成员也可以是共用体。

【例 10.4】 下列程序使用了共用体嵌套结构体，写出程序的运行结果。

```
#include < iostream >
using namespace std;
union ex{
    struct
    { int x, y; } in;
    int a, b;
}e;
int main()
{   e.a = 1;e.b = 2;
    e.in.x = e.a * e.b;
    e.in.y = e.a + e.b;
    cout << e.in.x <<','<< e.in.y <<'\n';
    return 0;
}
```

分析：程序中定义的共用体类型 ex 内有无名结构体类型的成员 in，其存储空间如图 10-9 所示，成员 in、a 和 b 共用 8 字节内存。进一步分析，表明成员 in. y 独占 4 字节内存，成员 in. x、a 和 b 共用 4 字节内存。因此，对于共用体类型 ex 的变量 e 来说，e. in. x、e. a 和 e. b 共用同一内存。下面逐行分析 main()函数中的语句。

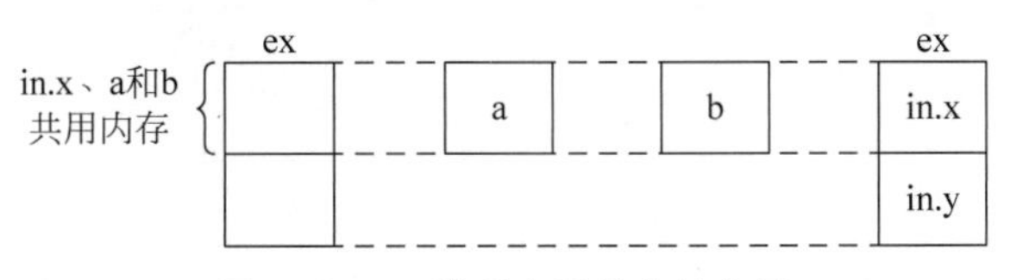

图 10-9　ex 类型变量的存储空间

执行“e. a=1; e. b=2;”语句后，e. in. x、e. a 的值就是最新对共用内存操作的成员 e. b 的值，即为 2。

执行“e.in.x=e.a*e.b;”语句后，e.in.x的值为4。其原因是执行该语句前，e.a和e.b的值均为2。当然，执行该语句后，e.a和e.b的值均与e.in.x相同，即为4。

执行“e.in.y=e.a+e.b;”语句后，e.in.y的值为8。其原因是执行该语句前，e.a和e.b的值均为4。

程序运行结果如下：

```
4,8
```

10.3.3 无名共用体类型的使用

无名共用体类型的使用有些特别。无名共用体类型只是声明一个成员项的集合，这些成员项共用同一内存，可用成员项的名字直接访问。例如，定义如下无名共用体类型：

```
union    //若为全局无名共用体类型,则应写成 static union
{    char c;
     int i;
};
```

在程序中可以这样使用：

```
c = 'a';
i = 2 ;
```

【例10.5】 无名共用体类型使数据类型定义形式统一，逻辑意义更明确。

```
#include <iostream>
using namespace std;
struct car{                              //描述汽车的结构体类型
     int wheels;                         //车轮数
     union{                              //无名共用体作为结构体的内嵌成员
          float load;                    //载重量:用于各种货车
          int passengers;                //乘客数:用于各种客车
     };
}bus,truck;
int main()
{    bus.wheels = 4;                     //公共汽车
     bus.passengers = 30;
     truck.wheels = 8;                   //卡车
     truck.load = 10.5f;
     cout <<"公共汽车乘客: "<< bus.passengers <<"人\n";
     cout <<"卡车载重: "<< truck.load <<"吨\n";
     return 0;
}
```

程序运行结果如下：

```
公共汽车乘客: 30 人
卡车载重: 10.5 吨
```

值得说明的是，无名结构体类型也有类似的特殊用法，但通常没有必要。例如，对于客货两用车，例 10.5 的结构体类型与定义如下：

```
struct car{                     //描述汽车的结构体类型
    int wheels;                 //车轮数
    union{                      //无名结构体作为结构体的内嵌成员
        float load;             //载重量:用于各种货车
        int passengers;         //乘客数:用于各种客车
    };
};
```

还不如定义为

```
struct car{                     //描述汽车的结构体类型
    int wheels;                 //车轮数
    float load;                 //载重量:用于各种货车
    int passengers;             //乘客数:用于各种客车
};
```

10.4 枚　　举

在现实世界中，有些量只有几个可枚举的值。例如，一个星期只有 7 天、人的性别只有男或女、灯的状态有开或关等。对于这些量，可用整型或字符型来表示，但数据的可读性较差且不便于对数据的合理性进行检查。例如，若将灯的状态定义为 int 型，用 1 和 0 分别表示灯的开和关，则其他取值都是非法数据，但此时编译器无法检查这类错误，只能由用户自己编程检查。C++语言中的枚举类型可以解决这类问题。

枚举类型也是用户自定义数据类型，需要先定义后使用。一旦定义了枚举类型，就可以像对基本数据类型一样，定义枚举变量、枚举数组、枚举指针和枚举引用等。

10.4.1 枚举类型的定义

定义枚举类型的一般语法格式如下：

enum <枚举类型> { <枚举量表> };

其中，枚举类型用标识符表示，枚举量表由被逗号隔开的标识符组成。枚举量表中的标识符称为枚举常量。由于每个枚举常量都用标识符来表示，因此自然提高了枚举数据的可读性。

例如：

```
enum weekday {Sun, Mon, Tue, Wed, Thu, Fri, Sat};
```

定义了一个名为 weekday 的枚举类型，它包含 7 个枚举常量，分别为 Sun、Mon、Tue、Wed、Thu、Fri、Sat。

枚举类型的每个枚举常量都对应着一个整数，默认情况下，第一个枚举常量对应 0，第二个枚举常量对应 1，以此类推。在定义枚举类型时，也可以给枚举常量指定对应值。

例如：

```
enum weekday {Sun = 7, Mon = 1, Tue, Wed, Thu, Fri, Sat};
```

这时 Sun 对应 7，Mon 对应 1，Tue 对应 2，…，Sat 对应 6，即未明确指定对应值的枚举常量，它的对应值为前一枚举常量的对应值增 1。又如：

```
enum boolean {TRUE = 1, FALSE = 0};
```

即规定了枚举常量 TRUE 的值为 1，FALSE 的值为 0。再如：

```
enum colors {red = 5, blue = 1, green, black, white, yellow};
```

则定义了枚举常量 red 为 5，blue 为 1，其后的枚举常量依次加 1，即 green、black、white、yellow 的值分别为 2、3、4、5。注意到，枚举常量 red 和 yellow 取值相同，即允许不同枚举常量取相同的值。

由于枚举常量可以指定整型值，因此程序中可以通过定义无名枚举类型的方式定义整型常量，供程序使用。例如：

```
enum {MAX = 1000};
int a[MAX];
```

10.4.2 枚举类型变量的定义

定义枚举类型变量的方法有 3 种。

（1）先说明枚举类型，再定义枚举类型变量。例如：

```
weekday workday, weekend;
```

或

```
enum weekday workday, weekend;        //与C语言兼容
```

workday 和 weekend 被定义为枚举变量，它们的值只能是 Sun 到 Sat 之一。

说明枚举类型变量时，也可对其初始化。例如：

```
weekday workday = Sun;
```

（2）在定义枚举类型的同时，定义枚举类型变量。例如：

```
enum suit {Heart, Diamond, Club, Spade}x;
```

（3）定义无名枚举类型，直接定义枚举类型变量。例如：

```
enum {male, female}person[20];
```

10.4.3 枚举类型变量的使用

1. 枚举类型变量的赋值

可将枚举量表中的任一枚举常量赋给枚举类型变量，或同类型的枚举类型变量之间相互赋值；不能将一个整数直接赋值给枚举类型变量。例如：

```
enum color { red, blue, green, black, white, yellow }cl, c2;
cl = red;                        //正确
c2 = 1;                          //错误
```

但可以通过强制类型转换把整数赋值给枚举类型变量。例如，下面的赋值是合法的：

```
c2 = (color) 1;      //等价于:c2 = blue;
```

2. 枚举量的关系运算

枚举量的关系运算是比较它们对应的整型值的大小。例如，cl>c2 的运算结果为 0，cl<green 的运算结果为 1。

3. 枚举类型变量的输入/输出

枚举类型变量不能直接从键盘上输入。例如：

```
cin >> cl;
```

是不允许的。通常通过输入一个整型值，然后把该整型值转换成一个枚举常量再赋给枚举类型变量。

枚举类型变量可以直接输出，但输出的值是一个整数(对应枚举常量的序号值)。例如：

```
cout << cl;
```

输出值为 0。如需输出对应的字符串，必须通过代码进行转换。

【例 10.6】 输入/输出枚举类型的值。

```
#include < iostream >
using namespace std;
int main (void)
{   enum sex { male, female } s;
    int n;
    cout <<"Input the sex: 0 - male, 1 - female \n";
    cin >> n;
    switch(n)                     //将输入整数转换成枚举常量
    {   case 0: s = male; break;
        case 1: s = female; break;
        default: cout <<"Inputerror!\n"; return 1;
    }
    switch(s)                     //输出枚举值
    {   case male: cout <<"male\n"; break;
        case female: cout <<"female\n";
    }
    return 0;
}
```

程序运行结果如下：

```
Input the sex: 0 - male,1 - female
0
male
```

【例 10.7】 枚举类型的应用。

```
#include<iostream>
#include<cstdlib>
#include<cctype>
using namespace std;
enum Format { POINT,GRADE };                            //计分方式:百分制和五分制
enum Grade { A,B,C,D,E};                                //五分制等级
struct Student                                          //学生数据结构类
{    int id;                                            //学号
     Format flag;                                       //计分方式:百分制或五分制
     union{
         int point;                                     //百分制成绩
         Grade grade;                                   //五分制成绩
     };
};
void Input(Student *s, int n)
{    char str[4];
     Grade sc[] = {A,B,C,D,E};
     cout<<"请输入学号和成绩:\n";
     for(int i=0;i<n;i++,s++)
     {    cin>>s->id>>str;                              //输入学号和成绩
          if(isalpha(str[0]))                           //成绩为字符形式
          {    s->flag = GRADE;                         //置标志为五分制
               s->grade = sc[tolower(str[0]) - 'a'];    //存五分制成绩
          }
          else                                          //成绩为百分制
          {    s->flag = POINT;                         //置标志为百分制
               s->point = atoi(str);                    //存百分制成绩
          }
     }
}
void Output(Student *s,int n)
{    char sc[] = {'A', 'B', 'C', 'D', 'E'};
     cout<<"\n学号\t成绩\n";
     for(int i=0;i<n;i++,s++)
     {    cout<<s->id<<'\t';                            //输出学号
          if(s->flag == POINT)                          //若为百分制
               cout<<s->point<<endl;                    //输出百分制成绩
          else                                          //否则为五分制
               cout<<sc[s->grade]<<endl;                //输出五分制成绩
     }
}
int main()
{    Student *p;
     int n;
     cout<<"输入学生人数:";
     cin>>n;
     p = new Student[n];                                //申请n个学生的动态结构体数组
     if(!p) { cout<<"没有申请到足够的内存! \n"; return 1;}
     Input(p,n);                                        //输入n个学生数据
     Output(p,n);                                       //输出n个学生数据
     delete[]p;                                         //释放动态内存
     return 0;
}
```

程序运行结果如下：

```
输入学生人数:4
请输入学号和成绩:
1001 95
1002 B
1003 A
1010 55
学号    成绩
1001    95
1002    B
1003    A
1010    55
```

程序中使用了 3 个 C++语言库函数，如表 10-1 所示。

表 10-1　例 10.7 使用的库函数简介

函数原型	作　用	头文件
int isalpha(int c);	若 c 是字母，则返回非 0，否则返回 0	cctype
int tolower(int c);	返回变量 c 中字母的小写形式	cctype
int atoi(const char * s);	将 s 所指数值串转换成整数	cstdlib

10.5　定义类型别名

为了简化程序书写，提高程序的可读性和可移植性，C/C++语言允许为已有类型名定义别名。定义类型别名的语法格式如下：

typedef 类型名　类型别名 1,别名 2, …, 别名 n;

其中，类型名为基本类型名、自定义类型名或已定义的类型别名。习惯上，类型别名选用见名知意的大写标识符，以提高程序的可读性。例如：

```
typedef int LENGTH;
typedef char * STRING;
typedef int VEC[50];
typedef struct node{
    int data;
    struct node * next;
}LISTNODE, * LISTPTR;
typedef int( * FP) (void);
```

定义类型别名后，类型别名即可作为类型名使用。例如：

```
LENGTH i,j;                //等价于: int i,j;
STRING s1, s2;             //等价于: char * s1, * s2;
VEC x, y;                  //等价于: int x[50], y[50];
LISTNODE n[10];            //等价于: node n[10];
LISTPTR p;                 //等价于:node * p;
FP f;                      //等价于:int ( * f)(void);
```

下面以定义枚举类型的别名为例，介绍定义类型别名的方法和步骤。

(1) 写出变量说明：enum{FALSE,TRUE}b;。
(2) 用类型别名代替变量名：enum{FALSE,TRUE}BOOL;。
(3) 在前面加上 typedef：typedef enum{FALSE,TRUE}BOOL;。
(4) 用类型别名定义变量：BOOL b;。
应当注意，有时过多使用类型别名反而会使程序的可读性降低。

习　　题

一、选择题

1. 设有以下说明语句：

```
struct person
{    char name[20];
     int age;
}ptype;
```

则下面叙述中错误的是________。

A. struct 是结构体类型的关键字　　B. person 是用户定义的结构体类型
C. ptype 是用户定义的结构体类型名　　D. name 和 age 都是结构体成员名

2. 若有以下定义和语句：

```
struct person
{    char name[20];
     int age;
};
person per[3] = {{"Zhang", 19},{"Wang", 20}, {"Liu", 21}};
person *p = per;
```

则以下结果不是 20 的是________。

A. ++p->age　　B. (++ p)->age
C. (*++p).age　　D. (++p).age

3. 设有以下程序段，则表达式的值不为 100 的是________。

```
struct st {int a; int *b;};
void main()
{    int m1[] = {10,100}, m2[] = {100, 200};
     st *p, x[] = {99, m1, 100, m2};
     p= x;
     …
}
```

A. *(++p-> b)　　B. (++p)->a
C. ++p->a　　D. (++p)->b

4. 以下对 C++语言共用体类型数据的叙述中正确的是________。

A. 可以对共用体变量名直接赋值
B. 使用共用体变量的目的是节省内存

C. 对一个共用体变量,可以同时引用变量中的不同成员

D. 共用体类型声明中不能出现结构体类型的成员

5. 设有枚举定义:

```
enum weekday {Sun, Mon, Tue = 5, Wed, Thu, Fri, Sat};
```

则 Sat 的值为________。

A. 6　　B. 7　　C. 8　　D. 9

6. 下面给出的是使用 typedef 定义一个新数据类型的 4 项工作,如果要正确定义一个新的数据类型,则进行这 4 项工作的顺序应当是________。

(1) 把变量名换成新类型名　　(2) 按定义变量的方法写出定义体

(3) 用新类型名定义变量　　(4) 在最前面加上关键字 typedef

A. (2)→(4)→(1)→(3)　　B. (1)→(3)→(2)→(4)

C. (2)→(1)→(4)→(3)　　D. (4)→(2)→(3)→(1)

二、填空题

1. 设有结构体:

```
struct st{int i; char * ch;}s[2] = {{10, "male"}, {20, "female"}}, * p = s;
```

则表达式 * p－>ch 的结果为________,表达式(＋＋p)－>ch 的结果为________。

2. 以下程序的运行结果是________。

```
#include < iostream >
using namespace std;
struct node
{    char ni;
     struct node * next;
};
int main()
{    node * head, * p;
     int n = 48;
     head = NULL;
     do{
          p = new node;
          p -> ni = n % 8 + 48;
          p -> next = head;
          head = p;
          n = n/8;
     }while(n!= 0);
     p  =  head;
     while(p!= NULL) { cout << p -> ni; p = p -> next; }
     return 0;
}
```

3. 下列程序用于对输入的一批整数建立先进后出的链表,即先输入的放在表尾,后输入的放在表头,由表头至表尾输出的次序正好与输入的次序相反。输入的一批整数以 9999 作为结束,但链表中不包含此数。请完善程序。

```
#include <iostream>
#define NULL 0
using namespace std;
struct node {
int data;
struct node * link;
};
int main()
{    struct node * p, * q;
     int m,n = 1;
     q = NULL;
     cout << "输入第"<< n++<< "个整数";
     cin >> m;
     while(________)
     {    p = ________;
          p -> data = m;
          p -> link = ________;
          q = p;
          cout << "输入第"<< n++<< "个整数";
          cin >> m;
     }
     n -= 2;
     while( n > 0 )
     {    cout << "第"<< n -- << "个整数为"<< q -> data << endl;
          ________;
     }
     return 0;
}
```

三、编程题

1. 定义描述三维直角坐标点(x,y,z)的结构体类型和变量,完成两点坐标数据的输入,并输出这两个坐标点之间的距离。

2. 定义描述复数的结构体类型和变量,设计 4 个函数,分别实现复数的输入、输出、加法和减法运算。

3. 定义描述新生的结构体类型,成员包括姓名、年龄、性别和入学成绩。输入若干名新生的数据,完成下列操作:

(1) 设录取线为 517 分,找出入学成绩高出录取线 20 分的所有新生。

(2) 统计新生的男女比例。

(3) 按入学成绩由高到低的顺序和新生的男女比例选择 30 名新生组建实验班。

编程要求:新生数据的输入、输出和上述所有操作分别用单独的函数完成。

4. 建立一条无序链表,每个结点包括学生的学号、姓名、年龄、C++语言成绩和英语成绩,求出总分最高和最低的学生并输出。

5. 按学生总成绩创建一个升序链表,每个结点包括学生的学号、姓名、年龄、C++语言成绩和英语成绩。定义不同的函数,分别实现该链表的创建、显示和释放。

第 11 章　类和对象

C++语言相比于 C 语言最重要的发展，就是采用了面向对象思想进行程序设计。对于面向对象程序设计而言，最重要的一个特征就是数据封装。数据封装就是通过类来实现信息的抽象及隐藏。本章着重讲解 C++语言中类的声明、实现及利用类创建对象来解决具体问题，讲述完成对象初始化工作的构造函数和撤销对象时完成清理工作的析构函数，最后讲述类的静态成员与友元及其相关操作。

11.1　面向对象程序设计概述

11.1.1　面向对象的思想

20 世纪 70 年代出现的结构化程序设计方法的基本思想是“自顶向下，逐步求精”，将复杂的大问题层层分解为许多简单的小问题的组合，整个程序被划分成多个功能模块，每个模块用一个函数来实现，通过函数间的参数传递、全局变量等实现模块之间的通信和协作。结构化程序设计方法以算法为核心，即以数据处理过程为核心，是面向过程的。

随着程序规模的增加，结构化的程序很难一下子看出函数之间存在怎样的调用关系，会变得难以理解；当某个变量的定义有改动时，就要把所有访问该变量的语句找出来修改，程序难以修改和扩充；大量函数、变量之间的关系错综复杂，要抽取可重用的代码变得十分困难，代码难以重用。此时，面向对象的程序设计方法就应运而生了。

面向对象程序设计方法用对象分解取代功能分解，程序由对象组成，易于理解。程序中的对象是对客观事物的自然的、直接的抽象和模拟，包含了数据及对数据的操作，完成特定的功能，使同一对象的数据和操作不再分离，数据的安全性得到有效控制。

传统的面向过程的编程语言以过程为中心、以算法为驱动，程序＝算法＋数据；面向对象的编程语言则是以对象为中心，以消息为驱动，程序＝对象＋消息。

面向对象程序设计编程思想是当前计算机软件开发的主流，面向对象的概念和应用已经超越了程序设计和软件开发，扩展到了更广的范围，如数据库系统、交互式界面、分布式系统、网络管理结构、人工智能等领域。

11.1.2　面向对象中的基本概念

为了更好地掌握面向对象的编程方法，先介绍面向对象中的几个基本概念。

1. 对象

从一般意义上讲，对象是现实世界中实际存在的事物，它可以是具体的事物，如一本书、一辆车、一个三角形，也可以是抽象的规则、计划或事件，如一项功能、一次活动。对象是构成世界的一个独立单位，它由数据（描述事物的属性）和作用于数据的操作（体现数据的行为）构成一个独立整体。

数据用来描述对象的静态特征，也可以说是描述对象的状态，如圆的周长；操作是用来描述对象动态特征的一个操作序列，用于改变对象的状态，也可以是对象自身与外界联系的操作，如设置圆的半径、求圆的周长和面积等。

对象实现了数据和行为的结合，使数据和行为封装于对象的统一体中。

2. 类

类是对象抽象的结果，即对具有相同属性和行为的一组相似对象，忽略它们的非本质的特征，只关注那些与当前目标有关的本质特征，从而找出事物的共性，把具有共同性质的事物划分为一类，得出一个抽象概念。例如，公交车、卡车、轿车都归为汽车类。

类具有属性，是对象静态状态的抽象，用数据成员来描述类的属性。例如圆类，其属性是圆的半径。类具有操作，它是对象的行为的抽象，用函数来描述。对于圆类，其操作是设置圆的半径、求圆的周长和面积等。因此，类是对象的抽象，而对象是类的特例。

3. 封装

封装是面向对象程序设计极为重要的特征之一。将描述对象的数据及处理这些数据的代码集中起来放在对象内部，并通过限定外界对其数据及代码的访问权限来实现封装。这样，对象成为独立模块，外界不能直接访问或修改对象中的数据和代码。用户通过对象向外界提供的接口来请求对象完成特定的任务。

封装将描述对象状态的数据隐藏在对象的内部，有效防止了外界的随意访问与修改，保障了数据的安全性。封装无论对于使用者还是实现者都是相当有利的。从使用者的角度看，只要了解对象对外的接口，即可以使用对象，而不必关心其实现细节；从实现者的角度来看，封装有利于编码、测试及修改。只要对象向外提供的接口方式不变，其他所有使用该对象的程序都可以不变，从而大大提高了程序的可靠性和稳定性。

4. 继承

继承性主要是描述类与类之间的关系，通过继承已有的类（称为基类）派生出新类（称为派生类）。派生类中无须重复定义就拥有基类中的数据和代码，这种特性称为继承性。例如，汽车类描述了汽车的普通特性和功能，而轿车类中不仅包含汽车的特性和功能，还增加了轿车特有的功能，可以让轿车类继承汽车类，在轿车类中添加轿车特性的行为。

利用继承机制，对于类似的问题或只有部分类似的问题都可以通过从已定义的类派生出新类来解决，避免了重复操作，加快和简化了程序设计，提高了开发效率。

5. 多态

多态指同一个行为在基类及其各派生类中具有不同的语义。C++语言中的多态分为静态多态和动态多态。静态多态在编译时就能确定调用哪个函数，如函数重载，根据参数不同由编译器确定调用哪个函数；动态多态可以通过派生类重定义从基类继承来的方法实现，不同的对象，收到同一消息可以产生不同的结果。例如，基类汽车类有输出函数，输出汽车的一般信息，其派生类轿车类重新定义了该输出函数，输出轿车的相关信息。

多态机制不仅可以对问题进行更高层次、更自然的抽象，而且使程序的可读性更好，冗余代码更少，显著提高了代码的重用性和扩充性。

11.2 类的声明和对象的定义

类是面向对象程序设计的核心，是对具有相同属性与行为的一组事物的抽象描述。利用类可以把数据和对数据所进行的操作组合成一个整体，实现对数据的封装和隐藏。在C++语言中，类是一种用户自定义类型，即对象类型；而对象是类类型的变量，即类的实例。

11.2.1 类的声明

定义一个类的一般语法格式如下：

```
class 类名 {
private:
    数据成员和成员函数 1;
public:
    数据成员和成员函数 2;
protected:
    数据成员和成员函数 3;
};
```

其中，class是定义类的关键字；类名是为所定义的类起的名字，必须是一个合法的标识符。用大括号“{}”括起来的是类体，列出类的所有成员，包含数据成员和成员函数。数据成员是类的静态特征，表示属性或状态；成员函数是类的动态特征，表示行为或方法。类体中成员定义的顺序无关紧要，但一般将数据成员集中在类体的前面定义，函数成员集中在类体的后面定义。关键字 private、public 和 protected 用于限定成员的访问权限。在一个访问权限后面说明的所有成员都具有该访问权限，直到出现另一个不同的访问权限为止。由 private、public 和 protected 说明的成员分别称为该类的私有成员、公有成员和保护成员。

【例 11.1】 定义一个描述圆的类。

```
class Circle {
private:
    double radius;
public:
    void SetRadius(double r) { radius = r; }
    double GetRadius() { return radius; }
    double Area() { return 3.14 * radius * radius; }
};
```

数据成员的定义方式与一般变量相同，其类型可以是任何已有的类型，包括整型、单精度型、双精度型、字符型、数组、指针和引用等。例如，Circle 类中声明了一个双精度型数据成员 radius，用于描述圆的半径。数据成员也可以是其他类的对象，或自身类的指针和引用。类只是声明了一种类型，不占用内存空间，因此不能在声明数据成员时对其进行初始化。Circle 类中，如果写“double radius=3;”，就是错误的。

成员函数可以直接使用类中的任一成员，包括数据成员和成员函数，完成一定的功能。例如，Circle 类中包含 3 个成员函数 SetRadius()、GetRadius()和 Area()，用于对数据成员 radius 的操作：SetRadius()设置 radius 的值，GetRadius()获取 radius 的值，Area()计算圆的面积。

11.2.2 类的访问权限

类的数据成员和成员函数分别描述该类实体的属性和行为，两者紧密相连。类通过限定外界对其数据及函数的访问权限来实现封装。

被 public 修饰的数据成员和成员函数为公有成员，既可以被本类的成员函数访问，也可以被类外的函数访问，定义了类的外部接口。

被 private 修饰的数据成员和成员函数为私有成员，只可以被本类的成员函数访问，而类外的任何访问都是非法的，实现了访问权限的有效控制。

被 protected 修饰的数据成员和成员函数为保护成员，可以被本类或本类的派生类中的成员函数访问。

这 3 种访问权限在类体中出现的顺序无关紧要，也可以在类体中多次出现。通常，为了隐藏数据，提供接口，总是将类中的数据成员声明成私有的或保护的，而将成员函数声明成公有的。然而，一个具体的类成员的访问权限应根据实际需要而定。

类类型与结构体类型相似，结构体类型也可以有成员函数，其主要区别在于类类型的默认访问权限是 private，而结构体类型的默认访问权限是 public。

11.2.3 类的成员函数

成员函数必须在类体内给出原型声明，它的实现可以放在类体内，也可以放在类体外。当成员函数所含代码较少时，可以直接在类中定义该成员函数，如例 11.1 中成员函数 SetRadius()、GetRadius()和 Area()的定义；而当成员函数所含代码较多时，为了保证程序具有较好的可读性，通常只在类中声明原型，在类外对函数进行定义。其定义格式如下：

```
返回值类型 类名::成员函数名(参数表)
{
    函数体
}
```

在类外定义成员函数时，函数名前必须加类名和作用域符(::)进行修饰，以指明该函数属于哪个类。

【例 11.2】 Circle 类的类外定义成员函数。

```
class Circle {
private:
    double radius;
public:
    void SetRadius(double r);
    double GetRadius();
    double Area();
};
void Circle::SetRadius(double r) { radius = r; }
double Circle::GetRadius() { return radius; }
double Circle::Area() { return 3.14 * radius * radius; }
```

Circle 类中，成员函数 SetRadius()、GetRadius()和 Area()的类外实现均在函数名前加

了前缀“Circle::”进行修饰。

类内定义的成员函数默认为内联函数,类外定义的函数需要用关键字 inline 声明才为内联函数。成员函数可以带有默认的参数值,其使用规则同普通函数,如果成员函数的定义放在类内,则可以在函数首部直接对形参指定默认值,否则在类内的函数原型声明中指定参数的默认值。成员函数也可以重载,函数名相同,函数的参数个数或参数类型不同。

11.2.4 对象的定义

1. 定义对象的一般形式

类是对象的抽象描述,对象是类的实例,也是类的具体实现。利用类可以像定义变量一样定义对象,可以在定义类的同时定义。定义对象的一般语法格式如下:

```
类名  对象列表;
```

其中,类名是所定义的对象所属类的名字;对象列表中可以有一个或多个对象名,多个对象名之间以逗号分隔,对象名必须是合法的标识符。

例如创建例 11.2 中 Circle 类的对象 c1 和 c2,代码如下:

```
Circle c1, c2;
```

定义了 Circle 类的两个对象,并为这两个对象在内存中分配内存单元。该类不同对象中的数据成员占用不同的存储单元,可以取不同的值。但所有对象的成员函数均对应的是同一函数代码段,放在计算机内存的一个公共区中,为所有对象共享。

对于 Circle 类的两个对象 c1 和 c2,编译器为它们分配的内存如图 11-1 所示。

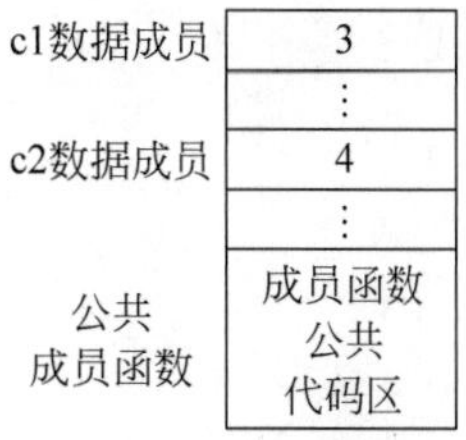

c1数据成员	3
	⋮
c2数据成员	4
	⋮
公共 成员函数	成员函数 公共 代码区

图 11-1 Circle 类对象在内存中的存储情况

2. 对象成员的访问

当声明了类并定义了类的对象后,可以通过成员运算符“.”访问对象的成员。其一般语法格式如下:

```
对象名.数据成员名;
对象名.成员函数名(实参表);
```

定义了一个类之后,可以声明指向该类的指针,再利用对象指针访问它所指向的对象成员。其一般语法格式如下:

```
(*对象指针名).数据成员名;
(*对象指针名).成员函数名(实参表);
```

或者:

```
对象指针名 -> 数据成员名;
对象指针名 -> 成员函数名(实参表);
```

例如,定义了 Circle 类的对象 c1,以及指向该对象的指针变量 ptr:

```
Circle c1;
Circle *ptr = &c1;
```

可以通过如下 3 种形式设置圆的半径:

```
c1. SetRadius(5);
( * ptr). SetRadius(5);
ptr -> SetRadius(5);
```


但是,“c1. radius=5;”是错误的,因为 radius 是私有成员,不支持类外访问。

还可以定义对象的引用,通过引用访问该对象的成员,对象及其引用共占同一段存储单元,表示的是同一个对象。例如:

```
Circle &rf = c1;
rf. SetRadius(5);
```

【例 11.3】 首先定义日期类,然后定义并使用日期对象。

```
#include < iostream >
using namespace std;
class CDate {
private:
    int year, month, day;
public:
    void SetData(int y, int m, int d)
    {   year = y;
        month = m;
        day = d;
    }
    void Display() { cout << year << " - " << month << " - " << day << endl; }
    int GetYear() { return year; }
};
int main()
{   CDate date1, date2, &rd = date1, * ptr = &date2;
    int age = 0;
    date1.SetData(2022, 02, 03);
    date2.SetData(2000, 02, 03);
    age = rd.GetYear() - ptr -> GetYear();
    cout << "He is " << age << " years old." << endl;
    cout << "His birthday is ";
    ( * ptr).Display();
    return 0;
}
```

程序运行结果如下:

```
He is 22 years old.
His birthday is 2000 - 2 - 3
```

编写面向对象的程序,应首先定义特定类的属性和行为,然后定义该类的对象,并根据用户要求在 main()函数中实现,对对象进行测试。

注意:对象之间可以相互赋值,相当于对象的成员数据(属性)一一对应赋值,这种赋值与成员数据的访问权限无关。例如,例 11.3 中的 date1 和 date2 变量,通过“date1=date2;”将对象 date2 的成员数据赋值给对象 date1。

3. 对象数组

正如结构体数组一样，可以定义对象数组。其一般语法格式如下：

```
类名 对象数组名[常量表达式 1] …[常量表达式 n];
```

其中，类名必须是已定义的某个类的名字，用于指出该数组元素的类型；对象数组名必须是合法的标识符。例如：

```
Circle c3[8];
```

声明了一维对象数组 c3，该数组包含 8 个 Circle 对象。

11.2.5 this 指针

对于相同类的不同对象，每个对象中的数据成员分占不同的存储空间，但所有对象的成员函数均对应的是同一个函数代码段。类的每个成员函数（除去静态成员函数）都含有一个特殊的隐含指针，称为 this 指针，用来存放当前对象的地址。当通过对象调用它的某个成员函数时，系统会自动把该对象的指针传递给被调成员函数的 this 指针，使 this 指针指向这个对象，从而执行成员函数时，可以对该对象的成员进行操作，不会造成混乱。

例 11.3 中成员函数"void SetData(int y,int m,int d)"的定义，其完整形式实际如下：

```
void SetData(int y, int m, int d)
{ this -> year = y; this -> month = m; this -> day = d; }
```

此时，this 指针具有如下形式的默认声明：

```
CDate * const this;
```

例 11.3 中，当发生函数调用"date1. SetData(2022,02,03);"时，系统对 this 指针进行如下的默认赋值：

```
this = &data1;
```

从而，成员函数 SetData()运行时就可以对 date1 对象的数据成员，而不是对其他 CDate 类对象的数据成员进行操作。

一般情况下，在定义成员函数时，通常省略 this 指针。但在一些特殊的场合，必须使用 this 指针。

【例 11.4】 定义日期类。

```
class CDate {
private:
    int year, month, day;
public:
    void SetData(int year, int month, int day)
    {   this -> year = year;
        this -> month = month;
        this -> day = day;
    }
```

```
    void Display() { cout << year << " - " << month << " - " << day << endl; }
    int GetYear() { return year; }
};
```


例 11.4 中,成员函数 SetData()的形参和数据成员同名,此时函数体中对数据成员的引用必须显式地使用 this 指针。

11.3 构造函数和析构函数

11.3.1 构造函数

1. 类内声明构造函数

在定义类的对象的同时,给它的数据成员赋以初值,称为对象的初始化。由于数据成员的访问权限通常被设置为 private,不能在类外访问,因此对象的初始化必须通过一种特殊的成员函数——构造函数来实现。在定义类的对象时,系统会自动调用构造函数来创建并初始化对象。

定义构造函数的一般语法格式如下:

```
构造函数名(形参表)
{   …   }
```

其中,构造函数名与其所属的类名相同,以类名为函数名的函数一定是类的构造函数。构造函数无返回值,即使添加 void 也是不允许的。

【例 11.5】 类内定义构造函数。

```
class CDate {
private:
    int year, month, day;
public:
    CDate(int y, int m, int d)
    {   year = y;
        month = m;
        day = d;
    }
    void Display() { cout << year << " - " << month << " - " << day << endl; }
};
```

2. 类外声明构造函数

构造函数既可以在类中直接定义,也可以在类中说明原型,再在类外定义。其一般语法格式如下:

```
类名::构造函数名(形参表)
{   …   }
```

【例 11.6】 类内定义构造函数,类外实现,再用构造函数初始化对象。

```
#include <iostream>
using namespace std;
class CDate {
```

```
private:
    int year, month, day;
public:
    CDate(int y, int m, int d);                    //A
    void Display();
};
CDate::CDate(int y, int m, int d)
{   cout <<"Executing constructor…\n";
    year = y;
    month = m;
    day = d;
}
void CDate::Display() { cout << year << " - " << month << " - " << day << endl; }
int main()
{   CDate today(2022, 2, 11);                      //B
    cout << "Today is: ";
    today.Display();
    return 0;
}
```

程序运行结果如下：

```
Executing constructor…
Today is: 2022 - 2 - 11
```

3. 使用初始化表的构造函数

构造函数也可以通过初始化表初始化成员数据。初始化表位于参数表和函数体之间，以“:”开头，由多个以逗号分隔的初始化项构成。其一般语法格式如下：

```
构造函数名(形参 1,形参 2,…):数据成员 1(表达式 1)[, 数据成员 2(表达式 2), …]
{   函数体   }
```

例如，例 11.6 中的 A 行可以写为

```
CDate(): year(2000), month(1) { day = 1; }
```

普通数据成员的初始化既可以在函数体中进行，也可以在初始化表中完成。带有初始化表的构造函数被执行时，先执行初始化表，后执行函数体。

构造函数具有如下特点：

(1) 构造函数只能在创建对象时由系统自动调用。例 11.6 中，B 行定义对象时，自动调用 A 行的构造函数创建对象。

(2) 若定义的类要说明该类的对象，则构造函数必须是公有的；如果定义的类仅用于其派生类，则可将构造函数定义为保护的。

(3) 构造函数可以不带参数，也可以带若干参数，还可以指定参数的默认值。

4. 构造函数的重载

当定义多个构造函数时，必须满足函数重载原则，即所带的参数个数或参数的类型是不同的。

【例 11.7】 重载构造函数。

```
#include <iostream>
using namespace std;
class CDate {
private:
    int year, month, day;
public:
    CDate()
    {   year = 2000;
        month = 1;
        day = 1;
    }
    CDate(int d)
    {   year = 2001;
        month = 2;
        day = d;
    }
    CDate(int m, int d)
    {   year = 2002;
        month = m;
        day = d;
    }
    CDate(int y, int m, int d)
    {   year = y;
        month = m;
        day = d;
    }
    void Display() { cout << year << " - " << month << " - " << day << endl; }
};
int main()
{   CDate d1;
    CDate d2(2);
    CDate d3(3, 3);
    CDate d4(2003, 4, 4);
    d1.Display();
    d2.Display();
    d3.Display();
    d4.Display();
    return 0;
}
```

程序运行结果如下：

```
2001 - 1 - 1
2001 - 2 - 2
2003 - 3 - 3
2004 - 4 - 4
```

5. 默认的无参构造函数

C++语言规定，每个类必须至少有一个构造函数，没有构造函数就不能创建任何对象。若程序中没有定义构造函数，则编译器自动生成一个默认的构造函数。其语法格式如下：

类名() { }

这是一个无参且函数体为空的构造函数，其功能仅用于创建对象，为对象分配空间，但不初始化其中的数据成员。只要一个类定义了一个构造函数，系统就不再提供默认的构造函数。当定义了一个带参数的构造函数时，若还需要使用无参构造函数，就必须自己定义。

【例 11.8】 自定义无参构造函数。

```
class CDate {
private:
    int year, month, day;
public:
    CDate() {}                        //L1
    CDate(int y, int m, int d = 3)    //L2
    {   year = y;
        month = m;
        day = d;
    }
    void Display() { cout << year << " - " << month << " - " << day << endl; }
};
CDate d1;                             //L3
CDate d3(2002, 3);
CDate d4(2003, 4, 5);
```

例 11.8 中，如果没有 L1 行，则编译 L3 行时将会出错。L2 行是带默认参数值的构造函数，如果再定义一个构造函数 CData(int y=2001) {}，程序将会出错，会和 L1 行之间出现二义性，不知道究竟调用哪个构造函数。L2 行指定了参数的默认值，可以实现带有 2 个参数或 3 个参数的对象的创建。

11.3.2 析构函数

析构函数是一个特殊的成员函数，在对象的生存期结束时，由系统自动调用，用来完成对象被撤销前的清理工作，使该对象所占用的内存空间被释放，可以被程序重新分配。

析构函数具有如下特点：

(1) 析构函数名与类名相同，并在其前加上符号“～”，以便和构造函数名相区别。

(2) 析构函数没有函数类型，也没有返回值。

(3) 析构函数没有参数，所以析构函数是唯一的，无法重载，一个类中只能有一个析构函数。

析构函数的定义格式如下：

～析构函数名()
{ 函数体 }

【例 11.9】 调用析构函数示例。

```
#include <iostream>
using namespace std;
class Point {
    int x, y;
public:
    Point()
    {   x = y = 0;
```

```
        cout << "Default constructor called.\n";
    }
    Point(int a, int b)
    {   x = a;
        y = b;
        cout << "Constructor with parameters called.\n";
    }
    ~Point() { cout << "Destructor called." << x << ',' << y << '\n'; }
    void print() { cout << x << ',' << y << '\n'; }
};
void main()
{   Point p1(5, 8), p2;
    p1.print();
    p2.print();
    {   Point p2(3, 2);
        p2.print();
    }
    cout << "Exit main!\n";
}
```

程序运行结果如下：

```
Constructor with parameters called.
Default constructor called.
5,8
0,0
Constructor with parameters called.
3,2
Destructor called.3,2
Exit main!
Destructor called.0,0
Destructor called.5,8
```

从运行结果可以看出，创建对象时，系统自动调用相匹配的构造函数；当撤销对象时，系统自动调用析构函数。在相同生存期的情况下，对象撤销的顺序与创建的顺序正好相反，先创建的对象后撤销，后创建的对象先撤销。

如果在类中没有显式地定义析构函数，则编译器会自动产生一个默认的析构函数，语法格式如下：

～析构函数名(){ }

默认的析构函数体为空，不做任何操作。

当类中含有指针类型的数据成员时，一般需要自定义析构函数。在构造函数中，使用new操作符申请动态存储空间，该对象生命期结束时，在析构函数中释放动态存储空间。

【例 11.10】 内存的动态申请和释放示例。

```
#include <iostream>
#include <cstring>
using namespace std;
class Message {
private:
```

```
    char * str;
public:
    Message(char * s)
    {   str = new char[strlen(s) + 1];
        strcpy(str, s);
    }
    void show() { cout << str << endl; }
    ~Message()
    {   cout << "Destructor called.\n";
        delete[] str;
    }
};
int main()
{   Message msg("Nanjing");
    Message * pm = new Message("Shanghai");
    msg.show();
    pm->show();
    delete pm;
    return 0;
}
```

程序运行结果如下：

```
Nanjing
Shanghai
Destructor called.
Destructor called.
```

构造函数中通过 strlen()函数获得字符串的长度，用 new 操作符申请相应的存储空间，再通过 strcpy()函数将字符串复制到申请的动态内存中。析构函数实现在对象退出内存时释放申请的动态存储空间，如果没有析构函数，当程序中有大量的 Message 对象时，将导致系统内存被耗尽，直至系统崩溃。

11.3.3 复制构造函数

复制构造函数又称拷贝构造函数，是用一个已经存在的同类对象初始化新建对象。其一般语法格式如下：

```
类名::类名(类名 &c)
{   …   }
```

复制构造函数的形参是本类类型的引用。调用它创建对象时，必须用一个已存在的同类对象或引用作为实参。

【例 11.11】 复制构造函数示例。

```
#include <iostream>
#include <cmath>
using namespace std;
class Point {
    double x, y;
public:
```

```
    Point(double a = 0.0, double b = 0.0)
    {   x = a;
        y = b;
    }
    Point(Point &pt)
    {   x = pt.x;
        y = pt.y;
        cout << "调用了复制构造函数!\n";
    }
    double getx() { return x; }
    double gety() { return y; }
    void print() { cout << x << ',' << y << '\n'; }
};
double dist(Point p1, Point p2)                              //L1
{   return sqrt((p1.getx() - p2.getx()) * (p1.getx() - p2.getx()) +
            (p1.gety() - p2.gety()) * (p1.gety() - p2.gety()));
}
int main()
{   Point p1(5, 8), p2;
    p1.print();
    p2.print();
    Point p3(p1);                                            //L2
    p3.print();
    Point p4 = p2;                                           //L3
    p4.print();
    cout << "两点之间的距离为:" << dist(p1, p2) << endl; //L4
    return 0;
}
```

程序运行结果如下：

```
5,8
0,0
调用了复制构造函数!
5,8
调用了复制构造函数!
0,0
调用了复制构造函数!
调用了复制构造函数!
两点之间的距离为:9.43398
```

程序分析：

该示例两种情况下用到了复制构造函数。L2 行和 L3 行中显式用类的一个对象去初始化另一个对象，L2 行中用 Point 类对象 p1 去初始化对象 p3，L3 行中用对象 p2 去初始化对象 p4，两种初始化方式等价。L1 行形参为类的对象，当执行 L4 行时，要调用复制构造函数，用实参对象去初始化形参对象，从而输出结果中的第 7 行和第 8 行。

需要说明的是，如果类中没有显式定义复制构造函数，系统会自动生成一个默认的复制构造函数。该默认复制构造函数的功能是把初始值对象的每个数据成员的值都复制到新建立的对象中，这样得到的对象和原对象具有完全相同的数据成员。

对于类中包含指向动态内存的指针成员的情况，若使用默认的复制构造函数复制对象，就会出现严重问题。

【例 11.12】 默认的复制构造函数。

```
#include <iostream>
#include <cstring>
using namespace std;
class String {
     char * p;
public:
     String(char * c = NULL)
     {    if (c)
          {    p = new char[strlen(c) + 1];
               strcpy(p, c);
          }
          else
               p = NULL;
     }
     ~String() { delete[] p; }
     void show() { cout << "string = " << p << endl; }
};
int main()
{    String s1("student");
     String s2(s1);         //L1
     s1.show();
     s2.show();
     return 0;
}
```

该程序运行时会弹出出错信息,原因是类中没有定义复制构造函数。执行 L1 行时,用 s1 对象初始化 s2 对象,调用默认复制构造函数,把 s1 的数据成员复制给 s2 对应的数据成员,其结果是 s2 对象的成员指针 p 与 s1 对象的成员指针 p 指向同一片内存,使对象 s1 和对象 s2 的数据不独立。当主调函数结束,s1 与 s2 对象撤销时,系统自动调用析构函数,释放这片内存,造成两次释放同样的动态内存,出现运行错误。

对于上述问题,此时需要自定义复制构造函数,将已有的对象复制给新对象时,新对象拥有自己独立的动态内存,从而保证各对象生命期结束时只释放自己的那部分动态内存,相互之间不影响。

```
String(String &s)
{    if (s.p)
     {    p = new char[strlen(s.p) + 1];
          strcpy(p, s.p);
     }
     else p = NULL;
}
```

11.4 友　　元

类中的私有成员和保护成员一般只允许该类的成员函数直接访问,而在类外只能通过该类的公有成员函数来间接访问。类的封装性有效地实现了数据的隐藏,保证了数据的安全性。但有时程序中需要在类外频繁访问对象的私有成员和保护成员,若通过调用公有成员函数间接访问,则会因参数传递、类型检查等需要占用时间,必然降低程序的运行效率。在这种情况下,C++语言允许将类外的某些函数或类声明为该类的友元,使它们有直接访问对象的所有成员的特权,以提高程序的运行效率。

类的友元可以是一般函数、其他类的成员函数或者其他类。如果类的友元是一般函数或其他类的成员函数,则把这些函数称为该类的友元函数;如果一个类的友元是另一个类,则把另外的这个类称为该类的友元类。

11.4.1 友元函数

定义一个类时,若在类中用关键字 friend 修饰类外的某个函数,则该函数就称为该类的友元函数。友元函数可以直接访问所在类中的所有成员(公有成员、私有成员和保护成员)。声明一个友元函数的语法格式如下:

```
friend 返回类型 函数名(参数表);
```

【例 11.13】 利用友元函数求两点之间的距离。

```
#include <iostream>
#include <cmath>
using namespace std;
class Point {
    double x, y;
public:
    Point(double a = 0.0, double b = 0.0)
    {   x = a;
        y = b;
    }
    Point(Point &pt)
    {   x = pt.x;
        y = pt.y;
        cout << "调用了复制构造函数!\n";
    }
    void print() { cout << x << ',' << y << '\n'; }
    friend double dist(Point p1, Point p2);
};
double dist(Point p1, Point p2)
{   return sqrt((p1.x - p2.x) * (p1.x - p2.x) + (p1.y - p2.y) * (p1.y - p2.y));
}
int main()
{   Point p1(5, 8), p2;
    p1.print();
    p2.print();
    cout << "两点之间的距离为:" << dist(p1, p2) << endl;
    return 0;
}
```

程序运行结果如下:

```
5,8
0,0
调用了复制构造函数!
调用了复制构造函数!
两点之间的距离为:9.43398
```

上述程序在 Point 类中把 dist()函数声明为其友元函数，这样在 dist()函数中就可以通过对象名直接访问 p1 和 p2 对象的私有成员 x 和 y，避免了多次调用 Point 类的公有成员函数，提高了程序的运行效率。

一个类的成员函数也可以作为另一个类的友元函数，在声明该友元函数时，需要在函数名前面加上它的类名和作用域运算符“::”。例如，下面的程序段把 A 类的成员函数 f()声明为 B 类的友元函数：

```
class A{
    …
    int f(…);
};
class B{
    …
    friend int A::f(…);        //说明类 A 的成员函数 f()是类 B 的友元函数
};
```

对于友元函数，还有两点需要说明：

(1) 友元函数在类中的声明可以放在类的私有部分、公有部分或保护部分，其效果是一样的。其函数体可在类内定义，也可在类外定义。

(2) 友元函数不是类的成员，不带 this 指针，因此应将对象名或对象的引用作为友元函数的参数，并在函数体中用“对象名.成员名”方式来访问对象的成员。

11.4.2 友元类

有时需要把类 A 的所有成员函数都声明为类 B 的友元，如果采用在类 B 中将类 A 的每个成员函数逐一声明为友元函数的方法，工作将会很烦琐。C++语言允许把一个类声明为另一个类的友元类，这样前者所有的成员函数都自动成为后者的友元函数。

把类 B 声明为类 A 的友元类的语法格式如下：

```
class A {
    …                    //类 A 的成员
    friend class B;      //将类 B 声明为类 A 的友元类
};
```

【例 11.14】 友元类。

```
#include <iostream>
#include <cmath>
using namespace std;
class student {
    int number, score;
public:
    friend class teacher;
    student(){};
};
class teacher {
    student a;
public:
    teacher(int i, int j)
    {   a.number = i;
```

```
            a.score = j;
        }
        void display() { cout << "No = " << a.number << " score = " << a.score << endl; }
};
int main()
{   teacher t1(1001, 89), t2(1002, 78);
    t1.display();
    t2.display();
    return 0;
}
```

程序运行结果如下：

```
No = 1001 score = 89
No = 1002 score = 78
```

程序分析：

(1) teacher 类是 student 类的友元类。teacher 类中所有的成员函数都可以访问 student 类的任意成员。

(2) teacher 类的成员函数 display()引用了 student 类的两个私有成员 number 和 score。

(3) teacher 类中声明了一个子对象 a，通过子对象 a 引用 student 类的两个私有成员 number 和 score。

关于友元，还有几点需要注意：

(1) 友元关系不能传递。例如，声明类 A 是类 B 的友元，类 B 是类 C 的友元时，类 A 并不一定是类 C 的友元。

(2) 友元关系不具有交换性，即声明类 A 为类 B 的友元时，类 B 并不一定是类 A 的友元。

(3) 友元关系不能继承。因友元不是类的成员，当然不存在继承关系。

(4) 谨慎使用友元。友元提高程序的运行效率是通过破坏类的封装性取得的，若过多使用友元，会严重降低程序的可维护性，故使用时要权衡利弊。

11.5 静态成员

静态成员包括静态数据成员和静态成员函数。静态数据成员实现了同一个类的不同对象之间的数据共享；利用静态成员函数，可以不依赖于对象，方便地操作静态数据成员。

11.5.1 静态数据成员

系统每创建一个对象，就会为该对象分配一块内存单元来存放类中的所有数据成员，这样各个对象的数据成员可以分别存放、互不相干。但在某些应用中，需要程序中属于某个类的所有对象共享某个数据。虽然可以将所要共享的数据说明为全局变量，但这种解决办法将破坏数据的封装性。其较好的解决办法是将所要共享的数据说明为类的静态数据成员。

类的静态数据成员在类内声明的方法是在该成员名的类型声明符前加关键字 static。

例如：

```
class A {
    …
    static int m;
    …
};
```

在类 A 中声明了一个私有的整型静态数据成员 m。由于定义类时并不为数据成员分配存储空间，自然也不会为静态数据成员 m 分配存储空间，这种声明属于引用性的说明，只是声明了静态数据成员 m 的访问权限和作用域。因此，静态数据成员在使用前，还必须在文件作用域进行定义性声明，以分配存储空间和初始化。静态数据成员定义性声明的语法格式如下：

数据类型 类名::静态数据成员名 = 值;

这里，在数据成员名的前面不加关键字 static。使用作用域运算符"::"来标明它所属的类。例如，在类 A 外，可对它的静态数据成员 m 做定义性声明：

```
int A::m = 0;
```

访问类的静态数据成员的语法格式如下：

类名::静态数据成员名

也可以使用对象或指向对象的指针访问静态数据成员，语法格式分别如下：

对象名.静态数据成员名
对象指针->静态数据成员名

这时，实际使用的是对象或对象指针的类型。

对同类对象来说，静态数据成员只占用一份存储空间，由所有的对象共享。也就是说，静态数据成员的值对每个对象都是一样的，若某个对象对静态数据成员做了修改，则通过其他对象访问时得到的是被修改了的值。

【例 11.15】 静态数据成员。

```
#include <iostream>
#include <cmath>
using namespace std;
class Point {
    double x, y;
public:
    static int count;                  //静态数据成员 count 引用性说明
    Point(double a = 0.0, double b = 0.0)
    {   x = a;
        y = b;
        count++;
        cout << "Constructor is called! 现在的对象数是:" << count << endl;
    }
    ~Point()
    {   count--;
        cout << "Destructor is called! 现在的对象数是:" << count << endl;
    }
};
```

```
int Point::count = 0;                    //静态数据成员 count 定义性声明
int main()
{   Point p1;
    cout << "此时静态数据成员值是:" << p1.count << endl;
    Point p2(3);
    cout << "此时静态数据成员值是:" << Point::count << endl;
    Point p3(5, 8);
    Point * ptr = &p3;
    cout << "此时静态数据成员值是:" << ptr -> count << endl;
    return 0;
}
```

程序运行结果如下：

```
Constructor is called! 现在的对象数是:1
此时静态数据成员值是:1
Constructor is called! 现在的对象数是:2
此时静态数据成员值是:2
Constructor is called! 现在的对象数是:3
此时静态数据成员值是:3
Destructor is called! 现在的对象数是:2
Destructor is called! 现在的对象数是:1
Destructor is called! 现在的对象数是:0
```

程序分析：

(1) 在程序中，可用 p1.count、Point::count 和 ptr-> count 这 3 种不同的格式来引用静态数据成员。

(2) 程序执行时，先创建对象 p1，调用构造函数，静态数据成员 count 的值加 1，由初值 0 变为 1；再创建对象 p2，调用构造函数，静态数据成员 count 的值加 1，变为 2；再创建对象 p3，静态数据成员 count 的值加 1，变为 3，让 Point 类指针 ptr 指向 p3。每析构一个对象，静态数据成员 count 的值减 1，正如运行结果显示的那样。由此可见，静态数据成员 count 是从属于整个类的。

11.5.2 静态成员函数

静态成员函数属于类，是该类的所有对象所共享的。使用静态成员函数的好处是可以不依赖于任何对象，直接访问静态数据成员。

声明静态成员函数必须使用关键字 static，语法格式如下：

static 返回值类型 成员函数名(参数表);

函数的实现可在类体内，也可在类体外，与一般成员函数相同。由于关键字 static 不是数据类型的组成部分，因此在类体外实现静态成员函数时不得使用该关键字。

调用静态成员函数的语法格式如下：

类名::静态成员函数名(实参表)

也可通过对象来调用，语法格式如下：

对象名.静态成员函数名(实参表)

当然，这时用的是对象的类型。

【例 11.16】 静态成员函数。

```
#include<iostream>
#include<cmath>
    using namespace std;
class Point {
    double x, y;
public:
    static int count;                //静态数据成员 count 引用性说明
    Point(double a = 0.0, double b = 0.0)
    {   x = a;
        y = b;
        count++;
        cout << "Constructor is called!" << endl;
    }
    ~Point()
    {   count--;
        cout << "Destructor is called! 现在的对象数是:" << count << endl;
    }
    static void show();              //静态成员函数
};
void Point::show()
{   cout << "现在的对象数是:" << count << endl;
}
int Point::count = 0;                //静态数据成员 count 定义性声明
int main()
{   Point::show();                   //L1
    Point p1;
    Point::show();
    Point p2(3, 4);
    p2.show();
    return 0;
}
```

程序运行结果如下：

```
现在的对象数是:0
Constructor is called!
现在的对象数是:1
Constructor is called!
现在的对象数是:2
Destructor is called! 现在的对象数是:1
Destructor is called! 现在的对象数是:0
```

程序分析：

(1) 由程序行 L1 可见，在未生成对象的情况下，即可通过类名调用静态成员函数，输出两个静态数据成员的初值。

(2) 需要注意的是，静态成员函数只能直接访问该类的静态数据成员，不能直接访问非静态数据成员，原因是类的静态成员函数不含 this 指针。若要访问非静态数据成员，必须先通过参数传递方式得到对象名，然后通过对象来访问。请看下面的程序段：

```
class Point {
    double x, y;
public:
    static int count;                    //静态数据成员 count 引用性说明
    …
    static void show(Point);             //静态成员函数
};
void Point::show(Point p)
{   cout << "现在的对象数是:" << p.x <<', '<< p.y <<', '<< count << endl;
}
int Point::count = 0;                    //静态数据成员 count 定义性声明
```

11.6 常成员和常对象

可以将对象的成员声明为 const,包括 const 数据成员和 const 成员函数。

11.6.1 常成员

1. 常数据成员

若对象的某个数据成员在建立时被初始化后就不再改变,则应将其声明为常数据成员。其方法是在类中声明该数据成员时使用关键字 const。由于常量只能在定义时初始化,因此常数据成员的初始化只能在构造函数的初始化列表中进行。例如:

```
class Point {
    const double x, y;
public:
    Point(double a, double b) : x(a), y(b) {}              //L1
    Point(double c) { x = y = c; }                         //L2,出错
};
```

L1 行在构造函数的初始化列表中对常数据成员初始化。L2 行显示出错信息,不能对常数据成员赋值。

2. 常成员函数

如果一个成员函数只读取而不更改数据成员,那么把它声明为常成员函数,就可在编译阶段有效预防它对数据成员的意外修改。声明常成员函数的语法格式如下:

类型说明符函数名(参数表) const;

其中,关键字 const 加在参数表的后面。

常成员函数既不能直接更改对象的数据成员,也不能调用该类中的非 const 成员函数间接更改对象的数据成员,这样就保证了常成员函数中绝对不会更改数据成员。如果在常成员函数中存在意外修改数据成员的语句,那么就会在编译阶段及时检查出来。例如:

```
class Point {
    double x, y;
public:
    Point(double a, double b) : x(a), y(b) {}              //L1
    double dist() const { return sqrt(x * x + y * y); }    //L2
};
```

L2 行中，在 dist()函数内不能改变成员数据 x 和 y 的值。

说明：

(1) 常成员函数不能调用另一个非 const 成员函数。

(2) const 关键字是函数类型的一部分，如果常成员函数在类内说明类外定义，则在函数的实现部分也要带 const 关键字。

(3) const 关键字可以被用于参与对重载函数的区分。

11.6.2 常对象

若希望某个对象在建立并初始化之后保持不变，则应该用关键字 const 将其声明为常对象。

常对象的定义格式如下：

const 类名 对象名(初值表);

或

类名 const 对象名(初值表);

例如，一个点的坐标不允许随意修改，因此在用 Point 类说明对象 P1 时，可以用如下形式将其说明为常对象：

```
const Point P1(3,4);
```

或

```
Point const P1(3,4);
```

常对象在定义时要进行初始化，并且该对象不能再被更改。

习　题

一、选择题

1. 下列关于对象的描述中错误的是________。

　A. 对象是一种类型　　　　B. 对象是类的一个实例

　C. 对象是客观世界的一种实体　　　　D. 对象之间是通过消息进行通信的

2. 将一组数据和与这组数据有关的操作组装在一起，形成一个实体，该实体也就是对象。程序设计的这种特性称为 ________。

　A. 封装性　　B. 继承性　　C. 多态性　　D. 实体性

3. 下列有关类和对象的说法中正确的是________。

　A. 类和对象没有区别

　B. 系统为对象和类分配内存空间

　C. 类与对象的关系和数据类型与变量的关系相似

　D. 系统为类分配存储空间，不为对象分配存储空间

4. 关于类的成员数据，下列说法正确的是________。

A. 类的数据成员必须为私有特性

B. 定义类可以给数据成员赋初值

C. 可以指定类的数据成员的存储类型

D. 使用类的数据成员时，通常要指明成员数据所属的对象

5. 关于类的访问特性的说明，下列说法正确的是________。

A. 必须首先说明私有特性的成员

B. 成员数据必须说明为私有的

C. 类中没有表明访问特性的成员是公有成员

D. 在同一个类中，说明访问特性的关键词可以多次使用

6. 下列有关构造函数的说法正确的是________。

A. 任一类必定有构造函数　　　　B. 可定义没有构造函数的类

C. 构造函数不能重载　　　　D. 任一类必定有默认的构造函数

7. 假定一个类的构造函数 A(int aa,int bb){ a=aa; b=a * bb; }，则执行“A x(4,5);”语句后，x 的 a 和 b 的值分别为________。

A. 4 和 5　　B. 5 和 4　　C. 4 和 20　　D. 20 和 5

8. 下列关于析构函数的描述中，错误的是________。

A. 析构函数可以重载

B. 析构函数由系统自动调用

C. 每个对象的析构函数只被调用一次

D. 每个类都有析构函数

9. 在下列函数原型中，可以作为类 X 的构造函数和析构函数的是________。

A. X::X(参数)，X::~X()

B. X::X(参数)，X::~X(参数)

C. void X::X(参数)，void X::~X(参数)

D. void X::X()，void X::~X()

10. 设 X 为 Ex 类的对象且赋有初值，则语句“Ex Y=X;”表示________。

A. 对象定义一个别名　　　　B. 将对象 X 赋值给 Y

C. 仅说明 Y 和 X 属于同一个类　　　　D. 错误的说明

11. 通常，复制构造函数的参数是________。

A. 某个对象名　　　　B. 某个对象的成员名

C. 某个对象的引用名　　　　D. 某个对象的指针名

12. 下列情况中，不会调用复制构造函数的是________。

A. 用一个对象初始化同一类的另一个新对象时

B. 将类的一个对象赋值给该类的另一个对象时

C. 函数的形参是类的对象，调用函数进行形参和实参相结合

D. 函数的返回值是类的对象，函数执行返回调用时

13. 如果类 A 被说明成类 B 的友元，则________。

A. 类 A 的成员即是类 B 的成员

B. 类 B 的成员即是类 A 的成员

C. 类 B 不一定是类 A 的友元

D. 类 B 的成员函数可以访问类 A 的所有成员

二、填空题

1. 下列程序的运行结果是________。

```
#include<iostream>
using namespace std;
int m = 0;
class A{
public:
    A(){ m++;}
};
int main()
{   A a,b[3], *c = &a;
    cout << m << endl;
    return 0;
}
```

2. 下列程序的运行结果是________。

```
#include<iostream>
using namespace std;
class A{
    int a,b;
public:
    void set(){a = 1; b = 1;}
    void set(int x, int y = 10){ a = x; b = y;}
    void show(){cout << a <<'\t'<< b <<'\n';}
};
int main()
{   A a1;
    a1.set();a1.show();
    a1.set(5);a1.show();
    a1.set(10,20);a1.show();
    return 0;
}
```

3. 下列程序的运行结果是________。

```
#include<iostream>
using namespace std;
class vehicle {
    int wheels;
public:
    vehicle(int w = 5){wheels = w; cout << wheels <<'\t';}
};
int main()
{
    vehicle unicycle1;
    vehicle unicycle2(7);
    return 0;
}
```

4. 下列程序的运行结果是________。

```
#include<iostream>
using namespace std;
class B
{  float x,y,z;
public:
   void set(float a,float b,float c)
   {    x=a;y=b;z=c; }
   B add()
   {    x++;y++;z++;
        return *this;
   }
   void print()
   { cout<<x<<'\t'<<y<<'\t'<<z<<endl;}
};
int main()
{  B t;
   t.set(3,4,5);
   t.print(); t.add(); t.print();
   return 0;
}
```

5. 下列程序的运行结果是________。

```
#include<iostream>
using namespace std;
class A {
    float x,y;
public:
    A(float a,float b )
    {    x=a;
         y=b;
         cout<<"调用非默认函数的构造函数\n";
    }
    A()
    {    x=0;
         y=0;
         cout<<"调用默认函数的构造函数\n";
    }
    ~A()
    {    cout<<"调用析构函数,";
         cout<<"x="<<x<<",y="<<y<<endl;
    }
};
int main()
{    A  a1;
     A  a2(3.0,30.0);
     cout<<"退出主函数\n";
     return 0;
}
```

6. 下列程序的运行结果是________。

```
#include <iostream>
using namespace std;
class Toy{
     float price;
public:
     Toy(float p = 10)
     {    price = p;
          cout <<"create one toy:"<< price << endl;
     }
     ~Toy()
     {    cout <<"destruct one toy:"<< price <<'\n'; }
};
int main()
{    Toy t1;
     Toy t2(18);
     return 0;
}
```

7. 下列程序的运行结果是________。

```
#include <iostream>
using namespace std;
class Test {
int x,y;
public:
     Test(int a,int b)
     {    x = a;y = b;
          cout <<"调用了构造函数!\n";
     }
     Test(Test &t)
     {    x = t.x ; y = t.y;
          cout <<"调用了复制初始化构造函数!\n";
     }
     void Show()
     {    cout <<"x = "<< x <<",y = "<< y <<"\n"; }
};
int main()
{   Test t1(10,10);
    Test t2 = t1;
    Test t3(t1);
    cout <<"对象 t1 的数据成员:";t1.Show();
    cout <<"对象 t2 的数据成员:";t2.Show();
    cout <<"对象 t3 的数据成员:";t3.Show();
    return 0;
}
```

8. 下列程序的运行结果是________。

```
#include <iostream>
using namespace std;
class Sample{
     int n;
public:
```

```
    Sample(){n = 0;cout <<"n = 0\n";}
    Sample(int i){n = i;cout <<"Subject!\n";}
    friend int square(Sample);
    void display(){cout <<"n = "<< n << endl;}
};
int square(Sample x)
{   int tmp = x.n * x.n;
    return tmp;
}
int main()
{  Sample a(5),b;
   b = square(a);
   b.display();
   return 0;
}
```

9. 下列程序的运行结果是________。

```
# include < iostream >
using namespace std;
class A{
public:
     static int a;
     A(int x) {a = x;a++;}
     static int fun(){return a;}
};
int a = 2;
int A::a = 3;
int main()
{    cout << A::a <<',';
     A a1(5);
     cout << a <<','<< A::a << endl;
     return 0;
}
```

10. 下列程序的运行结果是________。

```
# include < iostream >
using namespace std;
class A{
public:
     void fun() const
     {    cout <<"const 成员函数!"<< endl; }
     void fun()
     {    cout <<"非 const 成员函数 !"<< endl; }
};
int main()
{    const A a;
     a.fun();
}
```

三、编程题

1. 定义一个描述书店中书籍的类,数据成员包括书名、数量和单价; 成员函数包括计算总价的函数、构造函数和输出函数。请实现并测试该类。

2. 定义一个矩形类 Rect，矩形的左上角坐标(Left，Top)与右下角坐标(Right，Bottom)定义为私有数据成员，成员函数包括计算面积、计算周长、输入和输出。定义 Rect 类数组，计算各个矩形的面积和周长并输出。

3. 定义一个描述平面中点的类 Point，数据成员包括点的坐标位置(x，y)，并且都为私有成员，利用类的构造函数为对象置初值。分别利用类的成员函数和友元函数计算两点间的距离，在主函数中定义两个点并用求距离函数计算两点之间的距离。

4. 定义一个日期类 CDate，包含 3 个数据成员，分别是年(year)、月(month)、日(day)。再设计一个描述人的类，包含身份证号、姓名、性别、生日，其中生日是类 CDate 的对象。要求在这两个类中包括构造函数，构成完整的程序并进行测试。

第12章 运算符重载

在面向对象的程序设计中，重载是其具备的基本特点之一。在第6章中我们介绍过函数重载，函数重载通过为已有函数重新赋予新的含义，使之实现新功能，即相同的函数名和不同的函数参数可以实现不同的功能。于是，相同的函数名可以代表不同的操作，实现了“一名多用”。同样地，运算符也可以重载，即用户可以根据需要对C++语言已有的运算符重新进行定义赋予其新功能，以使之适应不同的数据类型。其使C++语言具有更强大的功能、更好的可扩展性和适应性，这是C++语言吸引人的特点之一。

12.1 运算符重载概述

12.1.1 重载运算符的目的

与大部分语言一样，C++语言为其内部类型(内置数据类型)提供了一组运算符，如加法运算符“＋”、乘法运算符“*”、赋值运算符“＝”等。用户自定义的数据类型有时也需要使用运算符进行运算，因此需要通过运算符重载对已有的运算符重新定义，赋予其另一种功能，以达到适应不同数据类型的目的。

实际上，我们已经在很多场景下不知不觉中使用了运算符重载。例如，加法运算符“＋”可以对不同类型的数据进行加法操作；“>>”既是右移运算符，又可与流对象cin配合使用进行输入操作。这就是因为C++语言系统已经对这些运算符进行了重载，可以直接使用这些运算符对内部类型进行运算，而无须考虑系统内部为解释这些运算符所调用的操作代码。

以加法运算符“＋”为例，通常情况下，我们使用加法运算符“＋”的方式如下：

```
int a, b = 3, c = 4;
a = b + c;
```

其功能是将整型的两个变量b、c算术相加，返回整型的值并赋值给另一个整型变量a。

事实上，加法运算符“＋”不仅可以对整型变量进行加法运算，还能对单精度或双精度型变量进行加法运算。例如：

```
double z, x = 2.0, y = 5.5;
z = x + y;
```

其功能是将双精度型的两个变量x、y算术相加，返回双精度型的值并赋值给另一个双精度型变量z。

整型和双精度型这两种数据类型在计算机内部的存储格式不同，因此实现整型数加法运算和实现双精度数加法运算时的操作方法和步骤也不相同，即整型数加法执行的是一段代码，而双精度型数加法执行的是另一段不同的代码，这实际上就是加法运算符的重载。C++语言中已经预先编写好这些运算符的重载，所以加法运算会根据实际参加运算的参数类型调用相应的重载函数，实现对不同类型数据的加法运算。

运算符重载就是对运算符重新进行定义，赋予其新的功能，以适应不同的数据类型。C++语言允许用户重新定义运算符，使运算符为特定的类对象工作，执行特定的功能。例如，定义一个复数类 Complex，c1 和 c2 是两个复数类对象，在数学上两个复数可以进行加法运算，因此求两个复数和希望能直接写成以下语句：

```
Complex c1(4.1, 5.2), c2(3.4, 3.5);
Complex c3 = c1 + c2;
```

但是，C++语言中加法运算符并不支持类对象相加，或者说并没有编写两个复数类对象相加的重载函数。此时用户就需要重新定义加法运算符，即由用户编写加法运算符的重载函数，使其可以完成复数类对象的相加。重载后的运算符仍然保留其原来所有的功能，但是增加了新功能。在遇到运算符时，编译系统根据表达式中参与运算对象的数据类型决定执行何种功能，即调用合适的重载函数。

12.1.2 重载运算符的方法

运算符重载的方法是定义一个重载运算符的函数，重载的运算符不仅能实现原有功能，还能实现函数中设计的新功能。重载运算符的函数具有特殊的名字：函数名由关键字 operator 和要重载的运算符名组成。与其他函数一样，重载运算符函数也包含返回类型、参数列表及函数体，其中重载运算符的函数中参数个数与该运算符作用的运算对象数量一样多，即一元运算符有一个参数、二元运算符有两个参数。

通过定义一个重载运算符的函数来实现运算符重载。重载运算符的函数一般语法格式如下：

```
类型名 operator 运算符名(形参表列)
{  对运算符的重载处理  }                    //函数体
```

其中，operator 为用于定义重载运算符的函数的关键字，运算符名为可以重载的 C++语言已有运算符，它们一起构成函数名，表示对运算符重载的函数。

例如，针对复数类重载加法运算符"＋"，可以定义如下形式的函数：

```
Complex operator + (Complex &c)
{ return Complex(real + c.real, image + c.image); }
```

在上面的函数中，"operator＋"是函数名，表示对加法运算符"＋"重载的函数，即 operator＋()函数重载了加法运算符"＋"。当执行两个复数相加时，系统会调用 operator＋()函数。由此可以看出，运算符重载的函数与其他函数在形式上没有什么区别。

需要说明的是，C++语言已有运算符被重载后，其原有功能仍然保留，并未丧失或改变。将运算符重载与类结合起来，扩大了 C++语言已有运算符的作用范围，使之能用于类对象，有利于在 C++语言程序中定义出具有实用意义和使用方便的新数据类型。运算符重载函数一般有两种处理方式：一种是把运算符重载的函数作为类的成员函数，另一种是把运算符重载的函数作为类的友元函数。

12.2 运算符重载为类的成员函数

当运算符重载为类的成员函数时，假设要在类 X 中对运算符@(@代表要被重载的运算符)重载，则在类中声明的语法格式如下：

```
class X {
    …
public:
    类名 operator @ (参数表列);
    …
};
```

其中，operator 是关键字，@为可以重载的运算符，它们一起构成函数名 operator@，表示对运算符@重载的函数。

根据运算符所需操作数的个数，将运算符分为二元运算符和一元运算符。

12.2.1 二元运算符重载为类的成员函数

二元运算符(或称双目运算符)即有两个操作数的运算符，如加法运算符"+"、减法运算符"-"、乘法运算符"*"和除法运算符"/"等。将二元运算符重载函数作为类的成员函数时，和一般的类的成员函数一样，同样需要通过类对象来进行调用。在这种情况下，重载函数可以通过 this 指针直接操作对象的成员数据，this 指针是类对象传递给运算符函数的隐含参数。因此，参数表中只有一个参数，该参数为运算符的第二操作数，第一操作数为引用该运算符重载函数的类对象，由 this 指针隐式地访问。

例如，在复数类中声明的重载加法运算符"+"的成员函数语法格式如下：

```
Complex operator + (Complex& c);
```

在程序中可以对两个复数类对象 c1 和 c2 进行加法运算，即"c1+c2;"，执行该语句时会调用加法运算符的重载函数，相当于执行了 c1.operator+(c2)。在实现复数的加法运算中涉及两个操作数：c1 和 c2，但是这两个操作数在调用重载函数的过程中所起的作用不同，实际上是操作数 c1 调用操作数 c2。

因此，二元运算符的两个操作数中，第一个操作数是对象的主体，第二个操作数才是函数的实参。

【例 12.1】 将加法运算符"+"重载为复数类的成员函数，实现复数的加法运算。

算法分析：首先定义一个复数类，在类中定义加法运算符重载的成员函数。

程序如下：

```
#include <iostream>
using namespace std;
class Complex {                                   //复数类
    double real;                                  //复数的实部
    double image;                                 //复数的虚部
```

```
public:
    Complex(double r = 0, double i = 0)
    {   real = r;
        image = i;
    }                                   //构造函数
    Complex operator + (Complex &c2);   //加法运算符"+"重载的函数原型
    void print();                       //输出复数的函数原型
};
Complex Complex::operator + (Complex &c2) //实现加法运算符"+"重载的函数
{   Complex C;
    C.real = real + c2.real;            //复数的实部相加
    C.image = image + c2.image;         //复数的虚部相加
    return C;
}
void Complex::print()                   //输出复数
{   if (image < 0)
        cout << real << image << "i\n";
    else if (image > 0)
        cout << real << '+' << image << "i\n";
    else
        cout << real << endl;
}
int main()
{   Complex c1(4.1, 5.2), c2(3.4, 3.5);
    cout << "c1 = ";
    c1.print();
    cout << "c2 = ";
    c2.print();
    Complex c3;
    c3 = c1 + c2;                       //调用重载函数,实现复数相加
    cout << "c1 + c2 = ";
    c3.print();
    return 0;
}
```

程序运行结果如下：

```
c1 = 4.1 + 5.2i
c2 = 3.4 + 3.5i
c1 + c2 = 7.5 + 8.7i
```

其中,operator+()是对加法运算符“+”进行重载的函数,在用成员函数重载加法运算符“+”时,只明确传递了一个参数,另一个参数由 this 指针隐式传递。加法运算符“+”的重载函数中的以下语句：

```
C.real = real + c2.real;
C.image = image + c2.image;
```

又可以写为

```
C.real = this->real + c2.real;
C.image = this->image + c2.image;
```

在 main()函数中调用重载运算符的语句：

```
c3 = c1 + c2;
```

虽然是用加法运算符"+"完成 c1 和 c2 两个类对象的加法运算，但实际上是通过调用加法运算符重载函数完成的，即编译器实际执行的是

```
c3 = c1.operator + (c2);
```

调用加法运算符函数的是 c1，即成员函数 this 所指的对象，作为隐含参数传入该函数，而 c2 作为实参显式地传入该函数，即通过对象 c1 调用运算符重载函数 operator+()。该函数的返回类型为 Complex，使得其可以继续参加 Complex 类型数据的运算，也使得加法运算符可以用在复杂表达式中，如 c1+c2+c3 等。这样，就实现了复数类对象的加法运算。类似地，也可以重载四则运算中的乘法运算符"*"或者减法运算符"-"。

12.2.2 一元运算符重载为类的成员函数

一元运算符(或称单目运算符)是只有一个操作数的运算符，如取反运算符"-"、逻辑非运算符"!"、自增运算符"++"和自减运算符"--"等。一元运算符的重载方法与二元运算符类似，只是重载函数只有一个参数。二元运算符重载为成员函数时是由第一个操作数调用第二个操作数，而当一元运算符重载为成员函数时，因为不存在第二个操作数，它是操作数对象自身的调用，所以参数可以省略。

例如，在复数类中声明的取反运算符"-"的成员函数格式如下：

```
Complex operator - ();
```

在程序中可以对复数类对象 c 取负，即"-c;"，执行该语句时会调用取反运算符的重载函数，相当于执行了 c.operator-()。在实现复数的取反运算中，类对象本身调用了自身的成员函数。

【例 12.2】 将取反运算符"-"重载为复数类的成员函数，实现复数的取反操作。

算法分析：定义一个复数类，在类中定义取反重载运算符的成员函数。

程序如下：

```
#include <iostream>
using namespace std;
class Complex {                                  //复数类
    double real;                                 //复数的实部
    double image;                                //复数的虚部
public:
    Complex(double r = 0, double i = 0)
    {   real = r;
        image = i;
    }
    Complex operator - ();                       //取反运算符"-"重载的函数原型
    void print();                                //输出复数的函数原型
};
//成员函数 print()略 见例 12.1 同名函数
```

```
Complex Complex ::operator - ()                    //实现取反运算符" - "重载的函数
{
     return Complex( - real,  - image);
}
int main()
{    Complex c1(4.1, 5.2), c2;
     cout << "c1 = ";
     c1.print();
     c2  =  - c1;                                 //调用重载函数,实现复数取反
     cout << "c2 = ";
     c2.print();
     return 0;
}
```

程序运行结果如下：

```
c1  =  4.1 + 5.2i
c2  =  - 4.1 - 5.2i
```

在用成员函数重载一元取反运算符“—”时，不需要给函数显式地传入参数。例如语句：

```
c2  =  - c1;
```

实际上执行的是：

```
c1.operator - ();
```

其中，c1 是复数类对象，this 指针指向 c1 对象，将参数隐式地传入运算符重载函数 operator—()，该函数对复数类中定义的任何数据成员的改变都是对 c1 的改变，从而实现对 c1 取反。因此，用成员函数实现一元运算符的重载时，运算符的操作数为当前对象，通过 this 指针隐式传入，一元运算符重载的函数没有参数。由于静态的成员函数中没有 this 指针，因此运算符重载的函数不能定义为静态的成员函数。

一般情况下，将运算符重载为类的成员函数是较好的选择。一旦重载为成员函数不能满足使用需求，而重载为全局函数又不能访问类的私有成员，此时需要将运算符重载为类的友元函数。

12.3 运算符重载为类的友元函数

当运算符重载函数不是类的成员函数时，因为需要用到类的私有成员变量，所以需要将运算符重载作为类的友元函数，目的是友元函数能访问对象的私有成员。当运算符重载为类的友员函数时，假设要在类 X 中对运算符@(@代表要被重载的运算符)重载，则在类中声明的语法格式如下：

```
class X {
     …
public:
     friend 类名 operator @ (参数表列);
     …
};
```

其中,operator是关键字,@为可以重载的运算符,它们一起构成函数名operator@,表示对运算符@重载的函数。

根据运算符所需操作数的个数,可将运算符分为二元运算符和一元运算符。与重载为成员函数的方法从语法格式上相比,函数原型前多了关键字friend。

12.3.1 二元运算符重载为类的友元函数

运算符重载为类的友元函数时,由于友元函数不是类的成员函数,友元函数没有this指针,所有操作数都必须以参数的形式显式列出来,因此重载二元运算符时参与运算的操作数都应在参数表列中显式说明。在参数表中,第一个参数作为左操作数,第二个参数作为右操作数,两个参数中至少有一个是类对象。

例如,在复数类中声明的重载加法运算符"+"的友元函数格式如下:

```
friend Complex operator + (Complex& c1, Complex& c2);
```

在程序中可对复数类对象进行加法运算,即"c1+c2;",友元函数实际上是外部程序,在加法运算符"+"两边的操作数均为友元函数的实参,执行该语句时会调用重载函数,相当于执行了operator+(c1,c2)。这两个操作数在调用重载函数的过程中没有主次之分,这和运算符重载的函数作为成员函数不同。

【例12.3】 将加法运算符"+"重载为复数类的友元函数,实现复数与复数、复数与实数的加法运算。

算法分析:定义一个复数类,在类中定义加法运算符"+"重载的友元函数。

程序如下:

```
#include <iostream>
using namespace std;
class Complex {                                       //复数类
    double real;                                      //复数的实部
    double image;                                     //复数的虚部
public:
    Complex(double r = 0, double i = 0)               //构造函数
    {   real = r;
        image = i;
    }
    friend Complex operator + (Complex &c1, Complex &c2); //复数 + 复数的函数原型
    friend Complex operator + (Complex &c1, float s);   //复数 + 实数的函数原型
    friend Complex operator + (float s, Complex &c1);   //实数 + 复数的函数原型
    void print();                                     //输出复数的函数原型
};
//成员函数print()略 见例12.1同名函数
Complex operator + (Complex &c1, Complex &c2)         //实现复数 + 复数的重载函数
{   Complex C;
    C.real = c1.real + c2.real;                       //复数的实部相加
    C.image = c1.image + c2.image;                    //复数的虚部相加
    return C;
}
Complex operator + (Complex &c1, float s)             //实现复数 + 实数的重载函数
```

```
{   Complex C;
    C.real = c1.real + s;
    C.image = c1.image;
    return C;
}
Complex operator + (float s, Complex &c1)          //实现实数 + 复数的重载函数
{   Complex C;
    C.real = c1.real + s;
    C.image = c1.image;
    return C;
}
int main()
{   Complex c1(4.1, 5.2), c2(3.4, 3.5);
    float s = 2.1;
    cout << "c1 = ";
    c1.print();
    cout << "c2 = ";
    c2.print();
    Complex c3;
    c3 = c1 + c2;                                  //调用重载函数实现复数 + 复数的运算
    cout << "c1 + c2 = ";
    c3.print();
    c3 = c1 + s;                                   //调用重载函数实现复数 + 实数的运算
    cout << "c1 + " << s << " = ";
    c3.print();
    c3 = s + c1;                                   //调用重载函数实现实数 + 复数的运算
    cout << s << " + c1 = ";
    c3.print();
    return 0;
}
```

程序运行结果如下：

```
c1 = 4.1 + 5.2i
c2 = 3.4 + 3.5i
c1 + c2 = 7.5 + 8.7i
c1 + 2.1 = 6.2 + 5.2i
2.1 + c1 = 6.2 + 5.2i
```

实际上，在两个复数的加法运算上，例 12.3 只是在例 12.1 上做了一处改动，即将运算符不作为类的成员函数，而是作为类外的普通函数，在复数类中声明它为友元函数。对于运算符的使用而言，两者的用法相同，但编译器所做的解释不同。例 12.3 中运算符重载的友元函数有两个参数，编译器对 main()函数中调用重载运算符的语句 c3＝c1＋c2，实际执行的是：

```
c3 = operator + (c1, c2);
```

即以左、右操作数作为实参，调用运算符重载的友元函数来实现加法运算。类似地，也可以重载四则运算中的乘法运算符“＊”或者减法运算符“－”。例 12.3 中还定义了两个加法运算符“＋”重载函数，用来实现实数与复数的混合计算：“实数＋复数”“复数＋实数”，编译器

会根据表达式的形式调用相应的重载函数。

C++语言中多数运算符的重载既可以作为类的成员函数的形式，也可以作为类的友元函数的形式，这给编程带来了便利。但是，为了满足特定的使用要求，有些情况下运算符必须以友元函数的形式重载。例如，例 12.3 中定义了 3 个加法运算符“＋”的重载函数，其中“复数＋复数”“复数＋实数”也可以用成员函数的形式，但是“实数＋复数”必须使用友元函数实现，因为在该加法运算中，第一个参数的类型是 float 型。

12.3.2 一元运算符重载为类的友元函数

一元运算符也可以重载为类的友元函数，同样，由于友元函数没有 this 指针，因此一元运算符的操作数就是函数的参数。需要在类中把函数声明为友元函数。例如，在复数类中声明的重载取反运算符“－”的友元函数格式如下：

```
Complex operator - (Complex& c);
```

在程序中可以对复数类对象 c 取反，即“－c;”，执行该语句时会调用取反运算符“－”的重载函数，相当于执行了 operator－(c)，运算对象就是重载函数的实参。

【例 12.4】 将取反运算符“－”重载为复数类的友元函数，实现复数的取反操作。

算法分析：定义一个复数类，在类中定义取反重载运算符的友元函数。

程序如下：

```
#include <iostream>
using namespace std;
class Complex {
     double real;
     double image;
public:
     Complex(double r = 0, double i = 0)
     {    real = r;
          image = i;
     }
     friend Complex operator - (Complex &c);          //取反运算符"-"重载的函数原型
     void print();
};
//成员函数 print()略 见例 12.1 同名函数
Complex operator - (Complex &c)                       //实现取反运算符"-"的重载函数
{
     return Complex( - c.real, - c.image);
}
int main()
{    Complex c1(4.1, 5.2), c2;
     cout << "c1 = ";
     c1.print();
     c2 = - c1;                                       //调用重载函数,实现复数取反
     cout << "c2 = ";
     c2.print();
     return 0;
}
```

程序运行结果如下：

```
c1 = 4.1 + 5.2i
c2 = - 4.1 - 5.2i
```

实际上，例 12.4 只是在例 12.2 上做了一处改动，即将运算符不作为类的成员函数，而是作为类外的普通函数，在复数类中声明它为友元函数。对于运算符的使用而言，两者的用法相同，但编译器所做的解释不同。例 12.4 中运算符重载的友元函数只有一个参数，编译器对 main()函数中调用重载运算符的语句 c2＝－c1，实际上执行的是：

```
c2 = operator - (c1);
```

之所以要把运算符重载函数作为友元函数，是因为运算符函数要访问类对象中的成员。如果运算符函数不是复数类的友元函数，而只是一个普通函数，则不能访问复数类的私有成员。

无论是一元运算符还是二元运算符，将其重载为成员函数或友元函数是等效的。一般情况下，当运算符的第一个操作数为类对象时，选择重载为成员函数的形式；如果运算符的第一个操作数为其他类型时，则必须选择重载为友元函数的形式。

12.4 特殊运算符的重载

12.4.1 赋值运算符的重载

一般运算符需经过重载才能作用于自定义类型的数据，但赋值运算符“＝”不同于其他运算符，如果用户没有显式定义赋值运算符“＝”，编译系统会为类对象提供默认的赋值运算符“＝”的重载函数。当使用默认的赋值运算符“＝”操作类对象时，会对类的所有数据成员进行一次赋值操作，即将源对象(赋值运算符“＝”右边的对象)数据成员逐个赋给目标对象(赋值运算符“＝”左边的对象)对应的数据成员。

同类型的对象之间可以直接赋值，但当对象的成员中使用了动态内存时，使用默认的赋值运算符“＝”则会在程序的执行期间产生内存错误。

【例 12.5】 使用默认的赋值运算符“＝”引发的典型病态程序。

```
#include <iostream>
#include <cstring>
using namespace std;
class STR {                          //字符串类
    char * p;                        //字符指针
public:
    STR(char * s);                   //用字符数组初始化串对象的构造函数
    void print();                    //输出字符串的函数原型
    ~STR();                          //析构函数
};
STR::STR(char * s)
{   p = new char[strlen(s) + 1];     //动态创建存储空间 p
    strcpy(p, s);                    //将数组 s 内容复制进空间 p
}
```

```
void STR::print()
{    cout << p << endl; }
STR::~STR()
{    if (p)
     delete[] p;
}
int main()
{    STR str1("China"), str2("Shanghai");
     str1.print();
     str2.print();
     str1 = str2;
     str1.print();
     str2.print();
     return 0;
}
```

程序执行 main()函数，通过构造函数分别建立了 STR 类对象 str1 和 str2。当程序执行到语句 str1=str2 时，调用默认的赋值运算符"="的重载函数。此时，对类对象的成员 p(指向动态内存的指针成员)进行赋值操作，使得 str2.p 赋值给 str1.p，于是 str2.p 和 str1.p 都指向了同一动态内存空间。一方面 str1 对象申请的动态内存丢失，无法释放；另一方面，由于两个类对象共享动态内存，致使数据的独立性被破坏。

当程序即将运行结束之前，系统首先析构类对象 str2，释放 str2 申请的动态内存；接着继续析构类对象 str1。此时，由于类对象 str1 和 str2 共享同一内存空间，而该空间已经被 str2 的析构函数释放，因此再次释放时就会引发内存读写错误。

因此，为了确保含有指向动态内存的指针成员的类对象能被正确赋值，使类对象 str1 和 str2 所占数据空间各自独立，必须显式地定义赋值运算符的重载函数。

【例 12.6】 重新定义例 12.5 中的赋值运算符"="的重载函数，确保同类型对象之间正确赋值。

```
#include <iostream>
#include <cstring>
using namespace std;
class STR {                                  //字符串类
     char *p;                                //字符串指针
public:
     STR(char *s);
     void print();
     STR &operator = (STR &);                //赋值运算符"="重载的函数原型
     ~STR();
};
STR::STR(char *s)
{    p = new char[strlen(s) + 1];
     strcpy(p, s);
}
void STR::print()
{    cout << p << endl; }
STR &STR::operator = (STR &str)
```

```
{   if (&str == this) return * this;            //避免对象自我赋值
    if (p) delete[] p;                           //释放目标对象原先占用的内存空间
    p = new char[strlen(str.p) + 1];             //重新为目标对象分配适当大小的内存
    strcpy(p, str.p);                            //将赋值号右边对象的内容复制进对象
    return * this;                               //返回该对象
}
STR::~STR()
{   if (p) delete[] p; }
int main()
{   STR str1("China"), str2("Shanghai");
    str1.print();
    str2.print();
    str1 = str2;                                 //调用重载函数,实现字符串类的赋值
    str1.print();
    str2.print();
    return 0;
}
```

程序运行结果如下：

```
China
Shanghai
Shanghai
Shanghai
```

程序中显式定义一个赋值运算符“=”重载函数，通过在函数中动态创建被复制对象的内存空间，使得类对象 str1 和 str2 的内存空间独立。

赋值运算符“=”可以用在复制构造函数，但其只能重载为成员函数，不能重载为友元函数。

12.4.2 自增和自减运算符的重载

一元运算符通常出现在操作数的左边(前置运算符)，但自增运算符“++”和自减运算符“--”有两种使用方式：前置或后置(如 c1++、++c1)。这两种使用方式本身并没有区别，但当其与赋值号连接起来时，运算符起到的作用就会不一样。例如：

```
c2 = ++c1;
c2 = c1++;
```

此时，前置自增运算符“++”和后置自增运算符“++”的作用不同。

当对自增或自减运算符进行重载时，为了区别运算符是前置还是后置，重载时函数中增加一个 int 数据类型的形参(只是为了向编译器说明是后置形式，不表示整数)，即为后置运算符的重载函数。

当“++”为前置运算符时，其运算符重载的函数的一般格式如下：

```
类名 operator ++()
{  对运算符的重载处理  }     //函数体
```

当“++”为后置运算符时，其运算符重载的函数的一般格式如下：

```
类名 operator ++(int)
{  对运算符的重载处理  }      //函数体
```

以复数类的自增运算符调用为例,前置形式调用为

```
complex operator ++();
```

后置形式调用为

```
complex operator ++(int);
```

【例 12.7】 将自增运算符"++"重载为复数类的成员函数,实现复数的自增运算。

算法分析:定义一个复数类,在类中定义自增运算符"++"重载的成员函数。

程序如下:

```
#include <iostream>
using namespace std;
class Complex {
     double real;
     double image;
public:
     Complex(double r = 0, double i = 0)          //构造函数
     {   real = r;
         image = i;
     }
     Complex operator++();                        //前置"++"重载的函数原型
     Complex operator++(int);                     //后置"++"重载的函数原型
     void print();
};
//成员函数 print()略 见例 12.1 同名函数
Complex Complex::operator++()                     //实现前置"++"重载的函数
{    Complex B =  *this;
     B.real++;
     B.image++;
     return B;
}
Complex Complex::operator++(int)                  //实现后置"++"重载的函数
{    return Complex(real++, image++);   }
int main()
{    Complex c1(4.1, 5.2), c2, c3;
     cout << "c1 = ";
     c1.print();
     c2 = c1++;
     cout << "c2 = ";
     c2.print();                                  //调用重载函数,实现后置"++"
     c3 = ++c1;
     cout << "c3 = ";
     c3.print();                                  //调用重载函数,实现前置"++"
     return 0;
}
```

程序运行结果如下:

```
c1 = 4.1 + 5.2i
c2 = 4.1 + 5.2i
c3 = 6.1 + 7.2i
```

例 12.7 中，后置的自增运算符“++”函数为成员函数形式，如改为友元函数形式，为了与前置的自增运算符“++”区别，友元函数的参数除了操作数对象本身外，还要有一个整型参数。重载的后置自增运算符“++”作为友元函数的源程序如下：

```
Complex Complex::operator++(Complex& c, int)
{ return Complex(c.real++, c.image++); }
```

当编译器遇到前置或后置运算符时，会自动调用相应的重载函数，完成函数内规定的操作。

12.4.3 下标运算符的重载

在 C++语言中，下标运算符“[]”用来访问数组中的某个元素。由于系统并不对下标越界进行检查，因此用户可以通过重载下标运算符“[]”来实现这种检查或完成更广义的数组操作。

下标运算符“[]”重载的函数的一般格式如下：

```
函数类型 类名::operator [](参数)
{  对运算符的重载处理  }      //函数体
```

其中，函数类型为函数返回值类型，参数是指定下标值的一个参数。

下标运算符“[]”由左方括号和右方括号组成，属于二元运算符，左操作数是数组名，右操作数是下标值。因此，重载后的左操作数必须是对象。

下标运算符“[]”只能重载为类的非静态成员函数，有且仅有一个参数，故只能对一维数组进行下标重载处理。对于多维数组，可以有两种处理方法：一是将多维数组作为一维数组处理，二是通过重载函数调用运算符来处理。

【例 12.8】 使用下标运算符“[]”重载，实现数组下标越界检查。

```
#include <iostream>
#include <cstdlib>
using namespace std;
class Array {                                    //数组类
    int *arp;
    int size;
public:
    Array(int n = 10);
    int GetSize() const { return size; };
    int &operator[](int index);                  //重载运算符"[]"的函数原型
    ~Array();
};
Array::Array(int n)
{   arp = new int[n];
    size = n;
}
int &Array::operator[](int index)                //实现下标运算符"[]"重载的函数
```

```
{    if (index >=  0 && index < size)
           return arp[index];
     else
           cout << "\n运行时出错:下标" << index << "越界!\n";
     exit(2);
}
Array::~Array()
{    if (arp) delete[] arp; }
int main()
{    Array a(10);
     int i;
     for (i = 0; i < 10; i++)
           a[i] = i;
     for (i = 1; i < 11; i++)
           cout << a[i] << ' ';
     return 0;
}
```

程序运行结果如下：

```
1 2 3 4 5 6 7 8 9
运行时出错:下标 10 出界!
```

“operator[]”函数查看下标是否越界，如果越界则输出错误信息，并终止程序的执行；否则，输出数组中相应的元素。

重载下标运算符“[]”提升了数组的功能，扩大了数组下标的概念。

12.4.4 函数调用运算符的重载

在 C++语言中，函数名后的括号“()”称为函数调用运算符。函数调用运算符“()”只能重载为类的成员函数，一个类可以定义多个不同版本的函数调用运算符“()”，相互之间在参数数量或类型上有所区别即可。

函数调用运算符“()”重载函数的一般格式如下：

```
函数类型 类名::operator () (参数表列)
{   对运算符的重载处理   }      //函数体
```

其中，函数类型为函数返回值类型；参数表列是参数表，该参数列表可以有 0 个或多个参数。

一旦在类中重载了函数调用运算符“()”，即可以像使用函数一样调用类对象，使对象的行为像函数一样。

【例 12.9】 利用函数调用运算符“()”的重载，实现对函数 $f(x,y)=x^2+5xy$ 求值。

算法分析：首先定义一个类 A，在类中定义函数调用运算符“()”重载的成员函数。

程序如下：

```
#include <iostream>
using namespace std;
class A {
```

```
public:
    double operator()(double x, double y);          //函数调用运算符"()"重载的函数原型
};
double A ::operator()(double x, double y)           //实现函数调用运算符"()"重载的函数
{ return x * x + 5 * x * y; }
int main()
{   A f1, f2;
    double a = f1(4.1, 5.2);
    double b = f2(2.9, 3.8);
    cout << a << endl;
    cout << b << endl;
    return 0;
}
```

程序运行结果如下：

```
123.41
63.51
```

程序中定义了 A 类的对象 f1 和 f2，因此 f1 和 f2 是一个类对象而非函数，但可以像函数一样调用该对象，即执行重载的调用运算符"()"。在该程序中，调用运算符的语句如下：

```
a = f1(4.1,5.2);
b = f2(2.9,3.8);
```

编译器实际上执行的是：

```
a = f1.operator() (4.1,5.2));
b = f2.operator() (2.9,3.8);
```

在此例中，调用运算符"()"接收两个 double 类型的值并输出其函数结果。

12.4.5 类型转换运算符函数

编译系统提供了标准类型之间的类型转换，如将双精度型转换为整型类型。而对于类对象等用户自定义的数据类型，编译系统并没有提供类型转换方式。此时，为了实现用户自定义类型和其他类型之间的类型转换，需要用户自定义类型转换运算符函数来规定转换方式。

类型转换函数必须是类的成员函数，可以把一种类对象转换成其他类对象或内部类型的对象。其一般语法格式如下：

```
类名::operator 数据类型 ()
{  对运算符的重载处理  }      //函数体
```

其中，转换后的一种数据类型可以是内置数据类型，也可以是自定义的数据类型。类型转换函数不能带有参数，也不能指定返回值类型。类型转换函数的作用是将该类对象转换为指定类型的数据。例如，将复数类(Complex)对象转换成双精度型(double)数据，则其类型转换函数原型如下：

```
operator double ();
```

该函数为复数类的成员函数。对于复数类对象 c，可以通过语句“(double)(c)”调用该函数，将复数转换成双精度型数据；也可以在语句中根据需要隐式调用该函数，进行类型转换，如语句“double f=c;”将复数类对象转换为双精度型数据，并赋值给变量 f。

【例 12.10】 利用类型转换运算符重载为复数类的成员函数，实现将复数类型转换成双精度型数据。

算法分析：定义一个复数类，在类中定义类型转换重载运算符的成员函数，将复数转换为双精度型数据(复数的模)。

程序如下：

```
#include < iostream >
using namespace std;
class Complex {
     double real;
     double image;
public:
     Complex(double r = 0, double i = 0)
     {    real = r;
          image = i;
     }
     operator double();                    //类型转换运算符重载的函数原型
};
Complex::operator double()                 //实现类型转换运算符重载的函数
{ return sqrt(real * real + image * image); }
int main()
{    Complex c1(4.1, 5.2), c2(3.4, 3.5);
     double f1, f2;
     f1 = c1;
     f2 = double(c2);
     cout << "复数 c1 的模为:" << c1 << endl;
     cout << "复数 c2 的模为:" << c2 << endl;
     cout << "复数 c1 + c2 的模为:" << c1 + c2 << endl;
     return 0;
}
```

程序运行结果如下：

```
复数 c1 的模为:6.62193
复数 c2 的模为:4.87955
复数 c1 + c2 的模为:11.5015
```

程序中定义了一个类型转换函数，将对象中的两个数据成员：复数的实部和复数的虚部计算后得到一个 double 型数据(复数的模)，并返回该实数值。

对于语句“f1=c1;”，赋值号左边的变量为 double 类型，期望赋值号右边的变量也是 double 类型，而实际上赋值号右边的变量 c1 为 Complex 复数类型。此时，Complex 类的转换函数被自动调用，进行所需的类型转换，将对象 c1 转换成 double 类型后再赋值给变量 f1。编译器将该表达式解释如下：

```
f1 = c1.operator double ();
```

语句“f2＝double(c2)；”中，表达式 double(c2)是对复数类对象 c2 进行显式类型转换，编译器将其解释为

```
c2.operator double ();
```

也可以将该表达式写成(double)(c2)，将语句改写成“f2＝(double)(c2)；”。

对于表达式 c1＋c2，程序中并未给出实现复数相加的加法运算符“＋”重载的成员函数或友元函数，于是，C++语言系统寻找类型转换运算符函数，查看其转换后的类型能否支持加法运算符“＋”。由于程序中存在的类型转换函数可以将复数对象转换成 double 类型的复数的模，因此转换后可以匹配系统内置类型 double 类型数据的加法，相加后得到一个 double 类型的结果再输出。

需要说明的是，类型转换函数只能是成员函数，不能是友元函数。

12.4.6 输入/输出运算符的重载

C++语言标准库中已经对流插入运算符“>>”和流提取运算符“<<”分别进行了重载，使其能够用于不同类型数据的输入/输出。但其输入/输出的对象仅限于内置数据类型(如 int、double 等)和标准库所包含的类类型(如 string、ofstream、ifstream 等)，不能直接对用户自定义类型的数据(类对象)进行输入/输出。

事实上，“>>”和“<<”运算符可以重载用于输入/输出用户自定义类型的数据。以前面的复数类为例，为了让复数的输入/输出和 int 等内置数据类型一样简单，假设 c1、c2 是复数类对象，那么其输出形式期望为

```
cout << c1 << c2 << endl;
```

输入形式期望为

```
cin >> c1 >> c2;
```

其中，cout 是输出流类 ostream 的对象，cin 是输入流类 istream 的对象。为了实现这个目标，必须以友元函数的形式重载“<<”和“>>”运算符，否则就要修改标准库中的类。

在类中对流插入运算符“<<”声明的语法格式如下：

```
friend ostream& operator << (ostream&, 自定义类名 &);
```

在类中对流提取运算符“>>”声明的语法格式如下：

```
friend istream& operator >> (istream&, 自定义类名 &);
```

在对流插入运算符“<<”和流提取运算符“>>”重载后，在程序中这两个运算符不仅能够输入/输出内置类型数据，还能够输入/输出用户自定义的类对象。

【例 12.11】 将流插入运算符“<<”和流提取运算符“>>”重载为复数类的友元函数，实现复数的输入/输出。

算法分析：通过重载流插入和流提取运算符，复数类对象可以不需要构造函数赋值，直接从键盘输入实部和虚部；也可以直接输出复数，不需要使用其他成员函数来实现。

程序如下：

```
#include <iostream>
using namespace std;
class Complex {
    double real;
    double image;
public:
    Complex(double r = 0, double i = 0)
    {   real = r;
        image = i;
    }
    friend istream& operator >>(istream &in, Complex &c);    //">>"重载的函数原型
    friend ostream& operator <<(ostream &out, Complex &c);   //"<<"重载的函数原型
};
istream& operator >>(istream &in, Complex &c)                //实现">>"重载的函数
{   cout << "请输入复数的实部与虚部:";
    in >> c.real >> c.image;
    return in;
}
ostream& operator <<(ostream &out, Complex &com)             //实现"<<"重载的函数
{   out << "复数为:" << com.real << " + " << com.image << "i" << endl;
    return out;
}
int main()
{   Complex c;
    cin >> c;
    cout << c;
    return 0;
}
```

程序运行结果如下：

```
请输入复数的实部与虚部:3 4↙
复数为:3 + 4i
```

程序中对流插入运算符“<<”进行了重载，重载函数 operator <<()中的形参 out 是 ostream 类对象的引用。在 main()函数中调用重载运算符的语句如下：

```
cout << c;
```

其中，运算符左边 cout 是 ostream 类对象，右边 c 是复数类对象。由于已将流插入运算符“<<”重载，因此编译器实际上执行的是：

```
operator << (cout, c);
```

即以 cout 和 c 作为实参，调用 operator <<()函数，而形参 out 和 com 则是对应实参的引用。调用 operator <<()函数的过程相当于执行语句：

```
cout <<"复数为:"<< c.real <<" + "<< c.image <<"i"<< endl;
```

与流插入运算符“<<”相仿，流提取运算符“>>”的重载函数 operator >>()中的形参 in 是 istream 类对象的引用。在 main()函数中调用重载运算符的语句：

```
cin >> c;
```

其中，运算符左边 cin 是 istream 类对象，右边 c 是复数类对象。由于已将流提取运算符“>>”重载，因此编译器实际上执行的是：

```
operator << (cin, c);
```

即以 cin 和 c 作为实参，调用 operator >>()函数，而形参 in 和 com 则是对应实参的引用。调用 operator >>()函数的过程相当于执行语句：

```
cin >> c.real >> c.image;
```

需要注意的是，把运算符重载函数声明为类的友元函数，可以不用创建对象而直接调用函数。

12.5 运算符重载规则

在 C++语言中进行运算符重载时，有以下几点注意事项。

(1) 对可重载运算符的限制。

C++语言只可以对已有的运算符进行重载，不允许用户自定义新的运算符。C++语言中绝大多数运算符可以重载，如表 12-1 所示。

表 12-1 C++语言允许重载的运算符

二元算术运算符	+(加)、-(减)、*(乘)、/(除)、%(求余)
关系运算符	==(等于)、!=(不等于)、<(小于)、>(大于)、<=(小于或等于)、>=(大于或等于)
逻辑运算符	||(逻辑或)、&&(逻辑与)、!(逻辑非)
一元运算符	+(正)、-(负)、*(指针)、&(取地址)
自增、自减运算符	++(自增)、--(自减)
位运算符	|(按位或)、&(按位与)、~(按位取反)、^(按位异或)、<<(左移)、>>(右移)
赋值运算符	=、+=、-=、*=、/=、%=、&=、|=、^=、<<=、>>=
空间申请与释放	new、new[]、delete、delete[]
其他运算符	(函数调用)、->(成员访问)、->*(指针成员访问)、,(逗号)、[](下标)

可以为表 12-1 中各个运算符声明对应的函数定义，但是也有小部分运算符不可以重载。C++语言不允许重载的运算符只有 5 个，如表 12-2 所示。

表 12-2 C++语言中不允许重载的运算符

运算符名称	不允许重载的原因
?:(条件运算符)	C++语言中没有定义三元运算符的语法
.(成员访问运算符)	为了保证成员访问的安全性
.*(成员指针访问运算符)	为了保证成员访问的安全性
::(域运算符)	运算符左边的操作数是类型而不是变量或一般表达式，不具备重载的特征
sizeof(长度运算符)	操作数是类型而不是变量或一般表达式，不具备重载的特征

(2) 对运算符函数形式的限制。

① 成员访问运算符“->”、下标运算符“[]”、函数调用运算符“()”、赋值运算符“=”只能

以成员函数的形式重载,不能以友元函数的形式重载。

② 当“>>”“<<”作为提取和插入运算符使用时,只能以友元函数的形式重载,不能以成员函数的形式重载。

(3) 重载应尽量保留运算符原有的特性,与其对应的内置运算符保持一致。

重载不能改变运算符的优先级。例如,乘“*”、除“/”运算符的优先级高于加法“+”、减法“-”运算符的优先级,不论怎样重载这几个运算符,也不能改变各运算符之间的优先级别。

重载不能改变运算符的结合性。例如,乘“*”、除“/”运算符是左结合(自左至右),重载后仍为左结合。

重载不能改变运算符的操作数个数及语法结构。例如,逻辑运算符“&&”是二元运算符,重载后仍为二元运算符,需要两个参数。

运算符重载函数不能使用默认的参数,否则就改变了运算符操作数的个数。

(4) 重载的运算符应保持原有的基本语义。

理论上说,可以将一个运算符重载为执行任意操作,但是运算符重载的初衷是模仿运算符操作内部类型数据时的习惯用法,来操作用户自定义类对象的运算,使程序中算法的表达流畅、自然、易理解,如果违背了运算符重载的初衷,还不如用普通函数来实现相应的功能。因此,重载后运算符的含义应该符合原有用法习惯,功能应该与原来的功能一致。以加法运算符“+”为例,它执行的是加法操作,针对一个自定义类类型重载该运算符时,完成的功能应当是“相加”“连接”等,而不应当是“相减”或其他不相干的功能。

(5) 重载的运算符必须和用户自定义类的对象一起使用,其参数至少应有一个是类对象。

运算符重载主要用于用户自定义类的对象的运算,因此重载运算符必须具有一个类对象(或类对象的引用)的参数,参数不能全部是C++语言的标准类型,以防止用户修改用于标准类型数据的运算符的性质。

12.6 字符串类

C++语言中一般通过调用字符串处理的库函数来处理字符串,但通常不能直接对字符串进行拼接、删除、比较和赋值等操作。借助于运算符重载机制,提供对字符串的直接操作能力,使得对字符串的操作和其他一般数据的操作一样简单便捷。

【例 12.12】 定义一个字符串类,实现字符串的直接操作。

算法分析:在定义的字符串类中,重载“=”运算符,实现字符串的直接赋值;重载“+”运算符,实现字符串的拼接;重载“<”“>”“==”运算符,实现字符串的直接比较;重载“[]”运算符,访问字符串中的每个字符;重载“>>”运算符,实现字符串的输入;重载“<<”运算符,实现字符串的输出。

程序如下:

```
#include <iostream>
#include <cstring>
```

```
using namespace std;
class String {                                  //字符串类
    char * ptr;                                 //字符串指针
public:
    String();                                   //默认的构造函数
    String(char * s);                           //构造函数
    String(String &);                           //复制的构造函数
    String &operator = (String &);              //赋值运算符" = "重载的函数原型
    String operator + (String &);               //加法运算符" + "重载的函数原型
    bool operator == (String &);                //相等运算符" == "重载的函数原型
    bool operator >(String &);                  //大于运算符">"重载的函数原型
    bool operator <(String &);                  //大于运算符"<"重载的函数原型
    char &operator[ ](int);                     //重载下标运算符的函数原型
    friend istream& operator >>(istream &, String &);   //重载流提取运算符的函数原型
    friend ostream& operator <<(ostream &, String &);   //重载流插入运算符的函数原型
    ~String();
};
String::String()                                //定义默认的构造函数
{   ptr = 0; }
String::String(char * s)                        //定义构造函数
{   ptr = new char[strlen(s) + 1];
    strcpy(ptr, s);
}
String::String(String &str)                     //定义复制的构造函数
{   if (str.ptr)
    {   ptr = new char[strlen(str.ptr) + 1];
        strcpy(ptr, str.ptr);
    }
    else
        ptr = 0;
}
String &String::operator = (String &str)        //定义" = "的重载函数
{   if (&str == this)
        return * this;
    if (ptr)
        delete[ ] ptr;
    ptr = new char[strlen(str.ptr) + 1];
    strcpy(ptr, str.ptr);
    return * this;
}
String String::operator + (String &str)         //定义" + "的重载函数
{   String t;
    int len = strlen(ptr) + strlen(str.ptr);
    if (len > 0)
    {   t.ptr = new char[len + 1];
        strcpy(t.ptr, ptr);
        strcat(t.ptr, str.ptr);
    }
    else
        t.ptr = 0;
    return t;
}
```

```
bool String::operator == (String &str)                //定义" == "的重载函数
{   if (strcmp(ptr, str.ptr) == 0)
        return true;
    else
        return false;
}
bool String::operator >(String &str)                  //定义">"的重载函数
{   if (strcmp(ptr, str.ptr) > 0)
        return true;
    else
        return false;
}
bool String::operator <(String &str)                  //定义"<"的重载函数
{   if (strcmp(ptr, str.ptr) < 0)
        return true;
    else
        return false;
}
char &String::operator[](int i)                       //定义"[]"的重载函数
{   if (i < 0 || i >= strlen(ptr))
    {   cout << "越界\n";
        exit(1);
    }
    return *(ptr + i);
}
istream& operator >>(istream &in, String &str)        //定义">>"的重载函数
{   char temp[100];
    cout << "请输入字符串:";
    in >> temp;
    if (str.ptr)
        delete[] str.ptr;
    str.ptr = new char[strlen(temp) + 1];
    strcpy(str.ptr, temp);
    return in;
}
ostream& operator <<(ostream &out, String &str)       //定义"<<"的重载函数
{   out << str.ptr;
    return out;
}
String::~String()                                     //定义析构函数
{   if (ptr) delete[] ptr; }
int main()
{   String s1, s2, s3;
    cin >> s1 >> s2;
    if (s1 > s2)
        cout << s1 << ">" << s2 << endl;
    else if (s1 < s2)
        cout << s1 << "<" << s2 << endl;
    else
        cout << s1 << " == " << s2 << endl;
    int i;
    cout << "请输入一个整数下标:" << endl;
    cin >> i;
```

```
    cout << "s1[" << i << "] = " << s1[i] << endl;
    cout << "s2[" << i << "] = " << s2[i] << endl;
    s3 = s1 + s2;
    cout << s1 << " + " << s2 << " = " << s3 << endl;
    return 0;
}
```

程序运行结果如下：

```
请输入字符串:China↙
请输入字符串:Shanghai↙
China < Shanghai
请输入一个整数下标:2↙
s1[2] = i
s2[2] = a
China + Shanghai = ChinaShanghai
```

习　　题

一、选择题

1. 在C++语言中，下列________运算符不能被重载。

A. &&　　B. ?:　　C. ->　　D. new

2. 下列关于运算符重载的描述中，________是正确的。

A. 运算符重载可以改变运算符优先级

B. 运算符重载可以改变运算符结合性

C. 运算符重载可以在C++语言中创建新的运算符

D. 运算符重载不可以改变运算符的操作数个数

3. 已知将运算符"＋"和"＊"作为类的友员函数重载，设x、y和z是类的对象，则表达式x＋y＊z等价于________。

A. operator＊(x,operator＋(y,z))　　B. operator＋(operator＊(x,y),z)

C. operator＊(operator＋(x,y),z)　　D. operator＋(x,operator＊(y,z))

4. 有如下类定义：

```
class MyClass {
    int data1, data2;
public:
    MyClass(int m = 0, int n = 0)
    {   data1 = m;
        data2 = n;
    }
    MyClass operator + (MyClass &);
    int operator - (MyClass &);
} obj1(4, 5), obj2(3, 6), obj3(7, 1);
```

则下列表达式中错误的是________。

A. obj1＋obj2　　B. obj1＋obj2＋obj3

C. obj1—obj2　　　　D. obj1—obj2—obj3

5. 有如下程序：

```
#include <iostream>
using namespace std;
class Count {
    int count;
public:
    Count(int n = 0) : count(n) {}
    int getCount() { return count; }
    Count &operator += (Count c)
    {   count += c.count;
        return ________;
    }
};
int main()
{   Count a(4), b(5);
    a += b;
    cout << a.getCount() << endl;
    return 0;
}
```

已知程序运行结果是9,则下画线处缺失的表达式为________。

A. this　　B. * this　　C. count　　D. &count

二、填空题

1. 下列程序的运行结果是________。

```
#include <iostream>
using namespace std;
class MyClass {
    int m;
public:
    MyClass() {}
    MyClass(int n) { m = n; }
    int &operator -- (int)
    {   m--;
        return m;
    }
    void show() { cout << "m = " << m << endl; }
};
int main()
{   MyClass x(20);
    (x--)++;
    x.show();
    system("pause");
    return 0;
}
```

2. 下列程序的运行结果是________。

```
#include <iostream>
using namespace std;
```

```
static int dys[] = {31, 28, 31, 30, 31, 30, 31, 31, 30, 31, 30, 31};
class date {
    int mo, da, yr;
public:
    date(int m, int n, int y)
    {   mo = m;
        da = n;
        yr = y;
    }
    date() {}
    void disp()
    { cout << mo << "/" << da << "/" << yr << endl; }
    date operator + (int day)
    {   date dt = *this;
        day += dt.da;
        while (day > dys[dt.mo - 1])
        {   day -= dys[dt.mo - 1];
            if (++dt.mo == 13)
            {   dt.mo = 1;
                dt.yr++;
            }
        }
        dt.da = day;
        return dt;
    }
};
int main()
{   date d1(2, 22, 2022), d2;
    d2 = d1 + 8;
    d2.disp();
    return 0;
}
```

3. 下列程序的运行结果是________。

```
#include <iostream>
using namespace std;
class Time {
    int hour, minute, second;
public:
    Time(int h = 0, int m = 0, int s = 0)
    {   hour = h;
        minute = m;
        second = s;
    }
    void Show() { cout << hour << "小时" << minute << "分" << second << "秒\n"; }
    Time operator + (Time &t)
    {   int s = second + t.second;
        int m = minute + t.minute + s / 60;
        int h = hour + t.hour + m / 60;
        return Time(h, m % 60, s % 60);
    }
    friend Time operator - (Time &, Time &);
```

```
};
Time operator - (Time &t1, Time &t2)
{    int s1 = 3600 * t1.hour + 60 * t1.minute + t1.second;
     int s2 = 3600 * t2.hour + 60 * t2.minute + t2.second;
     int s = s1 - s2;
     int h = s / 3600;
     int m = (s - 3600 * h) / 60;
     s = s % 60;
     return Time(h, m, s);
}
int main()
{    Time t1(6, 45, 57), t2(5, 6, 30), t3;
     t1.Show();
     t2.Show();
     t3 = t1 + t2;
     t3.Show();
     t3 = t1 - t2;
     t3.Show();
     return 0;
}
```

三、编程题

1. 定义一个分数的类 Fraction，其中成员数据包括分子、分母，成员函数为构造函数，当分数不是最简形式时进行约分，保证分母不为负数。要求增加适当的成员函数，重载“+”“-”“*”“/”等运算符，实现分数的四则运算。

2. 定义一个矩阵(2行3列)的类 Matrix，在其中重载“+”和“-”运算符，实现矩阵类对象的加减运算。

3. 定义一个描述人民币的类 RMB，其成员数据包括元、角、分，成员函数包括构造及输出函数。要求增加适当的成员函数，重载“+”和“-”运算符，实现人民币的直接运算。

第 13 章　继承和派生

在面向对象程序设计的 3 个基本特性中，封装性是通过类的定义将数据及对数据的操作作为一个整体，隐藏事物的属性，实现代码模块化；继承性是通过扩展已存在的代码模块，实现代码复用，以减少冗余代码，便于程序的测试、调试和维护；多态性则是通过虚函数提供公共接口，实现接口复用——一个接口，多个实现。

13.1　继承与派生的概念

13.1.1　基本概念

我们每个人都或多或少地从祖辈或父母那里继承了一些体貌特征，但每个人并不完全是父母的复制品，总存在一些特性是自己所独有的。面向对象程序设计中的“继承”机制正是基于这个思想来建立新类。新类从已有类中得到全部或部分属性和行为，并可以在新类中重定义基类的属性及方法，或者添加新的属性及方法。新构建的类称为子类或派生类，现有类称为父类或基类。

在 C++语言中，继承分为单一继承和多重继承。当一个派生类仅有一个基类时，称为单一继承；而当一个派生类有两个或两个以上的基类时，称为多重继承。单一继承和多重继承分别如图 13-1 和图 13-2 所示。

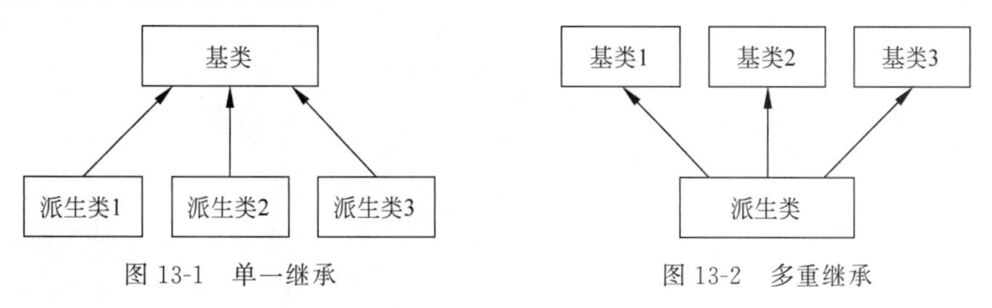

图 13-1　单一继承　　　　图 13-2　多重继承

图 13-1 中，箭头是从派生类指向基类。在单一继承中，派生类继承了基类的所有成员，并在派生类中增加新的成员。

引入继承机制的优势是提高了代码的可重用性。派生类可以继承基类的成员而不必再重新设计已测试过的基类代码，使编程的工作量大大减轻。

13.1.2　单一继承

单一继承的一般语法格式如下：

```
class <派生类名>:[继承方式]<基类名>
{
```

<派生类新增成员的定义>
};

其中,继承方式有3种:public(公有)继承、private(私有)继承和protected(保护)继承,规定基类成员在派生类中的访问权限。继承方式如果缺省,则默认为private(私有)继承。

当继承方式为public时,为公有继承;当继承方式为private时,为私有继承;而当继承方式为protected时,为保护继承。派生时指定不同的访问权限,直接影响到基类中的成员在派生类中的访问权限。

1. 公有继承

公有继承时,基类中所有成员在公有派生类中保持各个成员的原有访问权限,仍为公有成员和保护成员;而基类的私有成员在派生类中的访问权限为"不可访问"。

【例13.1】 公有继承示例。

```
#include <iostream>
using namespace std;
class Point {
private:
    float x;                                        //私有
protected:
    float y;                                        //保护
public:
    float z;                                        //公有
    Point(float x, float y, float z)
    {   this->x = x;
        this->y = y;
        this->z = z;
    }
    void Setx(float x) { this->x = x; }
    void Sety(float y) { this->y = y; }
    float Getx() { return x; }
    float Gety() { return y; }
    void ShowP()
    { cout << '(' << x << ',' << y << ',' << z << ')'; }
};
class Sphere : public Point {                       //公有继承
    float radius;
public:
    Sphere(float x, float y, float z, float r) : Point(x, y, z) { radius = r; }    //A
    void ShowS()
    { cout << '(' << Getx() << ',' << y << ',' << z << ")," << radius << endl; }     //B
};
int main()
{   Sphere s(1, 2, 3, 4);
    s.ShowS();
    cout << '(' << s.Getx() << ',' << s.Gety() << ',' << s.z << ")\n";             //C
    return 0;
}
```

程序运行结果如下:

```
(1,2,3),4
(1,2,3)
```

例 13.1 A 行中,在派生类的构造函数中,用成员初始化列表调用基类的构造函数,对基类的成员数据初始化;B 行中,派生类 Sphere 可以直接访问基类的保护成员 y 和公有成员 z,但不能直接访问基类的私有成员 x,如果将 Getx()改为 x,则会出现编译错误;C 行中,派生类对象 s 只能访问类中的公有成员,如 Getx()、Gety()和 z,而不能访问类中的私有成员和保护成员。

2. 私有继承

当派生类以私有方式继承基类时,基类中的公有成员和保护成员在派生类中均变为私有的,在派生类中可以直接使用这些成员,而在派生类之外必须通过派生类中的公有成员函数来间接使用;基类中的私有成员在派生类中变为"不可访问",只能通过基类的公有成员函数或保护成员函数间接使用,在派生类外也不可以直接使用基类的私有成员。

【例 13.2】 私有继承示例。

```
#include <iostream>
using namespace std;
class Point {
private:
      float x;                              //私有
protected:
      float y;                              //保护
public:
      float z;                              //公有
      Point(float x, float y, float z)
      {    this->x = x;
           this->y = y;
           this->z = z;
      }
      void Setx(float x) { this->x = x; }
      void Sety(float y) { this->y = y; }
      float Getx() { return x; }
      float Gety() { return y; }
      void ShowP()
      { cout << '(' << x << ',' << y << ',' << z << ')'; }
};
class Sphere : private Point {              //私有继承
     float radius;
public:
      Sphere(float x, float y, float z, float r) : Point(x, y, z) { radius = r; }
      void ShowS()
      { cout << '(' << Getx() << ',' << y << ',' << z << ")," << radius << endl; } //A
};
int main()
{    Sphere s(1, 2, 3, 4);
     s.ShowS();
     return 0;
}
```

程序运行结果如下:

```
(1,2,3),4
```

例 13.2 A 行中，派生类 Sphere 中可以直接访问基类的保护成员 y 和公有成员 z，但不能直接访问基类的私有成员 x。但在主函数中，不可以直接访问派生类对象的所有数据成员，因为从基类继承来的和自己新增的都是私有的，只可以访问派生类中的公有成员函数 ShowS()。

3. 保护继承

当派生类以保护方式继承时，其基类中的公有成员和保护成员在派生类中均变为保护的，在派生类中可直接使用这些成员，在派生类外不可直接使用基类中的成员，必须通过派生类中的公有成员函数来间接使用；同样，对于基类中的私有成员，在派生类中不可直接使用，只能通过基类的公有成员函数或保护成员函数间接使用，在派生类外也不可直接使用。

【例 13.3】 保护继承示例。

```
#include < iostream >
using namespace std;
class Point {
private:
    float x;                              //私有
protected:
    float y;                              //保护
public:
    float z;                              //公有
    Point(float x, float y, float z)
    {   this->x = x;
        this->y = y;
        this->z = z;
    }
    void Setx(float x) { this->x = x; }
    void Sety(float y) { this->y = y; }
    float Getx() { return x; }
    float Gety() { return y; }
    void ShowP()
    { cout << '(' << x << ',' << y << ',' << z << ')'; }
};
class Sphere : protected Point {          //保护继承
    float radius;
public:
    Sphere(float x, float y, float z, float r) : Point(x, y, z) { radius = r; }
    void ShowS()
    { cout << '(' << Getx() << ',' << y << ',' << z << ")," << radius << endl; } //A
};
int main()
{   Sphere s(1, 2, 3, 4);
    s.ShowS();
    return 0;
}
```

程序运行结果如下：

```
(1,2,3),4
```

比较例 13.2 和例 13.3 可见，虽然两例的继承方式不同，但对派生类的使用方法是相同的。对于私有继承和保护继承的区别，在派生类作为新的基类，继续继承时才能体现出来。

上述 3 种继承形式可以总结为表 13-1。

表 13-1　基类成员在派生类中的访问属性

基类中的成员	公有继承	保护继承	私有继承
私有成员	不可访问	不可访问	不可访问
保护成员	保护	保护	私有
公有成员	公有	保护	私有

13.1.3　多重继承

多重继承的语法格式如下：

```
class 派生类类名: 继承方式 基类名 1,继承方式 基类名 2, …, 继承方式 基类名 n
{
      …      //派生类新增的数据成员和成员函数
};
```

其中，派生类继承了类 1～n 的所有成员，每个基类名前的继承方式限定该基类中的成员在派生类中的访问权限，可选 public、private 和 protected 三者之一。

【例 13.4】　多重继承示例。

```
#include <iostream>
using namespace std;
class Baseclass1{
      int a;
public:
      void seta(int x) { a = x; }
      void showa() { cout << "a = " << a << endl; }
};
class Baseclass2{
      int b;
public:
      void setb(int x) { b = x; }
      void showb() { cout << "b = " << b << endl; }
};
class Derivedclass : public Baseclass1, private Baseclass2 {
      int c;
public:
      void setbc(int x, int y)
      {    setb(x);
           c = y;
      }
      void showbc()
      {    showb();
           cout << "c = " << c << endl;
      }
};
int main()
{    Derivedclass obj;
     obj.seta(5);
```

```
    obj.showa();
    obj.setbc(7, 9);
    obj.showbc();
    return 0;
}
```

程序运行结果如下：

```
a = 5
b = 7
c = 9
```

13.2 派生类的构造与析构

13.2.1 单继承派生类的构造与析构

派生类中包含有继承于基类的成员和派生类中的新增成员，在创建派生类的对象时，不仅要给派生类中新增的数据成员初始化，还要给它从基类继承来的数据成员初始化。派生类的构造函数通常采用初始化成员列表方式调用基类构造函数，其语法格式如下：

派生类构造函数名(总参数列表)：基类构造函数名(参数列表)
{ 派生类中新增数据成员初始化语句 }

创建派生类对象时，首先调用基类的构造函数，然后才执行派生类构造函数体内的语句。

【例 13.5】 单继承派生类的构造与析构。

```
#include <iostream>
using namespace std;
class Base {
protected:
    int m_a;
public:
    Base(int a)
    {   m_a = a;
        cout << "Base constructor" << endl;
    }
    ~Base() { cout << "Base destructor" << endl; }
};
class Derived : public Base {
private:
    int m_b;
public:
    Derived(int a, int b) : Base(a)
    {   m_b = b;
        cout << "Derived constructor" << endl;
    }
    ~Derived() { cout << "Derived destructor" << endl; }
    void show() { cout << m_a << ", " << m_b << endl; }
};
```

```
int main()
{    Derived obj(1, 2);
     obj.show();
     return 0;
}
```

程序运行结果如下：

```
Base constructor
Derived constructor
1, 2
Derived destructor
Base destructor
```

Derived 类单继承于基类 Base，在 Derived 类的构造函数中，以初始化列表的方式调用基类的构造函数。从运行结果可以发现，首先调用基类的构造函数，再执行派生类的构造函数；析构函数的执行顺序与构造函数相反，先执行派生类的析构函数，再执行其基类的析构函数。

13.2.2 多继承派生类的构造与析构

在多继承的情况下，由于派生类具有多个基类，因此在创建派生类对象时，首先执行其多个基类的构造函数，再执行派生类的构造函数。多个基类的构造函数的执行顺序取决于它们继承时的说明顺序，而不是它们在初始化列表中的顺序。

多继承派生类构造函数的一般语法格式如下：

```
派生类构造函数名(总参数列表)：基类 1 构造函数名(参数列表 1), …, 基类 n 构造函数名(参数列表 n)
{   派生类中新增数据成员初始化语句   }
```

【例 13.6】 多继承派生类的构造与析构。

```
#include <iostream>
using namespace std;
class BaseA {
protected:
     int m_a;
public:
     BaseA(int a)
     {    m_a = a;
          cout << "BaseA constructor" << endl;
     }
     ~BaseA() { cout << "BaseA destructor" << endl; }
};
class BaseB {
protected:
     int m_b;
public:
     BaseB(int b)
     {    m_b = b;
          cout << "BaseB constructor" << endl;
```

```
    }
    ~BaseB() { cout << "BaseB destructor" << endl; }
};
class Derived : public BaseA, public BaseB {                    //A
private:
    int m_c;
public:
    Derived(int a, int b, int c) : BaseB(b), BaseA(a)         //B
    {   m_c = c;
        cout << "Derived constructor" << endl;
    }
    ~Derived() { cout << "Derived destructor" << endl; }
    void show() { cout << m_a << ", " << m_b << ", " << m_c << endl; }
};
int main()
{   Derived obj(1, 2, 3);
    obj.show();
    return 0;
}
```

程序运行结果如下：

```
BaseA constructor
BaseB constructor
Derived constructor
1, 2, 3
Derived destructor
BaseB destructor
BaseA destructor
```

从运行结果可见，声明派生类对象时，系统先调用各基类的构造函数，然后执行派生类的构造函数。各基类构造函数的调用顺序与A行中继承基类的顺序有关，而与B行中其在初始化成员列表中的顺序无关。当撤销派生类对象时，析构函数的调用顺序正好与构造函数的顺序相反。

13.2.3 含对象成员派生类的构造与析构

若派生类中包含对象成员，则在派生类的构造函数的初始化成员列表中既要列举基类的构造函数，又要列举对象成员的构造函数。

【例 13.7】 含对象成员派生类的构造与析构。

```
#include <iostream>
using namespace std;
class BaseA {
protected:
    int m_a;
public:
    BaseA(int a)
    {   m_a = a;
        cout << "BaseA constructor" << endl;
    }
```

```
    ~BaseA() { cout << "BaseA destructor" << endl; }
};
class BaseB {
protected:
    int m_b;
public:
    BaseB(int b)
    {   m_b = b;
        cout << "BaseB constructor:m_b = " << m_b << endl;
    }
    ~BaseB() { cout << "BaseB destructor:m_b = " << m_b << endl; }
};
class Derived : public BaseA, public BaseB {
private:
    int m_c;
    BaseB b1, b2;
public:
    Derived(int a, int b, int c) : BaseA(a), BaseB(b), b2(3), b1(4)
    {   m_c = c;
        cout << "Derived constructor" << endl;
    }
    ~Derived() { cout << "Derived destructor" << endl; }
    void show() { cout << m_a << ", " << m_b << ", " << m_c << endl; }
};
int main()
{   Derived obj(1, 2, 3);
    obj.show();
    return 0;
}
```

程序运行结果如下：

```
BaseA constructor
BaseB constructor:m_b = 2
BaseB constructor:m_b = 4
BaseB constructor:m_b = 3
Derived constructor
1, 2, 3
Derived destructor
BaseB destructor:m_b = 3
BaseB destructor:m_b = 4
BaseB destructor:m_b = 2
BaseA destructor
```

从运行结果可以看出，创建派生类对象时，先调用基类的构造函数，再调用对象成员的构造函数，最后执行派生类的构造函数。基类成员的初始化使用基类名，对象成员的初始化应使用对象名。

对象成员的构造函数的调用顺序与对象成员的说明顺序有关，与其在初始化成员列表中的顺序无关。

13.3 继承中的同名冲突与支配

继承机制极大地方便了程序的扩展，但它也带了新的问题，其中最为典型的就是同名冲突问题。

13.3.1 同名冲突及支配规则

派生类继承基类时，由于基类与派生类的成员同名，或者多个基类的成员同名，因此可能造成对某个成员的访问不唯一的情况，称为继承中的冲突问题。

当基类与派生类的成员同名时，无论是派生类内部成员函数，还是派生类对象访问同名成员，如果未加任何特殊表示，则访问的都是派生类中新定义的同名成员，即派生类中所定义的成员名具有支配地位，称为继承中的支配规则，也称同名覆盖。如果要对基类的同名成员进行访问，必须在同名成员前加上“基类名::”进行限定。

多继承中，如果多个基类的成员同名，在派生类中访问这些成员，或是派生类对象访问来自多个基类的同名成员时，需在同名成员前指明基类名。

【例 13.8】 同名冲突问题。

```
#include <iostream>
using namespace std;
class Base1 {
protected:
    int m_a;                                                          //L1
public:
    Base1(int a) { m_a = a; }
    void fun() { cout << "Base1.fun()" << endl; }                     //L2
};
class Base2 {
public:
    void fun() { cout << "Base2.fun()" << endl; }                     //L3
};
class Derived : public Base1, public Base2 {
private:
    int m_a;                                                          //L4
public:
    Derived(int a, int b) : Base1(a) { m_a = b; }
    void show() { cout << m_a << "," << Base1::m_a << endl; }
};
int main()
{   Derived d(1, 2);
    d.Base1::fun();                                                   //L5
    d.Base2::fun();                                                   //L6
    d.show();
    return 0;
}
```

程序运行结果如下：

```
Base1.fun()
Base2.fun()
2,1
```

例 13.8 中，L1 行和 L4 行属于同名变量，在派生类 Derived 中，默认访问的是 Derived 中新定义的同名成员变量，如果要访问其基类的同名成员变量，应加上基类前缀“Base1::”。L2 行和 L3 行属于同名的成员函数，定义了派生类 d 后，不能直接用“d.fun()”进行调用，不知道是来自哪个基类的 fun()函数，因此需要在函数名前加上基类名前缀，如 L5 行和 L6 行所示。

13.3.2 赋值兼容规则

赋值兼容规则是指公有派生类对象可用于其基类对象使用的地方，因为通过公有继承，派生类具备其基类的所有功能，凡是基类能解决的问题，公有派生类都可以解决。

设存在如下基类 Base 和派生类 Derived：

```
class Base {
      …
};
class Derived : public Base {
      …
};
Derived d;
Base b, * pb;
```

则有以下赋值兼容规则：

(1) 派生类对象可赋给基类的对象。例如“b=d;”，将 d 中从基类 Base 中继承的部分赋给 b，但不允许将基类的对象赋给派生类对象。

(2) 派生类对象的指针赋给基类型的指针变量，如“pb=&d;”。

(3) 派生类对象可初始化基类型的引用，如：“Base &rb=d;”。

注意：对于后两种情况，使用基类的指针或引用时，只能访问从相应基类中继承来的成员，而不允许访问其他基类的成员或在派生类中新增的成员。

13.4 虚 基 类

13.4.1 虚基类的定义

在图 13-3 所示的多层继承关系中，类 B 和类 C 单继承于类 A，而类 D 又多继承于类 B 和类 C，则类 D 中有类 A 成员的两个副本，分别从类 B 和类 C 继承而来。

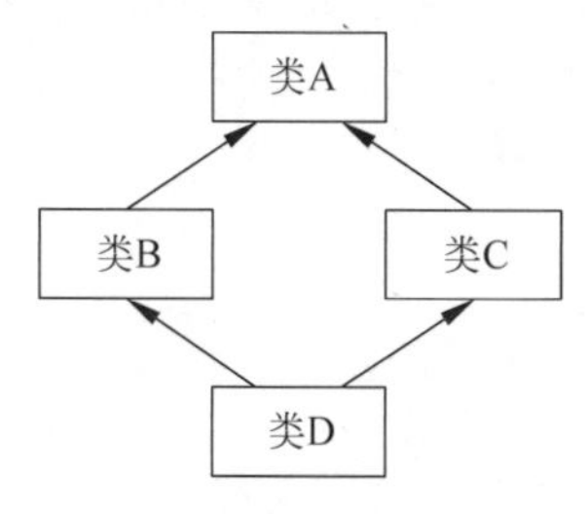

图 13-3 多层继承关系

【例 13.9】 公共基类中的同名冲突问题。

```
#include <iostream>
using namespace std;
class A {
protected:
    int x;
public:
    A(int a = 0) { x = a; }
};
class B : public A {
public:
    B(int a = 0) : A(a) {}
};
class C : public A {
public:
    C(int a = 0) : A(a) {}
};
class D : public B, public C {
public:
    D(int a, int b) : B(a), C(b) {}
    void Print(void) { cout << x << '\n'; }        //L1
};
int main()
{   D d(1, 2);
    d.Print();
    return 0;
}
```

程序运行后,会给出提示信息“对 x 的访问不明确的错误”,该问题主要来自代码中的 L1 行,派生类中访问成员 x 不知道是继承于类 B 还是继承于类 C。

从上述分析可知,同一个公共的基类在派生类中有多个副本,不仅多占用内存,而且可能造成多个副本中的数据的不一致。为了避免这种情况的发生,C++语言中提供了虚基类的方法,使得在继承间接公共基类时只保留一份成员数据的备份。

定义虚基类的一般语法格式如下:

class 派生类名: virtual 继承方式 基类类名{ … };

其中,virtual 和继承方式的位置可以互换,且 virtual 关键字只对紧随其后的基类名起作用。

【例 13.10】 虚基类的定义。

```
#include <iostream>
using namespace std;
class A {
protected:
    int x;
public:
    A(int a = 0) { x = a; }
};
class B : virtual public A {
public:
    B(int a = 0) : A(a) {}
    void PB() { cout << "x = " << x << '\n'; }
```

```
};
class C : public virtual A {
public:
    C(int a = 0) : A(a) {}
    void PC() { cout << "x = " << x << '\n'; }
};
class D : public B, public C {
public:
    D(int a, int b) : B(a), C(b) {}      //L1
    void Print(void)
    {   PB();
        PC();
    }
};
int main()
{   D d(1, 2);
    d.Print();
    return 0;
}
```

程序运行结果如下：

```
x = 0
x = 0
```

定义派生类类 B 和类 C 时，将其基类 A 都声明为虚基类，能保证派生类 D 的对象 d 中只有基类 A 的一个备份，所以调用 PB()和 PC()函数输出的 x 值相同，但为何输出结果均为 0 呢？下面通过虚基类的构造函数来说明。

13.4.2 虚基类的构造函数

如果在虚基类中定义了带参数的构造函数，而且没有定义默认的构造函数，则在其所有的派生类(包括直接派生和间接派生的派生类)内，都要在构造函数的初始化列表中列出对虚基类构造函数的显式调用。

【例 13.11】 虚基类的构造函数。

```
#include <iostream>
using namespace std;
class A {
protected:
    int x;
public:
    A(int a)
    {   x = a;
        cout << "Constructor A. x = " << x << endl;
    }
};
class B : virtual public A {
public:
    B(int a = 0) : A(a) { cout << "Constructor B. x = " << x << endl; }
```

```
    void PB() { cout << "x = " << x << '\n'; }
};
class C : public virtual A {
public:
    C(int a = 0) : A(a) { cout << "Constructor C. x = " << x << endl; }
    void PC() { cout << "x = " << x << '\n'; }
};
class D : public C, public B {         //L1
public:
    D(int a, int b, int c) : B(a), C(b), A(c) { cout << "Constructor D. x = " << x << endl; }
    void Print(void)
    {   cout << "x = " << x << '\n';
        PB();
        PC();
    }
};
int main()
{   D d(1, 2, 3);
    d.Print();
    return 0;
}
```

程序运行结果如下：

```
Constructor A. x = 3                   //L2
Constructor C. x = 3                   //L3
Constructor B. x = 3                   //L4
Constructor D. x = 3                   //L5
x = 3
x = 3
x = 3
```

例 13.11 中，基类 A 自定义了带参的构造函数，而且将类 A 声明为虚函数，则在其所有的直接派生或间接派生类中都显式调用了基类 A 的构造函数。创建派生类对象时，首先调用虚基类的构造函数，输出 L2 行；对于其父类 B 和 C 的调用顺序，则取决于 L1 行的说明顺序，先调用类 C 的构造函数，虽然该构造函数显式调用了虚基类的构造函数，但虚基类的构造函数只调用一次，不再执行，所以输出 L3 行，并且 x 的值为虚基类构造函数初始化的值；接着执行类 B 的构造函数，也不执行虚基类的构造函数，输出 L4 行，x 的值保持不变；最后执行派生类自身的构造函数，输出 L5 行。虚基类的构造函数只执行一次，保证了对虚基类中数据成员只初始化一次。

主函数中调用 d.Print()，分别调用不同的语句输出 x 的值。从结果可见，输出的值相等，说明虚基类中的数据成员 x 在其派生类中只有一个相同的副本。

如果派生类中没有显式列出虚基类的构造函数，则表示使用该虚基类默认的构造函数，如例 13.10 中的 L1 行所示，所以将基类的数据成员 x 初始化为 0。

13.5 虚 函 数

13.5.1 多态性的概念

多态性是面向对象程序设计的重要特性之一，与前面讲的封装性和继承性构成了面向对象程序设计的三大特性。利用多态性，通过调用同名函数，可实现不同功能。在 C++语言中，多态性分为编译时的多态性和运行时的多态性。

编译时的多态性是指在编译期间就可以确定函数调用和函数代码的对应关系。重载的函数根据调用时给出的实参类型或个数，在程序编译时就可以确定调用哪个函数。编译时的多态性执行效率比较高。

运行时的多态性是指在程序运行期间才确定函数调用和函数代码之间的对应关系。它通过类的继承关系和虚函数来实现。运行时多态性的优点是能够得到较高级的问题抽象，为用户提供公共接口，便于程序的开发和维护。

13.5.2 虚函数的定义

根据前面的赋值兼容规则，基类的指针既可以指向基类的对象，也可以指向派生类的对象，如例 13.12 所示。

【例 13.12】 基类指针指向基类对象及派生类对象。

```
#include <iostream>
using namespace std;
class Shape {
    float x, y;
public:
    Shape(int px, int py) : x(px), y(py) { cout << "Shape constructor called" << endl; }
    float Area() { return 0; }
};
class Rectangle : public Shape {
private:
    int w, h;
public:
    Rectangle(int px, int py, int pw, int ph) : Shape(px, py), w(pw), h(ph)
    { cout << "Rect constructor called" << endl; }
    float Area() { return w * h; }
};
class Circle : public Shape {
private:
    int r;
public:
    Circle(int px, int py, int pr) : Shape(px, py), r(pr)
    { cout << "Circle constructor called" << endl; }
    float Area() { return 3.14 * r * r; }
};
int main()
{   Rectangle r1(30, 40, 4, 8);
    Circle cr(30, 40, 4);
```

```
    Shape * p = &r1;
    cout << r1.Area() << endl;
    cout << p -> Area() << endl;
    p = &cr;
    cout << cr.Area() << endl;
    cout << p -> Area() << endl;
    return 0;
}
```

程序运行结果如下：

```
Shape constructor called
Rect constructor called
Shape constructor called
Circle constructor called
32
0
50.24
0
```

从例 13.12 的运行结果可知，当基类指针指向派生类对象时，并没有按照期望调用派生类中的 Area()函数，仍然调用的是基类的 Area()函数。这种情况下，要实现调用派生类对象的同名函数，需要使用虚函数来解决。

虚函数是基类的成员函数，类中的非静态成员函数可定义为虚函数。定义虚函数的语法格式如下：

```
virtual 函数类型 函数名(参数列表)
{   函数体   }
```

其中，virtual 指明该成员函数为虚函数。

此外，虚函数还具有继承性和可重定义的特征。

(1) 继承性：若某类有某个虚函数，则在它的派生类中，该虚函数均保持虚函数特性。

(2) 可重定义：若某类有某个虚函数，则在它的派生类中还可重定义该虚函数，此时不用 virtual 修饰，仍保持虚函数特性。但为了提高程序的可读性，通常再用 virtual 修饰。应该强调，在派生类中重定义虚函数时，必须与基类的同名虚函数的参数个数、参数类型及返回值类型完全一致，否则属重载。

13.5.3 虚函数与动态联编

例 13.12 中，基类指针指向基类对象或派生对象时，调用不同的 Area()函数，从而实现不同的功能。当基类指针指向基类对象时，调用基类自身的 Area()函数；当基类指针指向派生类对象时，能调用派生类的新增同名 Area()函数。这一过程称为运行时多态。

【例 13.13】 基类指针指向基类对象及派生类对象。

```
#include < iostream >
using namespace std;
class Shape {
    float x, y;
public:
```

```
    Shape(int px, int py) : x(px), y(py) { cout << "Shape constructor called" << endl; }
    virtual float Area() { return 0; }
};
class Rectangle : public Shape {
private:
    int w, h;
public:
    Rectangle(int px, int py, int pw, int ph) : Shape(px, py), w(pw), h(ph)
    { cout << "Rect constructor called" << endl; }
    float Area() { return w * h; }
};
class Circle : public Shape {
private:
    int r;
public:
    Circle(int px, int py, int pr) : Shape(px, py), r(pr)
    { cout << "Circle constructor called" << endl; }
    float Area() { return 3.14 * r * r; }
};
int main()
{   Shape s1(3, 5);
    Rectangle r1(30, 40, 4, 8);
    Circle cr(30, 40, 4);
    Shape * p = &s1;
    cout << s1.Area() << endl;
    cout << p -> Area() << endl;
    p = &r1;
    cout << r1.Area() << endl;
    cout << p -> Area() << endl;
    p = &cr;
    cout << cr.Area() << endl;
    cout << p -> Area() << endl;
    return 0;
}
```

程序运行结果如下：

```
Shape constructor called
Shape constructor called
Rect constructor called
Shape constructor called
Circle constructor called
0
0
32
32
50.24
50.24
```

程序分析：

Shape 为基类，Rectangle 和 Circle 类为子类。在基类中定义了虚函数 Area()，在子类中给出了虚函数 Area()的实现。p 为基类指针，r1 和 cr 为子类对象。在 main()函数中，使用基类指针 p 分别指向子类对象 r1 和子类对象 cr，然后调用 p-> Area()，执行同一条语句分别得到对象 r1 和对象 cr 的面积，实现了动态联编。

13.5.4 纯虚函数与抽象类

1. 纯虚函数

在定义基类时，有时只能抽象出虚函数的原型，而无法定义其实现，因为其实现依赖于它的派生类。这时，可以把基类中的虚函数定义为纯虚函数。定义纯虚函数的语法格式如下：

```
virtual 函数类型 函数名(参数列表) = 0;
```

说明：

(1) 定义纯虚函数时，其实现不能在类内同时定义，可在类外或其派生类中定义。

(2) 虚函数名赋值为 0，与函数体为空不同，未定义其实现前不能调用。

拥有纯虚函数的基类不能定义对象，但可以定义其指针或引用。

【例 13.14】 纯虚函数的定义和实现。

```
#include <iostream>
using namespace std;
class Shape {
public:
    virtual void Area() = 0;
};
class Circle : public Shape {
private:
    float r;
public:
    Circle(float r1) { r = r1; }
    void Area()
    {   cout << "圆的半径:" << r << endl;
        cout << "圆的面积:" << r * r * 3.14159265 << endl;
    }
};
class Rectangle : public Shape {
protected:
    float H, W;
public:
    Rectangle(float a, float b)
    {   H = a;
        W = b;
    }
    void Area()
    {   cout << "矩形的边长:" << H << " " << W << endl;
        cout << "矩形的面积:" << H * W << endl;
    }
};
int main()
{   Shape *p;
    Circle a(5.0);
    Rectangle b(2.0, 4.0);
```

```
    p = &a;
    p->Area();
    p = &b;
    p->Area();
    return 0;
}
```

程序运行结果如下：

```
圆的半径:5
圆的面积:78.5398
矩形的边长:2  4
矩形的面积:8
```

程序分析：

Shape为抽象类，Circle和Rectangle为子类，在子类中给出了纯虚函数Area()的实现。p为基类指针，a和b为子类对象。在main()函数中，使用基类指针p分别指向子类对象a和子类对象b，然后调用p->Area()，执行同一条语句分别得到对象a和对象b的面积，实现了动态联编。

2. 抽象类

如果一个类中至少有一个纯虚函数，那么这个类称为抽象类。

说明：

(1) 抽象类中的纯虚函数可能是在抽象类中定义的，也可能是从它的抽象基类中继承下来且重定义的。

(2) 抽象类必须用作派生其他类的基类，而不能用于直接创建对象实例，但可定义抽象类的指针或引用，以实现运行时的多态性。

(3) 抽象类不能用作函数参数类型、函数返回值类型或显式转换类型。

(4) 抽象类不可以用来创建对象，只能用来为派生类提供一个接口规范。派生类中必须重载抽象类中的纯虚函数，否则它仍将被看作一个抽象类。

引入抽象类后，可以使用基类指针或引用指向子类对象，实现动态多态性，使程序更简洁。

习　　题

一、选择题

1. 下列关于派生类和基类的描述中，正确的是________。

   A. 派生类成员函数只能访问基类的公有成员

   B. 派生类成员函数只能访问基类的公有成员和保护成员

   C. 派生类成员函数可以访问基类的所有成员

   D. 派生类对基类的默认继承方式是公有继承

2. 当派生类从一个基类保护继承时，基类中的一些成员在派生类中成为保护成员，这些成员在基类中原有的访问属性是________。

A. 任何　　B. 公有或保护　　C. 保护或私有　　D. 私有

3. 以下有关继承的叙述中不正确的是________。

A. 继承可以实现代码重用

B. 虚基类用于解决多继承产生的二义性问题

C. C++语言中派生类只允许有一个基类

D. 派生类的构造函数要调用基类的构造函数

4. 下列程序的运行结果是________。

```
#include <iostream>
using namespace std;
class A{
     public:A(){cout<<'a';}
};
class B{
     A a;
     public: B(){ cout<<'b';}
};
int main()
{   B b;
   return 0;
}
```

A. a　　B. b　　C. ab　　D. ba

5. 已知基类 Employee 只有一个构造函数，其定义如下：Employee::Employee(int n): id(n){}，Manager 是 Employee 的派生类，则下列对 Manager 的构造函数的定义中正确的是________。

A. Manager::Manager(int n): id(n){}

B. Manager::Manager(int n){id=n; }

C. Manager::Manager(int n): Employee(n){}

D. Manager::Manager(int n){Employee(n); }

6. 建立一个有成员对象的派生类对象时，各构造函数体的执行次序为________。

A. 派生类、成员对象类、基类　　B. 成员对象类、基类、派生类

C. 基类、成员对象类、派生类　　D. 基类、派生类、成员对象类

7. 在一个派生类对象结束其生命周期时，________。

A. 先调用派生类的析构函数，后调用基类的析构函数

B. 先调用基类的析构函数，后调用派生类的析构函数

C. 如果基类没有定义析构函数，则只调用派生类的析构函数

D. 如果派生类没有定义析构函数，则只调用基类的析构函数

8. 下列关于虚基类的描述中错误的是________。

A. 使用虚基类可以消除由多继承产生的二义性

B. 构造派生类对象时，虚基类的构造函数只被调用一次

C. 声明“class B:virtual public A”说明类 B 为虚基类

D. 建立派生类对象时，首先调用虚基类的构造函数

9. 在C++语言中，用于实现运行时的多态性的是________。

A. 内联函数　　B. 重载函数　　C. 模板函数　　D. 虚函数

10. 下列关于虚函数的说明中正确的是________。

A. 从虚基类继承的函数都是虚函数　　B. 虚函数不得是静态成员函数

C. 只能通过指针或引用调用虚函数　　D. 抽象类中的成员函数都是虚函数

二、填空题

1. 下列程序的运行结果是________。

```
#include<iostream>
using namespace std;
class Base1{
public:
      Base1(int d)
      {    cout<<d; }
      ~Base1(){}
};
class Base2{
public:
      Base2(int d)
      {    cout<<d; }
      ~Base2(){}
};
class Derived:public Base1,public Base2{
     int b1,b2;
public:
      Derived(int a,int b,int c,int d):Base1(b),Base2(a),b1(d),b2(c){}
};
int main()
{    Derived d(1,2,3,4);
     return 0;
}
```

2. 下列程序的运行结果是________。

```
#include<iostream>
using namespace std;
class A{
public:
     A(){    cout<<'A';   }
     ~A(){    cout<<'C';   }
};
class B:public A{
public:
     B(){cout<<'G';}
     ~B(){cout<<'T';}
};
int main()
{    B obj;
     return 0;
}
```

3. 下列程序的运行结果是________。

```
#include <iostream>
using namespace std;
class A {
public:
     A(){  cout <<"A";  }
     ~A(){  cout <<"~A";  }
};
class B:public A{
     A *p;
public:
     B(){  cout <<"B";p = new A();   }
     ~B(){  cout <<"~B"; delete p;  }
};
int main()
{   B obj;
    return 0;
}
```

4. 下列程序的运行结果是________。

```
#include <iostream>
using namespace std;
class A{
public:
     A() { a = 0; cout <<"调用 A 的默认构造函数!\n";}
     A(int i){ a = i; cout <<"调用 A 的有参数构造函数!\n";}
     ~A() { cout <<"调用 A 的默认析构函数!\n";}
     void Print() const{cout << a <<",";}
     int Geta(){ return a; }
private:
     int a;
};
class B:public A {
public:
      B()
      {b = 0; cout <<"调用 B 的默认构造函数!\n";}
      B(int i,int j,int k);
      ~B() { cout <<"调用 B 的默认析构函数!\n";}
      void Print();
private:
      int b;
      A aa;
  };
  B::B(int i,int j,int k):A(i),aa(j)
  {   b = k;
      cout <<"调用 B 的析构函数!\n";
  }
  void B::Print()
  {   A::Print();
      cout << b <<","<< aa.Geta()<< endl;
  }
```

```
int main()
{   B bb(1,2,5);
    bb.Print();
    return 0;
}
```

5. 下列程序的运行结果是________。

```
#include <iostream>
using namespace std;
class CSAI_A{
public:
    virtual void fun(){cout<<"A";}
};
class CSAI_B:public CSAI_A{
public:
    virtual void fun(){CSAI_A::fun();cout<<"B";}
};
void  main()
{   CSAI_A *p=new CSAI_B;
    p->fun();
    delete p;
}
```

三、编程题

1. 在二维直角坐标系上定义一个点类 Point,由类 Point 派生定义描述一个线段的类 Line,要求 Line 类的成员函数能计算线段的长度。设计一个主函数,充分测试所定义的类。

2. 将第 1 题的 Line 类的线段端点坐标改由 Point 类的两个对象构成,请完成上题功能,并比较类的继承和组合的特点。

3. 定义一个 Person 类,成员数据有姓名、性别和年龄。派生一个教师类 Teacher,新增成员数据有专业、职称和工号,并为外部访问这些新增成员数据定义相应的成员函数。设计一个主函数,充分测试所定义的类。

第14章 输入/输出流

大多数程序中存在输入/输出操作。在C++语言中，输入/输出操作功能是由C++语言标准库提供的，其部分功能在前面章节已经介绍，本章将在前面内容的基础上对其进行进一步介绍。

本章讨论的输入/输出功能都是面向对象的，其还利用了C++语言的一些其他特点，如引用、函数重载和运算符重载等。

14.1 C++语言输入/输出流

本章中，输入/输出的对象是程序中的数据。输入即把其他设备（键盘、外存储器等）获得或存储的数据传送到程序中，输出即把程序中的数据传送到其他设备（显示器、外存储器等）。程序中的数据一般存放在内存中，所以输入/输出的数据一般是在内存和其他设备之间的传送。这种数据的传送就像流水一样从一处流到另一处，故把输入/输出的数据序列称为输入/输出流，英文名称为iostream。在C++语言中，输入/输出流被定义为类（ios类），若干标准设备的输入/输出流类的集合组成流类库，常用的iostream就是其中之一。这些流类库包含在C++语言编译系统的标准库内。

14.1.1 ios类的结构

ios类及其派生类为用户提供使用流类的接口，是流类库中的一个基类，可以派生出许多流类库中的类，其层次结构如图14-1所示。

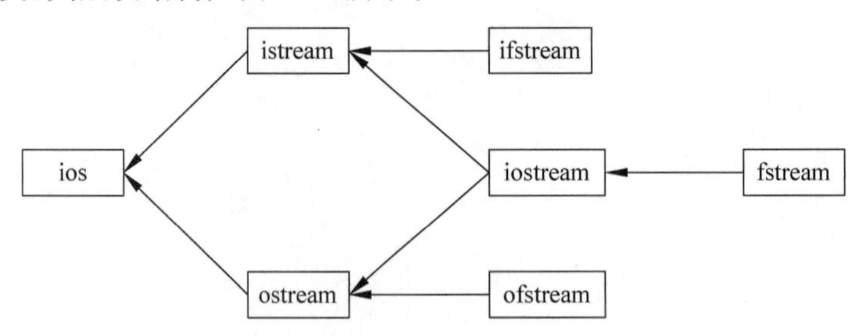

图14-1 ios及其派生类的层次结构

ios是抽象基类，派生出istream和ostream两类。istream支持输入操作，进而派生出的ifstream支持对文件的输入操作；ostream支持输出操作，进而派生出的ofstream支持对文件的输出操作；istream和ostream共同派生出iostream，支持输入/输出操作，其派生类fstream支持对文件的输入/输出操作。

要实现具体的输入/输出操作，还需要类的实例——对象来实施。输入/输出流类同样如此。cin 是 istream 类的对象,用户通过对 cin 的操作实现键盘输入；cout 是 ostream 类的对象,用户通过 cout 的操作实现输出。所有 istream 类及 ostream 类的成员函数的实现及 cin、cout 对象的定义都是在标准库 iostream 中完成的,用户只要在程序中使用 #include < iostream >包含进该文件,就可以直接使用对象 cin、cout,进而通过 cin、cout 调用标准库中已定义好的各种成员函数和运算符重载函数。

同样地,对文件的输入/输出是通过类 ifstream、ofstream 及 fstream 的对象调用该类的成员函数来实现的,这些类的完整定义在标准库文件 fstream 中。所以,凡有关文件的操作,都要在程序中使用 #include < fstream >,以包含进该文件。对文件的输入/输出具体操作将在后文具体介绍。

14.1.2 输入流

cin 是编译系统在 iostream 文件中定义的输入流的对象,该对象常使用 4 种形式实现输入操作,即提取运算符“>>”、成员函数 get()、成员函数 getline()和成员函数 read()。

1. 提取运算符“>>”

提取运算符“>>”的语法格式如下：

```
cin >> <操作数 1 > >> <操作数 2 > >> … >> <操作数 n >;
```

其中,操作数是 C++ 语言系统的标准数据类型,这些标准数据类型有 char、signed char、unsigned char、short、unsigned short、int、unsigned int、long、unsigned long、float、double、long double、char * 、signed char * 、unsigned char * 等。

对于不同的数据类型,数据的读取方式是不一样的,需要采用不同的操作。在标准库文件中,运算符“>>”已对这些数据类型重载,系统可以自动识别其数据类型,从而执行正确的操作。

运算符“>>”用于输入数据时,通常跳过输入流中的空格、Tab 键、换行符等空白字符,即这些空白字符不能通过“>>”输入指定的存储空间。

“cin >>”的用法在本书第 4 章已有详述。

2. istream 类的成员函数 get()

成员函数 get()可以读入一个字符或一个字符串,它不会忽略空格、Tab 键、换行符及其他空白字符,而是将它们也作为字符一并读入。根据参数的有无和类型,成员函数 get()有 3 种形式。

(1) int get();

从输入流中读入一个字符,返回该字符的 ASCII 码值。例如：

```
char ch;
ch = cin.get();
```

(2) istream& get(char &ch);

从输入流中读取一个字符,将其赋值给 ch,同时返回输入流对象的引用。该函数可以被串联使用,即可以在一个 cin 语句中多次使用 get()函数。例如：

```
char ch1, ch2, ch3;
cin.get(ch1).get(ch2).get(ch3);
```

当从键盘输入“x y↙”时，chl为'x'，ch2为空格' '，ch3为'y'。

(3) istream& get(char str,int length,char delimiter);

从输入流中读取若干个字符至指针str所指向的空间。其中，读入的字符数不多于length−1个，在读取过程中遇到delimiter参数所指定的字符也会结束输入(该字符本身不会被计入结果)。delimiter默认值为换行符'\n'，即该项缺省时遇到换行符会结束输入。输入结束后会自动在末尾加上字符串结束符'\0'。例如：

```
char str[20];
cin.get(str, 10, '+');
```

当从键盘输入“Visual C++↙”时，函数会从第一个字符开始往右读，当读到字符'+'时结束，'+'不会读入结果中，所以数组str中的内容为"Visual C"。又如：

```
char str[20];
cin.get(str, 3, 'C');
```

键盘仍输入“Visual C++↙”，读入字符不得多于3−1=2个，则数组str中的内容为"Vi"。

事实上，程序的输入都建有一个缓冲区，即输入缓冲区。当输入“↙”结束一次输入时，会将输入的数据存入输入缓冲区，cin直接从输入缓冲区中取数据。如果缓冲区中的数据长度大于被读取的长度，则未读取部分会留在缓冲区中，等待下次读取，要注意指定的结束字符会留在缓冲区中。但这一特性往往会影响正常输入，所以常使用cin的成员函数ignore()来清空缓冲区。例如：

```
char str1[20], str2[20];
cin.get(str1, 20);                    // delimiter 参数缺省
cin.ignore();                         // A
cin.get(str2, 20);
cout << str1 << endl;
cout << str2 << endl;
```

当从键盘输入：

```
iostream↙
example↙
```

程序运行结果如下：

```
iostream
example
```

若是将A行去掉，则当键盘输入第一个“↙”完成str1的输入后，此时缓冲区最前端的字符是“↙”，不清空缓冲区，则str2从缓冲区中接收到的第一个字符就是“↙”。由于接收到“↙”后就认为输入结束，因此str2数组中的内容为"\0"。

3. istream类的成员函数getline()

成员函数getline()与get()类似，可以读入一个字符串，并且不会忽略空格、Tab键、换行符及其他空白字符。其函数原型如下：

```
istream& getline(char * str,int length,char delimiter);
```

其参数解释与 get()的第 3 种形式相同,不同的是在输入结束后,自动丢弃换行符'\n'或其他结束字符 delimiter,清空输入流。

4. istream 类的成员函数 read()

read()函数从输入流中读取指定数量的字符,其函数原型如下:

```
istream& read(char * str, int length);
```

从输入流中读取 length 个字符至指针 str 所指向的空间。如果输入设备是键盘,那么当从键盘输入的字符不足 length 时,函数将一直等待输入直至满足要求的字符数为止,并且输入结束后不会自动添加'\0'。例如:

```
char str[20];
cin.read(str, 3);
str[3] = '\0';        //设置字符串结束标志
cout << str << endl;
```

当从键盘输入"abcde↙"时,输出为 abc。

14.1.3 输出流

cout 是编译系统在 iostream 文件中定义的输出流的对象,该对象常使用 3 种形式实现输出操作,即插入运算符"<<"、成员函数 put()和成员函数 write()。

1. 插入运算符"<<"

插入运算符"<<"的语法格式如下:

```
cout << <操作数 1 > << <操作数 2 > <<…<< <操作数 n >;
```

其中,操作数是 C++语言系统的标准数据类型。在 C++语言标准库文件中,运算符"<<"已对这些数据类型重载,系统可以自动识别其数据类型,从而执行正确的操作。这些标准数据类型与提取运算符">>"重载的标准数据类型一致,另外又增加了一个 void * 类型。

2. ostream 类的成员函数 put()

成员函数 put()用于输出一个字符,其函数原型如下:

```
ostream& cout. put(char ch);
```

其功能为将字符 ch 输出至当前光标处,可以串联使用。例如:

```
cout. put('Y'). put( 'e'). put( 's');          //在屏幕的当前光标处输出 Yes
```

3. ostream 类的成员函数 write()

成员函数 write()用于输出一个指定长度的字符串,其函数原型如下:

```
ostream& cout. write( char * str, int length);
```

将指针 str 所指向的字符串中的前 length 个字符输出至当前光标处。例如:

```
char str[20] = {"abcde"};
cout.write(str, 3);                          //在屏幕的当前光标处输出 abc
```

14.1.4 格式化的输入/输出

输入/输出的格式主要指数据的形式、精度、位置、宽度等。

格式控制的主要途径有两种：一种是通过 ios 类中有关格式控制的成员函数；另一种是通过 C++语言提供的标准操作符和操作函数，其中操作符在 iostream 中定义，而操作函数在 iomanip 中定义。

输入格式控制部分已在第 4 章介绍，下面就其他一些常用的输出格式设置进行说明。

1. 设置输出数据的域宽

方法一：使用 ios 类的成员函数。

```
int a= 5;
cout.width(3);                          //将下次输出的域宽设置为 3 个字符宽度
cout << a << endl;                      //输出结果为 _ _ 5
```

域宽设置只对紧接其后的第一个输出项有效，域宽的默认值为 0，数据输出的宽度为数据实际需要的最小宽度。

方法二：使用 C++语言库函数 setw()，此时需要在程序中包含库文件 iomanip。

```
int a = 5;
cout << setw(3)<< a << endl;            //输出结果为 _ _ 5
```

域宽设置只对紧接其后的第一个输出项有效。

2. 设置输出数据的左右对齐格式

数据的输出默认为右对齐格式，用 ios 类的成员函数 setf()设置其左右对齐格式。例如：

```
int a= 5, b= 3;
cout.setf ( ios :: left);               //设置输出数据左对齐
cout.width(3);                          //输出数据域宽为 3 个字符
cout << a << endl;                      //输出为 5 _ _
cout. unsetf ( ios :: left);            //取消输出数据左对齐的设置
cout.setf( ios :: right);               //设置输出数据右对齐
cout.width(3);                          //输出数据域宽为 5 个字符
cout << b << endl;                      //输出为 _ _3
```

3. 设置输出实数的显示格式

实数输出有两种格式：一是以定点格式显示，如 123.4 等；二是以科学格式显示，如 1.234000e+002。用 ios 类的成员函数 setf()设置其显示格式。例如：

```
float x = 123.4;
cout.setf( ios :: scientific);          //设置数据为科学格式显示
cout << x << endl;                      //输出为 1.234000e+ 002
cout. unsetf( ios :: scientific);       //取消科学格式显示
cout.setf( ios :: fixed);               //设置数据为定点格式显示
cout << x << endl;                      //输出为 123.400002
```

4. 设置输出实数的有效数字位数

方法一：使用 ios 类的成员函数 precision()。

```
float x = 1234567.8;
cout. precision( 3);                    //设置显示数据的有效数字为 3 位
cout << x << endl;                      //输出为 1.23e + 006
```

方法二：使用 C++语言库函数 setprecision()，此时需要在程序中包含库文件 iomanip。

```
float x = 1234567.8;
cout << setprecision(3);                //设置显示数据的有效数字为 3 位
cout << x << endl;                      //输出为 1.23e + 006
```

5. 设置输出域的填充字符

当输出域宽大于输出数据的长度时，默认的填充字符是空格。

方法一：使用 ios 类的成员函数 fill()。

```
float x = 123.4;
cout.width ( 10);                       //输出数据域宽为 10 个字符
cout.fill('*');                         //填充字符为'*'
cout << x << endl;                      //输出为*****123.4
```

方法二：使用 C++语言库函数 setfill()，此时需要在程序中包含库文件 iomanip。

```
float x = 123.4;
cout << setw( 10)<< setfill('#');       //输出数据域宽为 10 个字符，填充字符为'#'
cout << x << endl;                      //输出为#####123.4
```

14.2 文 件 流

文件是相关数据的集合。计算机中的程序、数据和文档通常都被组织成文件存放在外存储器中。事实上，由于 I/O 设备具有字节流特征，因此操作系统也把它们看作文件。例如，键盘是输入文件，显示器、打印机是输出文件。对于不同文件可能允许执行不同的操作。例如，对于磁盘文件，可以将数据写入文件中，也可以将数据从文件中取出；而对于打印机文件，只能将数据写入文件，而不能从打印机文件中读取数据。本节只关注磁盘文件。

为了便于区别，每个文件都有自己的名字(称为文件名)，程序可通过文件名来使用文件。文件名通常由字母开头的字母数字序列所组成，不同的计算机系统中文件名的组成规则有所不同。

在标准库文件 fstream 中定义了 3 个用于文件操作的文件类：

(1) ifstream 类：istream 的派生类，类中定义了磁盘文件数据向内存输入的有关操作，即用于文件的输入。但其具体的输入操作还要依靠定义该类的对象实现。

(2) ofstream 类：ostream 的派生类，定义了内存数据向磁盘文件输出的有关操作，即用于文件的输出。

(3) fstream 类：iostream 的派生类，定义了磁盘文件数据向内存输入和内存数据向磁盘文件输出的有关操作，即用于文件的输入/输出。

类的具体操作要靠类的实例——对象来实施。在键盘显示器输入/输出操作中，iostream 类的对象 cin 和 cout 已经定义好，可以直接使用；而 fstream 类中没有定义有关文件流的对象，需要用户在程序中自己定义。所以，在使用文件流对象时，首先要定义该对象。例如：

```
ifstream f1;      //定义一个名为 f1 的 ifstream 类对象
```

需要注意的是，在文件流中，输入/输出的对象还是内存中数据。把数据从内存写入文件称为输出，把数据从文件中读到内存中称为输入。

14.2.1 文件的打开与关闭

文件分为文本文件和二进制文件。文本文件也称 ASCII 码文件，其每个字节为字符的 ASCII 码，其文件扩展名一般为.txt，可以用文本编辑工具（记事本、Word 等）直接打开显示；二进制文件的每个字节为二进制数据，一般无法用文本编辑工具打开。

1. 打开文件

在操作文件之前，首先要打开文件。打开文件的主要目的有两点：

(1) 使文件通道（定义的文件流类的对象）与具体磁盘上的指定文件建立关联。

(2) 指定要操作的文件的打开方式，如文件是用于输入还是输出、文件是文本文件还是二进制文件等。

文件的打开方法有两种：

(1) 调用文件流类的成员函数 open()，在定义文件流类的对象后按指定的方式打开具体文件。其语法格式如下：

文件流对象名.open("磁盘文件名",打开方式);

例如：

```
ifstream f1;
f1.open("a1.dat" , ios_base::binary);
```

说明：在程序所在的当前目录下打开一个二进制文件 a1.dat，用于向内存空间输入数据，其中打开方式如表 14-1 所示。

表 14-1 文件打开方式说明

方　式	说　明
ios_base::app	以追加方式打开文件。若文件存在，则文件指针指向文件尾；否则产生一个新文件
ios_base::ate	打开一个已有文件，文件指针指向文件尾
ios_base::in	读方式打开文件。若文件不存在，则打开出错
ios_.base::out	写方式打开文件。若文件不存在，则产生一个新文件；若文件存在，则清空文件
ios_base::trunc	清空文件。若单独使用，则与 ios_base::out 等价
ios_base::binary	二进制方式打开文件，总是与读或写方式组合使用。不以 ios_base::binary 方式打开的文件都是文本文件

可以用“|”运算符对文件的打开方式进行组合。例如：

```
fstream f1("c1.txt" , ios_base::out | ios_base::app);
```

打开方式省略时，会根据流对象的类型采用默认打开方式。例如：

```
ofstream f2("b1.txt");
```

说明：在程序所在的当前目录下打开一个文本文件 bl.txt，用于存放内存中的输出数据。因为流对象类型为 ofstream，所以其默认打开方式为 ios_base::out。若流对象类型为 ifstream，则默认打开方式为 ios_base :: in。

(2) 调用文件流类的构造函数，在定义文件对象时按指定的方式打开有关文件。其语法格式如下：

```
类名 文件流对象名("磁盘文件名",打开方式);
```

例如：

```
ifstream f1("a1.dat" , ios_base::binary);
```

其与第一种方法的效果完全一样。

若打开文件的操作成功，则文件流对象为非零值；反之，打开文件的操作失败，文件流对象的值为 0。在程序中可以根据文件流对象的值来判断打开文件的操作是否成功。例如：

```
ifstream f1;
f1.open("a1.dat", ios_base::binary);
if(!f1)
      cout <<" open file error! "<< endl;      //文件打开失败,输出提示信息
```

2. 关闭文件

当打开一个文件进行读写后，应该显式地关闭该文件。用成员函数 close()关闭文件，语法格式如下：

```
文件流对象名.close();
```

例如：

```
ifstream f1("a1.dat", ios_base::binary);
if (!f1)
      cout << "输入文件不存在!" << endl;
...
f1.close();
```

成员函数 close()是无参函数。在关闭文件的过程中，系统把指定文件相关联的文件缓冲区中的数据写到文件中，保证文件的完整性，收回与该文件相关的内存空间供再分配；同时，把指定文件名与文件流对象的关联断开，结束程序对该文件的操作。

14.2.2 对文本文件的操作

文本文件是由 ASCII 字符组成的，且其读写方式是顺序的，这些均与键盘、显示器等标准设备的性质一样。因此，当文件流对象与指定的磁盘文件建立关联后，可以将输入文件看成键盘，输出文件看成显示器，适合 cin、cout 的所有操作同样适合于相应的文件流对象。

【例 14.1】 把文本文件 a1.txt 中的所有内容复制到文本文件 b1.txt 中。

```
#include <iostream>
#include <fstream>
using namespace std;
int main()
{    char ch;
     ifstream in("a1.txt");
     if (!in)
     {    cout << "a1.txt 文件不存在";
          return 1;
     }
     ofstream out("b1,txt");
     while (!in.eof())                    //L1
     {    in.get(ch);                     //L2
          out << ch;                      //L3
     }
     in.close();
     out.close();
     return 0;
}
```

对于 L1 行，当读到文件尾部时，in. eof 值为 1。该循环执行的条件是没有读到文件尾部。

L2 行中 in. get()函数的用法可以参见前面介绍的 cin. get()，其作用是从文件中读入一个字符，返回该字符的 ASCII 码值。

L3 行把上个语句读到的字符写入新 b1. txt 中。

程序的 L1～L3 行也可用以下语句代替：

```
while( in.get( ch)) out << ch;
```

【例 14.2】 已知文本文件 a1. txt 中有若干正整数，每个正整数之间用空格或换行符隔开，求文件中这些数的最大值。

```
#include <iostream>
#include <fstream>
using namespace std;
int main()
{    int a, max = 0;
     ifstream in("a1.txt");
     if (!in)
     {    cout << "a1.txt 文件不存在";
          return 1;
     }
     while (!in.eof())
     {    in >> a;       //从文件中读取一个整数,读取规则同 cin >>
          if (a > max)
               max = a;
     }
     cout << "最大值为" << max;
}
```

14.2.3 对二进制文件的操作

1. 二进制文件的读写

二进制文件是把内存中的数据按其在内存中的存储形式原样输出到磁盘上存放，所以读写二进制文件的单位是字节，而不是数据类型。通常是以“字节块”的方式读写二进制文件的，块的大小在读写函数中以参数的方式给出，相当于按字节数在内存和磁盘文件之间“复制”数据。

(1) 读入二进制文件的成员函数为 read()，其语法格式如下：

```
文件流对象名.read( ( char * )内存地址,读入的字节数);
```

例如：

```
int a[10];
ifstream f1("a1.dat" , ios_base :: binary);
f1.read((char * )a , 40);
```

以上语句将指定的磁盘文件以二进制输入文件的方式打开后，从该文件中顺序读取 40 字节的数据，并依次存放到数组 a 中。

read()函数不能判断是否读到文件末尾，需要用成员函数 eof()来判断输入文件是否结束。

(2) 以二进制形式输出数据至磁盘文件的成员函数为 write()，其语法格式如下：

```
文件流对象名. write(( char * )内存地址,输出的字节数);
```

二进制文件一般不能直接双击打开查看，要查看其中的内容，需要用 read()函数读取后再用 cout 输出。

【例 14.3】 将 100～200 存入二进制文件 a.dat 中，再从中读数，按每行 5 个数显示。

```
#include < iostream >
#include < fstream >
using namespace std;
int main()
{   int a;
    ofstream out("a.dat", ios_base::out | ios_base::binary);
    if (!out)
    {   cout << "文件不能打开";
        return 1;
    }
    for (int i = 100; i <= 200; i++)
        out.write((char * )&i, sizeof(int));                    //L1
    out.close();
    ifstream in("a.dat", ios_base::in | ios_base::binary);
    for (int i = 1; in.read((char * )&a, sizeof(int)); i++)    //L2
    {   cout << a << '\t';
        if (i % 5 == 0) cout << '\n';
    }
    in.close();
    return 0;
}
```

L1 行每次循环都把变量 i 中的当前值写到文件中。二进制文件一次读写的长度必须要指明,本例中为整型的长度 sizeof(int),即 4。

L2 行 in.read((char *)&a,sizeof(int))作为循环结束条件,当读完文件中所有数据之后该值为 0,循环结束。另外,该语句每执行一次,都会把当前数值读到变量 a 中。

2. 文件的随机访问

文本文件和二进制文件在进行读写时,存在一个指针指向当前读写位置。当文件被打开时,指针指向文件数据的起始位置。默认情况下,完成对前一位置的读写操作后,指针会往后顺序移动一个单位,指向下一个读写位置。

在读写文本文件时,指针只能顺序移动,无法直接移动到指定位置,故文本文件只能从前往后顺序读写。

而二进制文件中允许对指针进行控制,使之移动到用户指定的位置上,在当前位置处进行读写操作,这种操作称为对文件的随机访问。在随机访问中,可以通过指针的控制函数来指定指针位置。

文件指针的控制函数也是文件流对象的成员函数。

(1) 控制读指针的成员函数的语法格式如下:

```
文件流对象名.seekg(<偏移量>,<参照位置>);
```

其中,偏移量的单位是字节,可以是负数,表示指针向文件头方向移动;参照位置是一个枚举常量,必须是下列 3 种之一:

① ios::beg:表示文件开头,这是默认值。

② ios::cur:表示指针所在的当前位置。

③ ios::end:表示文件末尾。

例如:

```
f1.seekg(100);                  //将文件指针从文件头向后移动 100 字节
f1.seekg(50, ios::cur );        //将文件指针从当前位置后移 50 字节
f1.seekg( - 100, ios::end);     //将文件指针从文件末尾向前移动 100 字节
```

(2) 控制写指针的成员函数的语法格式如下:

```
文件流对象名.seekp(<偏移量>,<参照位置>);
```

其具体参数的解释同上。

此外,还有 3 个常用的文件指针相关函数,分别是 gcount()——返回最后一次输入所读入的字节数,tellg()——返回输入文件的文件指针的当前位置,tellp()——返回输出文件的文件指针的当前位置。

【例 14.4】 在例 14.3 产生的二进制文件 a.dat 中,读取其中第 5、10、15、20 个数据。

```
#include < iostream >
#include < fstream >
using namespace std;
int main()
{   int i, x;
    ifstream in("a.dat", ios_base::in | ios_base::binary);
```

```
    in.seekg(4 * sizeof(int));
    for (i = 5; i <= 20 && in.read((char *)&x, sizeof(int)); i += 4)   //L1
    {   in.seekg(4 * sizeof(int), ios::cur);                            //L2
        cout << x << '\t';
    }
    in.close();
}
```

L1 行中执行 in.read((char *)&x,sizeof(int))语句时,在读取完当前单位后,文件指针会往后移动一个单位,所以 L2 行中只要让指针再移动 4 个单位即可。

14.3 字 符 串 流

字符串流以内存中用户定义的字符串或字符数组为输入/输出对象,也称为内存流。在该字符数组中可以存放字符、整型数、浮点型及其他类型的数据。

字符串流有相应的缓冲区,以字符数组为例,开始时流缓冲区是空的。如果向字符数组存入数据,则首先会向流插入数据,流缓冲区中的数据不断增加,待缓冲区满了(或遇换行符),其中的数据才会一起存入字符数组;如果是从字符数组读数据,则先将字符数组中的数据送到流缓冲区,然后从缓冲区中提取数据赋给有关变量。

需要注意的是,在向字符数组存入数据前,要先将数据从二进制转换为 ASCII 代码,然后存放在缓冲区,再从缓冲区存放到字符数组;从字符数组读数据时,要先将字符数组中的ASCII 数据送到缓冲区,在赋值给变量前先要将 ASCII 代码转换成二进制形式。也就是说,字符串流的输入/输出可以视为 ASCII 文件对象。

但是,由于输出字符串流是在内存中开辟的字符数组,用户不可能直观地看到,因此该输出字符串流还要再用 cout 语句,才能在屏幕上显示出来。

字符串流是在头文件 strstream 中定义的,因此在程序中用到有关字符串流的对象时,应包含头文件 strstream。

1. 建立输出字符串流对象

建立输出字符串流对象的语法格式如下:

```
ostrstream::ostrstream( char * buffer,int n,int mode = ios::out);
```

其中,buffer 是指字符数组首元素的指针;n 为指定流缓冲区的大小;第 3 个参数可选,默认为 ios::out。

例如:

```
char str[50];
ostrstream strout( str,50);
```

表示建立了字符串流对象 strout,并将 strout 定位到字符数组 str,使字符数组 str 作为输出字符串的对象,流缓冲区的大小为 50 字节。

2. 建立输入字符串流对象

建立输入字符串流对象的语法格式如下:

```
istrstream::istrstream( char * buffer);
```

或

```
istrstream::istrstream( char * buffer,int n);
```

其中,buffer是指向字符数组首元素的指针,n为指定流缓冲区的大小。

3. 建立输入/输出字符串流对象

建立输入/输出字符串流对象的语法格式如下：

```
strstream::strstream( char * buffer,int n,int mode);
```

其中,buffer是指向字符数组首元素的指针,n为指定流缓冲区的大小,mode为以输入/输出方式建立字符串流对象。

例如：

```
char str[50];
strstream strio(str, 50, ios_base::in | ios_base::out);
```

表示以输入/输出方式建立了字符串流对象strio,并将其定位到字符数组str,使字符数组str作为输入和输出字符串的对象,流缓冲区的大小为50字节。

习　　题

一、选择题

1. 在C++语言中,打开一个文件时与该文件建立联系的是________。

   A. 流对象　　B. 模板　　C. 函数　　D. 类

2. 常用于输入的cin是________。

   A. 类名　　B. 对象名　　C. 函数名　　D. C++语言的关键字

3. 在C++语言中既可以用于文件输入又可以用于文件输出的流类是________。

   A. fstream　　B. ifstream　　C. ofstream　　D. iostream

4. 下列关于字符串流的说法中正确的是________。

   A. 字符串流中只能存放字符,不能存放其他类型的数据

   B. 在输入过程中,字符串流一接收到数据,就会存入变量中

   C. 在向变量存入数据前,数据会先从二进制转换为ASCII码

   D. 用户可以直观地看到字符串流

5. 执行下列程序：

```
char a[200];
cin.getline(a,200,' ');
cout << a;
```

若输入abcd 1234↙,则输出为________。

   A. abcd　　B. abcd 1234　　C. 1234　　D. 出错

6. 以下代码运行结果为________。

```
cout.fill('#');
cout.width(10);
cout << setiosflags(ios::left) << 123.456;
```

A. 123.456###　　B. 123.456000

C. ###123.456　　D. 123.456

7. 某文件用以下代码打开：

```
ifstream f1("a1.dat,ios::in)
```

则该文件可以执行下列________操作。

A. 顺序方式写文件　　B. 顺序方式读文件

C. 随机方式写文件　　D. 随机方式读文件

二、填空题

1. 以下程序的运行结果是________。

```
#include < iostream >
using namespace std;
int main()
{    cout.fill('#');
     cout.width(8);
     cout << 12.34 << endl;
     cout.width(4);
     cout << 12.34 << endl;
}
```

2. 以下程序的运行结果是________。

```
#include < iostream >
#include < fstream >
using namespace std;
int main()
{    fstream f1;
     f1.open("a1.dat", ios_base::out | ios_base::in | ios_base::trunc);
     char a[] = "1234567890\nabcdefghij";
     for (int i = 0; i < sizeof(a); i++)
          f1 << a[i];
     f1.seekg(5);
     char ch;
     while (f1.get(ch))
          cout << ch;
     f1.close();
}
```

3. a1.txt 中已有字符"abcd",以下程序运行后,b1.txt 中的字符为________。

```
#include < iostream >
#include < fstream >
using namespace std;
int main()
```

```
{   int i = 1;
    char c[10];
    ifstream f1("a1.txt");
    ofstream f2("b1.txt");
    f2 << "copy:";
    f1.getline(c, 9);
    f2 << c << endl;
    f1.close();
    f2.close();
}
```

三、编程题

1. 从文本文件 a1.txt 中输入 10 个整型数据(该文本文件已存在,含有数据),计算出它们的和与平均值,将结果输出到文件 b1.txt 中。

2. 文本文件 abc.txt 已存在,内含多个字符,编写程序统计其中字符个数。

3. 设计一个包含姓名、学号和成绩的学生结构体,将 3 个学生的数据写入二进制文件 stu.dat 中。

第 15 章　*模板和异常处理

模板和异常处理是 C++语言的重要特性。模板机制通过数据类型参数化，实现更为通用的程序模块，使程序员能够快速建立类型安全的类库集合和函数集合，提高了程序的开发效率，方便了更大规模的软件开发。异常处理机制提供了结构化的出错处理模式。

15.1　模　　板

若一个程序的功能是对某种特定的数据类型进行处理，那么将所处理的数据类型说明为参数，就可把该程序改写为模板。模板可以让程序对其他任何数据类型以同样的方式进行处理。

C++语言程序由函数和类组成，故模板分为函数模板（function template）和类模板（class template）。

15.1.1　函数模板

有以下 3 个 max()函数，它们分别对 int、double、char 3 种不同的数据类型取较大值：

```
int max(int x,int y) { return (x > y) ? x : y; }
double max(double x,double y) { return (x > y) ? x : y; }
char max(char x,char y) { return (x > y) ? x : y; }
```

以上 3 个函数非常相似，它们有相同的函数名 max，相同的函数体{return(x>y)? x : y;}，完成的功能也相同（取 x、y 两者中的较大值），但因为参数类型不一样，所以它们是 3 个不同的函数。我们从这些参数类型不同但又相似的函数中提取相同部分，构成一个通用函数，其可以适用于不同类型的数据，有效地减少了代码的重用，这样模板就出现了。

函数模板的实质是通过数据类型的参数化，把一组不同类型的函数表示为统一的形式。

1. 函数模板的概念

函数模板的一般定义格式如下：

```
template <[class|typename] 模板参数表>
函数类型　函数名(函数参数表)
{
    //函数体
}
```

其中，template 是定义模板用的关键字，一对尖括号中的 class 或 typename 是定义模板参数数据类型标识符的关键字，模板参数表中可以有一个或多个参数。模板参数常用 T 表示，也可以用其他标识符作为模板参数的名称，各个参数间用逗号分隔。

说明：

（1）函数模板代表了一类函数，并不是一个具体的函数，编译系统不为其产生目标代码。

（2）如果函数模板要实现具体的函数功能，必须将函数模板中的抽象类型用具体的数据类型替代，产生具体的函数，即将其实例化成为模板函数，如图 15-1 所示。

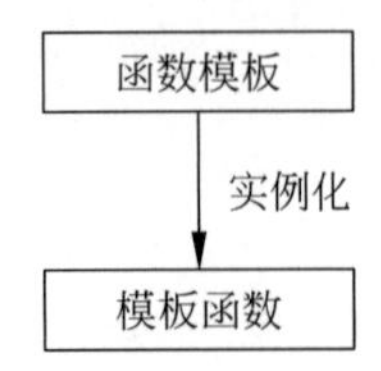

图 15-1　函数模板与模板函数的关系

（3）调用函数模板时，编译器自动确定模板实参，函数模板的调用方法同一般的函数调用一致。

2. 函数模板的应用

【例 15.1】 使用函数模板返回两个数据中的较大值。

问题分析：可以从函数模板的结构入手。

程序如下：

```
#include <iostream>
using namespace std;
template <class T>
T max(T x, T y)          //定义取较大值的函数模板 Max
{ return (x > y) ? x : y; }
int main()
{    int m = 2, n = 6;
     double a = 8.5, b = 6.9;
     char c = 'h', d = 'e';
     cout << "m、n 两数的较大值为 : "<< max(m, n) << endl;
     cout << "a、b 两数的较大值为 : "<< max(a, b) << endl;
     cout << "c、d 两数的较大值为 : "<< max(c, d) << endl;
     return 0;
}
```

程序运行结果如下：

```
m、n 两数的较大值为:6
a、b 两数的较大值为:8.5
c、d 两数的较大值为:h
```

程序分析：当程序运行到 max(m,n)语句时，调用函数模板，此时函数模板中的 T 被 int 取代；类似地，当程序运行到 max(a,b)语句时，调用函数模板，函数模板中的 T 被 double 取代；运行到 max(c,d)语句时，调用函数模板，此时函数模板中的 T 被 char 取代。

类型参数可以不止一个，根据需要确定个数即可。

以下是一个定义了两个类型参数的函数模板：

```
template <class T1,class T2 >
void fun(T1 x,T2 y)
```

```
{
    //函数体
}
```

3. 函数模板的重载

与函数重载类似，当模板参数表和函数参数表不同时，函数模板也可以重载。

【例 15.2】 利用函数重载和函数模板重载完成不同的功能。

```
#include <iostream>
using namespace std;
template <class T>                          //求两个数和的函数模板
T fun(T x, T y)
{ return x + y; }
template <class T>                          //求三个数和的函数模板
T fun(T x, T y, T z)
{ return x + y + z; }
int fun(int x, int y)                       //求两个数中较大者的普通函数
{ return (x > y) ? x : y; }
int main()
{   cout << fun(1, 2) << endl;              //调用普通函数 int fun(int x,int y)
    cout << fun(1.0, 2.0) << endl;          //调用函数模板 T fun(T x,T y)
    cout << fun(1.0, 2.0, 3.0) << endl;     //调用函数模板 T fun(T x,T y,T z)
}
```

程序运行结果如下：

```
2
3.0
6.0
```

说明：当有多个函数和函数模板名字相同的情况下，编译器按如下顺序处理一条函数调用语句：

(1) 查找参数完全匹配的普通函数(非由函数模板实例化而得到的函数)。

(2) 查找参数完全匹配的模板函数。

(3) 查找实参参数经过自动类型转换后匹配的普通函数。

(4) 上面 3 种情况都找不到，报错。

注意：编译器不会将实参参数自动类型转换后匹配模板函数。

15.1.2 类模板

使用 template 关键字可以定义函数模板，还可以定义类模板。类模板的实质是通过数据类型的参数化，把一组不同数据类型的类表示为统一的形式。

当两个或两个以上的类成员组成相同，成员函数相同，具有相同的功能，只有数据成员的类型不同，这种情况下可以建立一个类模板。

1. 类模板的概念

类模板的一般定义形式如下：

```
template <模板参数表>
class <类名>
```

```
{
    //类体说明
};
```


其中,模板参数表与函数模板定义相同。类模板的成员函数定义时的类模板名与类模板定义时一致,类模板不是一个真实的类,需要使用具体的数据类型替换模板的参数,从而生成具体的类,称为模板类。

成员函数可以在类模板内定义,也可以在类模板外定义。在类模板内定义成员函数时,与普通类成员函数的定义方法相同;在类模板外定义时,如果该成员函数中有模板参数,需先进行如下的模板声明,再用类模板名。

类模板成员函数定义形式如下:

```
template <模板参数表>
返回类型 类模板名<模板参数名表>::成员函数名(形式参数表)
{
    //成员函数定义
};
```

2. 类模板的应用

使用类模板时,首先将模板参数替换成具体的数据类型,得到的具体的类称为模板类。模板类是类模板的实例化,可以定义对象,并使用对象所完成的功能。

类模板、模板类与对象的关系如图 15-2 所示。

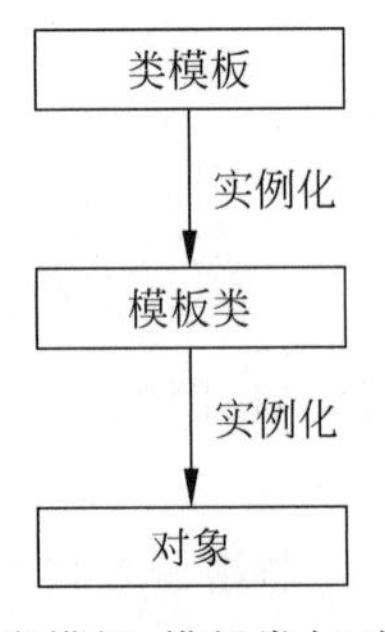

图 15-2 类模板、模板类与对象的关系

【例 15.3】 设计矩形类 Rect,包含长度和宽度两个数据成员。编写一个类模板,用整型类型和实数型类型实现类中的操作。

```
#include <iostream>
using namespace std;
template <class T>
class Rect {
private:
     T x, y;
     public : Rect(T, T);
     Rect(Rect &);
     T Recp();
};
template <class T>
Rect<T>::Rect(T a, T b)
{    x = a;
```

```
        y = b;
    }
    template < class T >
    Rect < T >::Rect(Rect &R)
    {   x = R.x;
        y = R.y;
    }
    template < class T >
    T Rect < T >::Recp() { return x * y; }
    int main()
    {   Rect < int > R1(5, 8);
        Rect < float > R2(5.6, 9.0);
        cout << "R1 的面积是"<< R1.Recp()<< "\n "<< "R2 的面积是"<< R2.Recp()<< "\n ";
        return 0;
    }
```

程序运行结果如下：

```
R1 的面积是 40
R2 的面积是 50.4
```

15.2 异常处理

15.2.1 异常处理的概念

程序在运行过程中会出现一些可以预料、难以避免的状况，这些意外状况称为异常。例如，除数为 0、输入数据时类型不匹配、打开文件时文件丢失等都是常见的异常状况。

对程序中出现的异常状况进行的处理称为异常处理。C++语言处理程序中应考虑在异常发生时，需尽可能地减少破坏，不影响其他部分程序的运行，告知用户异常的具体信息。

15.2.2 异常处理机制

C++语言中，将程序中的正常处理代码与异常处理代码通过抛出、检测与捕获明显地区分开来的技术称为异常处理机制。异常处理机制通常由抛出异常和异常检测、捕获两部分组成。

1. 抛出异常

C++语言中，在异常之处使用 throw 关键字来实现异常的抛出。

对于 throw 异常的抛出，可以直接在 try 语句块内实现，也可以在函数或类方法的内部实现。

抛出异常的一般语法格式如下：

```
throw 表达式;
```

其中，表达式可以是基本数据类型、构造数据类型和类类型等任何类型。

2. 异常检测、捕获

当一个异常被抛出时，不一定在异常抛出的位置来处理这个异常，可以在其他地方通过捕获异常信息后再进行处理。

如果在函数内抛出一个异常,将在异常抛出时退出函数。如果不想在异常抛出时退出函数,可在函数内创建一个特殊块,用于解决实际程序中的问题。这个特殊块由 try 关键字组成。在 try 块后必须紧跟一个或多个 catch 语句,构成 try-catch 语句块,以捕获并处理 try 块结构检测的异常。

异常的检测、捕获的一般语法格式如下:

```
try
{  //try 语句块  }
catch(数据类型 1  形式参数)
{  //数据类型 1 的具体异常处理语句;  }
catch(数据类型 2  形式参数)
{  //数据类型 2 的具体异常处理语句;  }
…
catch(数据类型 n  形式参数)
{  //数据类型 n 的具体异常处理语句;  }
```

其中,try 语句需与 catch 语句配套使用。

一个 try-catch 语句块中只能有一个 try 语句块,可以有多个 catch 语句块。catch 子块中的数据类型不能重复,可以缺省形式参数,缺省时用省略号"…"表示任何数据类型。执行时先以正常的顺序执行到 try 语句,然后执行 try 块内的语句。如果执行 try 语句期间执行到 throw 语句,抛出一个异常,转而执行与之类型配套的 catch 块捕捉这个异常。catch 语句块执行结束后,会继续执行 catch 块后的代码。如果执行 try 语句期间没有执行到 throw 语句,即没有抛出异常,那么 try 语句执行结束后,跳过 catch 语句,转而执行 catch 语句之后的代码。

【例 15.4】 除数为 0 的异常处理。

问题分析:

(1) 该问题可以用异常处理机制实现。

(2) 从键盘输入两个数,进行除法运算。如果除数为 0,抛出异常;如果除数不为 0,不能整除,抛出异常;如果除数不为 0,可以整除的情况下输出运算结果。

程序如下:

```
#include <iostream>
using namespace std;
int Div(int a, int b)
{   if (b == 0)
          throw b;
    if (a % b)
          throw(double) b;                    //如果 a % b!= 0,抛出异常
    return a / b;
}
int main()
{   int a, b;
    cout <<"请输入两个数 a b : ";
    cin >> a >> b;
    try
    { cout << a << "/ "<< b << " = "<< Div(a, b) << endl; }
    catch (int)
    { cout <<"除数为 0 ! "; }
```

```
    catch (double)
    { cout <<"除不尽！"; }
    return 0;
}
```

程序运行结果如下：

```
请输入两个数 a  b: 6    3       a/b = 2
请输入两个数 a  b: 5    3       除不尽!
请输入两个数 a  b: 8    0       除数为 0!
```

说明：

(1) 一个 try 块中可以有多条 throw 语句，抛出多个异常。

(2) 抛出一个异常时，根据抛出异常的数据类型与 catch 后圆括号中的数据类型进行匹配。

15.2.3 指定函数抛出的异常类型

为了方便用户对所调用的函数进行异常检测和捕获处理，在定义和声明函数时需要指定函数向外抛出的异常类型。其一般语法格式如下：

返回类型　函数名(参数表)throw(类型列表)
{　函数体　}

说明：

(1) 如果类型列表中有多个异常类型，则相互之间应用逗号分隔开来。例如：

```
void f() throw( int, float, char * );
```

表明 f()函数可能抛出 int、float、char * 类型的异常。

(2) 若类型列表为空，则表明该函数不抛出任何类型的异常。例如：

```
void f() throw();
```

(3) 若在函数的声明中没有指定抛出的异常类型，则表明该函数可抛出任何类型的异常。例如：

```
void f() ;
```

在例 15.4 的程序中，可以将 Div()函数改写为如下声明：

```
int Div(int a, int b) throw( int );
```

可以清楚地看出函数 Div()抛出整型异常，方便对所调用的函数进行异常检测和捕获处理。

关键字 throw 一方面和类型类表给出了函数可能抛出的异常，另一方面也限制了该函数仅能抛出这些类型的异常。

15.2.4 异常处理的嵌套

一个 try 语句块中可以含有另一个 try 语句块，称为异常处理的嵌套。当内层 try 语句的执行中产生异常时，首先在内层 try 语句块之后的 catch 语句序列中查找与之匹配的处理，如果内层不存在能捕获相应异常的 catch 语句，则逐步向外层进行查找。

【例 15.5】 异常处理的嵌套。

```
#include <iostream>
using namespace std;
void f(int k)
{    try
     {    if (k < 0)
               throw k;
          if (k > 100)
               throw 'a';
     }
     catch (int)
     { std::cout <<"Caught int exception.\n"; }
}
int main()
{    try
     {    f(-2);
          f(120);
     }
     catch (...)
     { std::cout <<"Caught default exception.\n"; }
     return 0;
}
```

程序运行结果如下：

```
Caught int exception.
Caught default exception.
```

本程序主函数的 try 语句块中含有对 f()函数的调用，而 f()函数中又包含 try 语句块，因此这是一个异常处理的嵌套情况。函数 f()中抛出的异常对象 k 由本函数中的 catch(int)捕获，而抛出的另一个异常对象 a 由主函数中的 catch(...)捕获。

15.2.5 重新抛出异常

如果一个函数在执行过程中抛出的异常在本函数内就被 catch 语句块捕获并处理，那么该异常就不会抛给该函数的调用者(上一层的函数)；如果异常在本函数中没有被处理，就会抛给上一层的函数，由上一层的异常处理函数捕获。

【例 15.6】 重新抛出异常。

```
#include <iostream>
using namespace std;
void Handler()
{    try
     { throw "error";}
     catch (char * )
     {    cout <<"Caught char *  inside Hander\n";
```

```
            throw;          //重新抛出异常
        }
}
int main()
{   cout <<"main() begin\n";
    try
    { Handler(); }
    catch (char * )
    { cout <<"Caught char *  inside main\n"; }
    cout <<"main() end\n";
    return 0;
}
```

程序运行结果如下：

```
main() begin
Caught char *  inside Hander.
Caught char *  inside main.
main() end
```

说明：

重新抛出异常需要使用不带表达式的 throw 语句，语法格式如下：

```
throw;
```

15.2.6 构造函数中的异常处理

由于构造函数不允许有返回类型，因此对于构造函数执行过程中出现的错误，无法通过返回值来报告运行状态，只能强行终止或通过异常来处理。通过异常来处理构造函数出错时，如果构造函数尚未执行完毕，流程就离开了构造函数，则系统未能成功创建完整的对象，系统会保证不调用析构函数撤销该未创建的对象。

【例 15.7】 用异常处理构造函数中的出错。

```
#include <iostream>
#include <string>
using namespace std;
class String {
    char * ptr;
public:
    String(char * s = NULL)                     //构造函数
    {   cout <<"Constructor is called.\n";
        if (!s)
            throw 0;                            //抛出异常
        ptr = new char[strlen(s) + 1];
        if (!ptr)
            throw "error";                      //抛出异常
        strcpy(ptr, s);
    }
    ~String()
    {   delete[] ptr;
        cout <<"Destructor is called.\n";
    }
```

```
    void show() { cout << ptr << endl; }
};
int main()
{   try
    {   String s1("Tom");
        s1.show();
        String s2;
        s2.show();
    }
    catch (int)
    { cout <<"exception of empty string.\n"; }
    catch (char * )
    { cout <<"exception of memory allocate.\n"; }
    return 0;
}
```

程序运行结果如下：

```
Constructor is called.
Tom
Constructor is called.
Destructor is called.
exception of empty string.
```

习　　题

一、填空题

1. 以下程序的运行结果第 1 行是________，第 2 行是________。

```
#include <iostream>
using namespace std;
template <class T>
void swapx(T &x, T &y)
{   T t = x;
    x = y;
    y = t;
}
int main()
{   int m = 2, n = 3;
    double a = 2.6, b = 3.5;
    swapx(m, n);
    cout << "m = " << m << ",n = " << n << "\n";
    swapx(a, b);
    cout << "a = " << a << ",b = " << b << "\n";
    return 0;
}
```

2. 以下程序的运行结果第 1 行是________，第 2 行是________。

```
#include <iostream>
using namespace std;
```

```
template < class T >
class S {
    T x, y;
public:
    S(T a, T b)
    {   x = a;
        y = b;
    }
    T Sum()
    {   y = 2 * x + y;
        return y;
    }
};
int main()
{   S < double > A1(3.2, 5.1);
    S < int > A2(5, 10);
    cout << A1.Sum() << "\n"
         << A2.Sum() << "\n";
    return 0;
}
```

二、编程题

1. 设计一个函数模板 sort < T >,采用冒泡法对数组进行排序,以整型和字符型对数组分别进行调用。

2. 编写一个程序,求数的阶乘,并用异常处理机制检测负数的情况。

附录 A　基本 ASCII 码表

八进制	十六进制	十进制	字符	八进制	十六进制	十进制	字符
0	00	0	NULL	42	22	34	"
1	01	1	SOH	43	23	35	#
2	02	2	STX	44	24	36	$
3	03	3	ETX	45	25	37	%
4	04	4	EOT	46	26	38	&
5	05	5	ENQ	47	27	39	`
6	06	6	ACK	50	28	40	(
7	07	7	BELL	51	29	41	)
10	08	8	BS	52	2A	42	*
11	09	9	HT	53	2B	43	+
12	0A	10	LF	54	2C	44	,
13	0B	11	VT	55	2D	45	−
14	0C	12	FF	56	2E	46	.
15	0D	13	CR	57	2F	47	/
16	0E	14	SO	60	30	48	0
17	0F	15	SI	61	31	49	1
20	10	16	DLE	62	32	50	2
21	11	17	DC1	63	33	51	3
22	12	18	DC2	64	34	52	4
23	13	19	DC3	65	35	53	5
24	14	20	DC4	66	36	54	6
25	15	21	NAK	67	37	55	7
26	16	22	AYN	70	38	56	8
27	17	23	ETB	71	39	57	9
30	18	24	CAN	72	3A	58	:
31	19	25	EM	73	3B	59	;
32	1A	26	SUB	74	3C	60	<
33	1B	27	ESC	75	3D	61	=
34	1C	28	FS	76	3E	62	>
35	1D	29	GS	77	3F	63	?
36	1E	30	RS	100	40	64	@
37	1F	31	US	101	41	65	A
40	20	32	SP	102	42	66	B
41	21	33	!	103	43	67	C

续表

八进制	十六进制	十进制	字符	八进制	十六进制	十进制	字符
104	44	68	D	142	62	98	b
105	45	69	E	143	63	99	c
106	46	70	F	144	64	100	d
107	47	71	G	145	65	101	e
110	48	72	H	146	66	102	f
111	49	73	I	147	67	103	g
112	4A	74	J	150	68	104	h
113	4B	75	K	151	69	105	i
114	4C	76	L	152	6A	106	j
115	4D	77	M	153	6B	107	k
116	4E	78	N	154	6C	108	l
117	4F	79	O	155	6D	109	m
120	50	80	P	156	6E	110	n
121	51	81	Q	157	6F	111	o
122	52	82	R	160	70	112	p
123	53	83	S	161	71	113	q
124	54	84	T	162	72	114	r
125	55	85	U	163	73	115	s
126	56	86	V	164	74	116	t
127	57	87	W	165	75	117	u
130	58	88	X	166	76	118	v
131	59	89	Y	167	77	119	w
132	5A	90	Z	170	78	120	x
133	5B	91	[	171	79	121	y
134	5C	92	\	172	7A	122	z
135	5D	93	]	173	7B	123	{
136	5E	94	^	174	7C	124	|
137	5F	95	_	175	7D	125	}
140	60	96	'	176	7E	126	～
141	61	97	a	177	7F	127	del

附录B　C++语言运算符优先级及结合性

优先级	运算符	描述	示　　例	结合性
1	()	分组	(a+b)/4;	由左至右
	[]	数据访问	array[4]=2;	
	->	访问指针成员	ptr-> age=34;	
	.	访问对象成员	obj. age=34;	
	::	作用域	Class::age=2;	
	++	后缀递增	for(i=0; i<10; i++) ...	
	--	后缀递减	for(i=10; i>0; i--) ...	
2	!	逻辑非	if(! done) ...	由右至左
	~	按位取反	flags=~flags;	
	++	前缀递增	for(i=0; i<10; ++i) ...	
	--	前缀递增	for(i=10; i>0; --i) ...	
	-	负号	int i=-1;	
	+	正号	int i=+1;	
	*	取指针指向的值	data= * ptr;	
	&	取地址	address= &obj;	
	(type)	按给定类型转换	int i=(int)	
	sizeof	返回字节大小	float Num;	
			int size=sizeof(floatNum);	
3	->*	成员指针选择	ptr->* var=24;	由左至右
	. *	成员对象选择	obj. * var=24;	
4	*	乘	int i=2 * 4;	由左至右
	/	除	float f=10/3;	
	%	取余(模)	int rem=4%3;	
5	+	加	int i=2+3;	由左至右
	-	减	int i=5-1;	
6	<<	按位左移	int flags=33 << 1;	由左至右
	>>	按位右移	int flags=33 >> 1;	
7	<	小于	if(i<42) ...	由左至右
	<=	小于或等于	if(i<=42) ...	
	>	大于	if(i>42) ...	
	>=	大于或等于	if(i>=42) ...	
8	==	相等	if(i==42) ...	由左至右
	!=	不等	if(i !=42) ...	
9	&	按位与	flags=flags&42;	由左至右

续表

<table>
<tr><th>优先级</th><th>运算符</th><th>描述</th><th>示　　例</th><th>结合性</th></tr>
<tr><td>10</td><td>^</td><td>按位异或</td><td>flags＝flags^42；</td><td>由左至右</td></tr>
<tr><td>11</td><td>|</td><td>按位或</td><td>flags＝flags|42；</td><td>由左至右</td></tr>
<tr><td>12</td><td>&&</td><td>逻辑与</td><td>if(conditionA && conditionB) ...</td><td>由左至右</td></tr>
<tr><td>13</td><td>||</td><td>逻辑或</td><td>if(conditionA||
conditionB) ...</td><td>由左至右</td></tr>
<tr><td>14</td><td>? :</td><td>三元条件</td><td>int i＝(a>b) ? a : b；</td><td>由右至左</td></tr>
<tr><td rowspan="11">15</td><td>＝</td><td>赋值</td><td>int a＝b；</td><td rowspan="11">由右至左</td></tr>
<tr><td>＋＝</td><td>加并赋值</td><td>a＋＝3；</td></tr>
<tr><td>－＝</td><td>减并赋值</td><td>b－＝4；</td></tr>
<tr><td>*＝</td><td>乘并赋值</td><td>a *＝5；</td></tr>
<tr><td>/＝</td><td>除并赋值</td><td>a /＝2；</td></tr>
<tr><td>%＝</td><td>模并赋值</td><td>a %＝3；</td></tr>
<tr><td>&＝</td><td>按位与并赋值</td><td>flags &＝new_flags；</td></tr>
<tr><td>^＝</td><td>按位异或并赋值</td><td>flags ^＝new_flags；</td></tr>
<tr><td>|＝</td><td>按位或并赋值</td><td>flags |＝new_flags；</td></tr>
<tr><td><<＝</td><td>按位左移并赋值</td><td>flags <<＝2；</td></tr>
<tr><td>>>＝</td><td>按位右移并赋值</td><td>flags >>＝2；</td></tr>
<tr><td>16</td><td>,</td><td>逗号</td><td>for(i＝0,j＝0；i<10；i＋＋,j＋＋) ...</td><td>由左至右</td></tr>
</table>

附录 C　C++语言常用的库函数

1. 常用数学函数

头文件#include < cmath >。

函数原型	功　　能
double acos(double x)	计算并返回 arccos(x)的值,要求$-1\leqslant x\leqslant 1$
double asin(double x)	计算并返回 arcsin(x)的值,要求$-1\leqslant x\leqslant 1$
double atan(double x)	计算并返回 arctan(x)的值
double ceil(double x)	取不小于 x 的最小整数并以双精度数返回
double cos(double x)	计算并返回 cos(x)的值
double cosh(double x)	计算并返回双曲余弦 cosh(x)的值
double exp(double x)	计算并返回 ex 的值
double fabs(double x)	计算并返回实数 x 的绝对值
double floor(double x)	计算并以双精度返回不大于 x 的整数
double fmod(double x,double y)	计算并以双精度数返回 x/y 的余数
double log(double x)	计算并返回 x 的自然对数 ln(x)的值
double log10(double x)	计算并返回 x 的常用对数 log10(x)的值
double log2(double x)	计算并返回 x 的以 2 为底的对数 log2(x)的值
double modf(double x,double * y)	取 x 的整数部分送到 y 所指向的单元格中,返回 x 的小数部分
double pow(double x,double y)	计算并返回 xy 的值
double round(double x)	四舍五入取整,求最接近 x 的整数
double sin(double x)	计算并返回 sin(x)的值,x 的单位为弧度
double sinh(double x)	计算并返回 x 的双曲正弦 sin(x)的值
double sqrt(double x)	计算并返回$\sqrt{x}$的值,$x\geqslant 0$
double tan(double x)	计算并返回 tan(x)的值,x 的单位为弧度
double tanh(double x)	计算并返回 x 的双曲正切 tanh(x)的值
double trunc(double x)	舍弃取整,取浮点数的整数部分,舍弃小数部分

2. 常用字符串处理函数

头文件#include < string >。

函数原型	功　　能
void * memcpy(void * p1, const void * p2,size_t n)	将 p2 所指向的内存区域前 n 字节复制到 p1 所指向的存储区中,返回目的存储区的起始地址
void * memset(void * p,int v,size_t n)	将 v 的值作为 p 所指向的区域的值,n 是 p 所指向区域的大小,返回该区域的起始地址
char * strcpy(char * p1, const char * p2)	将 p2 所指向的字符串复制到 p1 所指向的存储区中,返回目的存储区的起始地址

续表

函数原型	功　　能
char * strcat(char * p1, const char * p2)	将p2所指向的字符串连接到p1所指向的字符串后面，返回目的存储区的起始地址
int strcmp(const char * p1, const char * p2)	比较p1和p2所指向的两个字符串的大小，两个字符串相同，返回0；若p1所指向的字符串小于p2所指向的字符串，返回负值；否则，返回正值
int strlen(const char * p)	求p所指向的字符串的长度，返回字符串所包含的字符个数（不包括字符串结束标志'\n'）
char * strncpy(char * p1, const char * p2, size_t n)	将p2所指向的字符串（至多n个字符）复制到p1所指向的存储区中，返回目的存储区的起始地址
char * strncat(char * p1, const char * p2, size_t n)	将p2所指向的字符串（至多n个字符）连接到p1所指向的字符串的后面，返回目的存储区的起始地址
char * strncmp(const char * p1, const char * p2, size_t n)	比较p1、p2所指向的两个字符串的大小，至多比较n个字符。两个字符串相同，返回0；若p1所指向的字符串 小于p2所指向的字符串，返回负值；否则，返回正值
char * strstr(const char * p1, const char * p2)	判断p2所指向的字符串是否是p1所指向的字符串的子串，若是子串，则返回开始位置的地址；否则返回0

3. 实现键盘和文件输入/输出的成员函数

头文件#include <iostream>。

函数原型	功　　能
cin >> v	输入变量v的值
cout << exp	输出表达式exp的值
istream& istream::get(char &c)	输入字符送给变量c
istream& istream::get(char * ,int ,char =‘\n’)	输入一行字符串
istream& istream::getline(char * ,int ,char =‘\n’)	输入一行字符串
void ifstream::open(const char * , int = ios::in, int = filebuf::openprot)	打开输入文件
void ofstream::open(const char * , int = ios::out, int = filebuf::openprot)	打开输出文件
void fsream::open(const char * ,int ,int=filebuf::openprot)	打开输入/输出文件
ifstream::ifstream(const char * ,int=ios::in,int =	构造函数打开输入文件
ofstream::ofstream(const char * , int = ios::out, int = filebuf::openprot)	构造函数打开输出函数
fstream::fstream(const char * ,int ,int=filebuf::openprot)	构造函数打开输入/输出文件
void istream::close()	关闭输入文件
void ofsream::close()	关闭输出文件
void fsream::close()	关闭输入/输出文件
istream & istream::read(char * ,int)	从文件中读取数据
ostream & istream::write(const char * ,int)	将数据写入文件中
int ios::eof()	判断是否到达打开文件的尾部
istream & istream::seekg(streampos)	移动输入文件的指针
istream & istream::seekg(streamoff,ios::seek_dir)	移动输入文件的指针
streampos istream::tellg()	取输入文件的指针

续表

函数原型	功　能
ostream & ostream::seekp(streampos)	移动输出文件的指针
ostream & ostream::seekp(streamoff,ios::seek_dir)	移动输出文件的指针
streampos ostream::tellp()	取输出文件的指针

4. 其他常用函数

头文件#include <cstdlib>。

函数原型	功　能
int abs(int x)	计算并返回 x 的绝对值
void abort(void)	结束进程,程序异常结束,并且提示错误信息
void exit(int)	终止程序执行
double atof(const char * s)	将 s 所指向的字符串转换成 IEEE 双精度浮点数并返回
int atoi(const char * s)	将 s 所指向的字符串转换成整数并返回
long atol(const char * s)	将 s 所指的字符串转换成 32 位长整数并返回
int rand(void)	产生一个 0～RAND_MAX(0～32 767)的随机数并返回
void srand(unsigned int x)	使用无符号整数 x 初始化随机数产生器
int system(const char * s)	将 s 所指向的字符串作为一个控制台命令加以执行
max(a,b)	计算并返回两个数中的大数
min(a,b)	计算并返回两个数中的小数
char * fcvt(double value, int ndigit, int * decpt, int * sign)	把浮点数 value 保留 ndigit 位小数后转换一个无符号整数字符串并返回,将小数点位置和 value 的符号(0 为正数,1 为负数)分别保存在 decpt 和 sign 指向的单元

参 考 文 献

[1] 陈建平,刘维富,葛建芳. C++程序设计教程[M]. 北京：清华大学出版社,2007.
[2] 朱红,赵琦,王庆宝. C++程序设计教程[M]. 3 版. 北京：清华大学出版社,2019.
[3] 谭浩强. C++程序设计[M]. 3 版. 北京：清华大学出版社,2015.
[4] 谭浩强. C++程序设计题解与上机指导[M]. 3 版. 北京：清华大学出版社,2015.
[5] 李涛. C++：面向对象程序设计[M]. 北京：高等教育出版社,2006.
[6] 冷英男,马石安. 面向对象程序设计[M]. 北京：北京大学出版社,2006.
[7] 甘玲,邱劲. 面向对象技术与 Visual C++[M]. 北京：清华大学出版社,2004.
[8] 朱振元,朱录. C++程序设计与应用开发[M]. 北京：清华大学出版社,2005.
[9] Deitel H M,Deitel P J,Nieto T R. C++大学自学教程实验指导书[M]. 赵钧,陈晖,等译. 北京：电子工业出版社,2004.
[10] 周玉龙. C++实用编程技术百例精编与妙解[M]. 天津：南开大学出版社,2004.
[11] 吕凤翥. C++语言程序设计[M]. 2 版. 北京：电子工业出版社,2005.
[12] 吕凤翥. C++语言程序设计上机指导与习题解答[M]. 北京：电子工业出版社,2004.
[13] 张国峰. C++语言程序设计(修订版)[M]. 北京：电子工业出版社,2000.
[14] 刘振安. 面向对象程序设计[M]. 北京：经济科学出版社,2003.
[15] 周霭如,林伟健. C++程序设计基础[M]. 北京：电子工业出版社,2003.
[16] 杨学明,刘加海,余建军. 面向对象程序 C++实训教程[M]. 北京：科学出版社,2003.
[17] 刘加海. 面向对象的程序设计 C++[M]. 北京：科学出版社,2004.

图书资源支持

感谢您一直以来对清华版图书的支持和爱护。为了配合本书的使用，本书提供配套的资源，有需求的读者请扫描下方的“书圈”微信公众号二维码，在图书专区下载，也可以拨打电话或发送电子邮件咨询。

如果您在使用本书的过程中遇到了什么问题，或者有相关图书出版计划，也请您发邮件告诉我们，以便我们更好地为您服务。

我们的联系方式：

清华大学出版社计算机与信息分社网站：https://www.shuimushuhui.com/

地　　址：北京市海淀区双清路学研大厦 A 座 714

邮　　编：100084

电　　话：010-83470236　010-83470237

客服邮箱：2301891038@qq.com

QQ：2301891038（请写明您的单位和姓名）

资源下载：关注公众号“书圈”下载配套资源。

资源下载、样书申请

书圈

图书案例

清华计算机学堂

观看课程直播